现代电工技术应用教程

周明刚　岑 艺　张小娟◎主编

吉林科学技术出版社

图书在版编目（C I P）数据

现代电工技术应用教程 / 周明刚，岑艺，张小娟主编. -- 长春 ： 吉林科学技术出版社，2022.8

ISBN 978-7-5578-9391-0

Ⅰ. ①现… Ⅱ. ①周… ②岑… ③张… Ⅲ. ①电工技术一教材 Ⅳ. ①TM

中国版本图书馆 CIP 数据核字(2022)第 120002 号

现代电工技术应用教程

主　　编　周明刚　岑　艺　张小娟
出 版 人　宛　霞
责任编辑　赵　沫
封面设计　北京万瑞铭图文化传媒有限公司
制　　版　北京万瑞铭图文化传媒有限公司
幅面尺寸　185mm×260mm
开　　本　16
字　　数　330 千字
印　　张　15.5
印　　数　1-1500 册
版　　次　2022年8月第1版
印　　次　2022年8月第1次印刷

出　　版　吉林科学技术出版社
发　　行　吉林科学技术出版社
地　　址　长春市南关区福祉大路5788号出版大厦A座
邮　　编　130118
发行部电话/传真　0431-81629529　81629530　81629531
81629532　81629533　81629534
储运部电话　0431-86059116
编辑部电话　0431-81629510
印　　刷　廊坊市印艺阁数字科技有限公司

书　　号　ISBN 978-7-5578-9391-0
定　　价　58.00 元

《现代电工技术应用教程》编审会

周明刚　岑　艺　张小娟　谢　敏
周薏如　李安安　翟荣刚　邹　洁
连　洁　王会玲　耿长虹　韩佳璇

前言

随着科学技术的发展，特别是新技术、新产品、新工艺、新材料的不断问世，新型电子产品已被人们广泛应用。特别是家用电器、计算机外围设备，数码产品、手机及通信设备等产品，已成为人们生活、娱乐和工作中不可或缺的信息工具。电力在国民经济中的地位越来越重要，电气设备在国民经济的各个部门和人们生活中的应用也越来越广泛。各种电气设备不仅数量增多，而且功能也在不断变化。所以，要求家庭中的每个人都应了解有关电的知识和安全用电的基本技能，具备一定的电工应用技术知识。

我们都知道，电是由发电厂经电气线路送来的，从电厂（包括电厂的发电机、电气设备及线路）到输电线路，最后到各级各类用户的各种用电设备，无一不是工人用双手和智慧安装上去，并对其进行调试、维护、检修、运行监控的。我们把这种从事电气设备、元器件及线路安装调试、检修维护、运行监控的工人定义为电工。随着科学技术的发展和电子技术、计算机技术的出现，电工的技术技能也在进步和发展。因此，只有不断学习新技术、新工艺、新设备、新材料，才能适应工作的需要，才能提高自己的技术技能水平。

自从有了电以来，人们总是在不断地探索和研究并制定相应的标准、规程和规范，然后用这些文件去规范电气设备、元器件及器材的设计和生产，同时又在这些过程中修订并完善这些文件。对电气设备、元器件及器材的安装调试、检修维护、运行监控也制定了相应的标准、规程和规范，去规范电工的操作和行为，我们在本教材中，进行了叙述。本教材内容包括：电工仪表及测量基础，直流电路、单相可控整流电路、变压器与交流电动机、PLC 基础及其应用、步进顺控指令及其应用、变频器及应用、伺服系统及其应用、安全用电及室内供配电技术等知识。本教材论述严谨，结构合理，条理清晰，内容丰富，其能为当前的电工技术应用相关理论的深入研究提供借鉴。

目录 CONTENTS

第一章 电工仪表及测量基础

导读：

电磁现象看不见、听不到、摸不着，只能依靠仪表才能发现、控制和调节，电工仪表是电力工业的眼睛。在电能的生产、传输、分配和使用等各个环节中，都需要通过电工仪表对系统的运行状态（如电能质量、负荷情况等）加以监测，从而保证系统安全而又经济地运行，所以人们常把电工仪表和测量称作电力工业的眼睛和脉搏。电工仪表和测量技术是从事电气工作的技术人员必须掌握的一门学科。本章主要介绍电工仪表及测量的基本知识。

学习目标：

1. 掌握电工测量的基本知识；
2. 掌握测量误差及准确度的基本知识；
3. 掌握电工仪表的基本原理、组成、标志及技术要求；
4. 了解电力实验数据的处理及误差估算。

第一节 电工测量的基本知识

电路中的各个物理量（如电压、电流、功率、电能及电路参数等）的大小，除用分析与计算的方法外，常用电工测量仪表去测量。电工测量就是指将被测的电量或磁量直接或间接地与作为测量单位的同类物理量进行比较，以确定被测电量或磁量的过程。进行电工测量时，必须考虑测量对象、测量设备及测量方法三个方面的问题。

一、测量对象

电工测量的对象主要包括反映电和磁特征的物理量（如电流、电压、电功率、电能及磁感应强度等）、反映电路特征的物理量（如电阻、电容、电感等）以及反映电和磁变化规律的物理量（如频率、相位、功率因数等）。

二、测量设备

测量设备分为两类。一类是度量器，它们是测量单位的实物样品。测量时以度量器为标准，将被测量与度量器比较，从而获得测量结果。根据准确度等级的不同，度量器分为标准器和有限准确度的度量器。标准器是测量单位的范型度量器，它保存在国际上特许的实验室或国家法定机构的实验室中；有限准确度的度量器其准确度比标准器低，是常用的范型量具及范型测量仪表，如标准电池、标准电阻、标准电感和标准电容等。另一类是测量仪表、仪器，其准确度比有限准确度的度量器低，被广泛用于实验室和工程测试中。

三、测量方法

对于测量方法，有不同的分类标准。按获得测量结果的过程可分为直接测量法、间接测量法和组合测量法；按所用仪表、仪器可分为直读测量法、比较测量法。

1. 按获得测量结果的过程分类

（1）直接测量法

直接用仪表、仪器进行测量，结果可以由实验数据直接得到的方法称为直接测量法。例如，用电压表测量电压、用电桥测量电阻值等，均属于直接测量法。直接测量法具有简便、读数迅速等优点，但是它的准确度受到仪表基本误差的限制，此外，仪表接入测量电路后，其内阻被引入测量电路中，使电路和工作状态发生了改变，因此，直接测量法的准确度比较低。

（2）间接测量法

利用被测量与某种中间量之间的函数关系，先测出中间量，然后通过计算公式算出被测量的值，这种方法称为间接测量法。例如，用伏安法测电阻，先测出电阻的电压和电流，然后用 R=U/I 算出电阻的值。间接测量法的误差比较大，但在工程中的某些场合，如果对准确度的要求不高，进行估算时，间接测量法还是一种可取的测量方法。

（3）组合测量法

先直接测量与被测量有一定函数关系的某些量，然后在一系列直接测量的基础上，通过联立求解各函数关系来获得测量结果的方法称为组合测量法。

2. 按所用仪表、仪器分类

（1）直读测量法（直读法）

直接从仪表、仪器读出测量结果的方法称为直读测量法，它是工程中应用最广泛的一种测量方法。测量过程中，度量器不直接参与作用，它的准确度取决于所使用的仪表、仪器的准确度，因而准确度并不很高。例如，用电流表测量电流、用功率表测量功率等，均属于直读测量法。直读测量法的优点是设备简单、操作简便，缺点是测量准确度不高。

（2）比较测量法

在测量过程中，将被测量与标准量（又称为度量器）直接进行比较，从而获得测量结果的方法称为比较测量法。这种方法用于高准确度的测量。根据被测量与标准量比较方式的不同，比较测量法可分为以下几种：

①零值法

零值法又称指零法。它是将被测量与标准量进行比较，使两者之间差值为零，从而求得被测量的一种方法。例如，用电位差计测量电动势、用电桥测量电阻，都属于零值法。零值法就好像用天平称物体的质量一样，当指针指零时表明被测物体的质量与砝码的质量相等，再根据砝码的标示质量便可得知被测物体的质量数值。可见，用零值法测量的准确度主要取决于度量器的准确度与指零仪表的灵敏度。

②差值法

差值法是通过测量标准量与被测量的差值，从而求得被测量的一种方法。这种方法可以达到较高的测量准确度。

③替代法

替代法是把被测量与标准量分别接入同一测量仪器，且通过调节标准量，使仪器的工作状态在替代前后保持一致，然后根据标准量确定被测量的值。这种测量方法由于替代前后测量仪器的状态不改变，仪器本身的内部特性和外界条件对前后两次测量的影响几乎是相同的，测量结果与仪器本身的准确度无关，只取决于替代的标准量，因而这是一种极其准确的测量方法。

综上所述，直读法与直接测量法，比较测量法与间接测量法，彼此并不相同，但又互有交叉。实际测量中采用哪种方法，应根据对被测量的准确度要求以及实验条件是否具备等多种因素来确定。例如测量电阻，当对测量准确度要求不高时，可以用万用表直接测量或伏安法间接测量，它们都属于直读法；但当对测量准确度要求较高时，则用电桥法进行直接测量，它属于比较测量法。

另外，测量方法还可以按不同的测量条件分为等精度测量与非等精度测量；按被测量在测量过程中的状态不同分为静态测量与动态测量；按测量元件是否与被测介质接触分为接触式测量和非接触式测量。

四、测量仪表的基本功能

测量过程实际上是能量的变换、传递、比较和显示的过程。因此，仪表、仪器应具有变换、选择、比较和显示这四种功能。

变换功能：把规定的被测量按照一定的规律转变成便于传输或处理的另一种物理量的过程。

选择功能：可选择有用的、规定的信号，而抑制其他一切无用的信号。

比较功能：用于确定被测量对标准量的倍数。

显示功能：测量仪表的基本功能之一。

五、测量仪表的静态特性

1. 仪表的静态特性

在测量过程中，当输入信号 x 不随时间变化（$dx/dt=0$），或者了随时间变化很缓慢时，输出信号 y 与输入信号 x 之间的函数关系称为仪表的静态特性。仪表的静态特性可用高阶多项式代数方程表示为

$$y=a_0+a_1x_1+a_2x^2+a_3x^3+\cdots+a_nx^n$$

式中：x 为输入信号；y 为输出信号；a_0 为零位输出或零点迁移量；a_1 为仪表的灵敏度；a_2，a_3，a_n 为非线性项的待定系数。

2. 静态特性指标

表征仪表静态特性的指标有灵敏度、线性度、滞环和重复性。

（1）灵敏度

灵敏度是指被测仪表在稳态下输出变化量与输入变化量之比，即

$$S=\frac{dy}{dx}$$

它是仪表静态特性曲线上各点切线的斜率。测量仪表的灵敏度可分为三种情况，如图 1-1 所示。图 1-1（a）的灵敏度为常数，图 1-1（b）的灵敏度随被测量 x 的增加而增加，图 1-1（c）的灵敏度随被测量 x 的增加而减小。

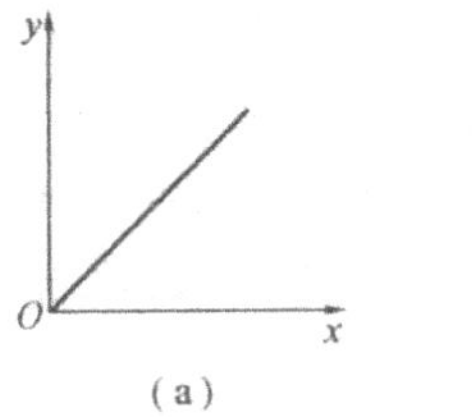

(a)　(b)　(c)

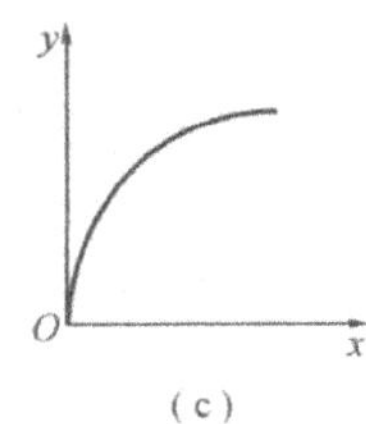

图 1-1　测量仪表的灵敏度

（2）线性度

线性度又称非线性误差，是指仪表的实际静态特性曲线偏离其拟合直线（有时也称理论直线）的程度。将仪表输出起始点与满量程点连接起来的直线作为拟合直线，这条直线称为端基理论直线。线性度的计算公式如下：

$$\gamma_L = \frac{\Delta_{Lmax}}{y_{max} - y_{min}} \times 100\%$$

式中：γ_L 为线性度；Δ_{Lmax} 为仪表实际特性曲线与拟合直线之间的最大偏差。

（3）滞环

滞环表示仪表的正向（上升）和反向（下降）特性曲线的不一致程度，用滞环误差来表示，如图 1-2 所示。滞环误差主要由于仪表内部弹性元件、磁性元件和机械部件的摩擦、间隙以及积尘等原因而产生。滞环误差的计算公式如下：

$$\gamma_H = \frac{\Delta_{Hmax}}{y_{max} - y_{min}} \times 100\%$$

式中：γ_H 为滞环误差；Δ_{Hmax} 为仪表正向和反向特性曲线之间的最大偏差。

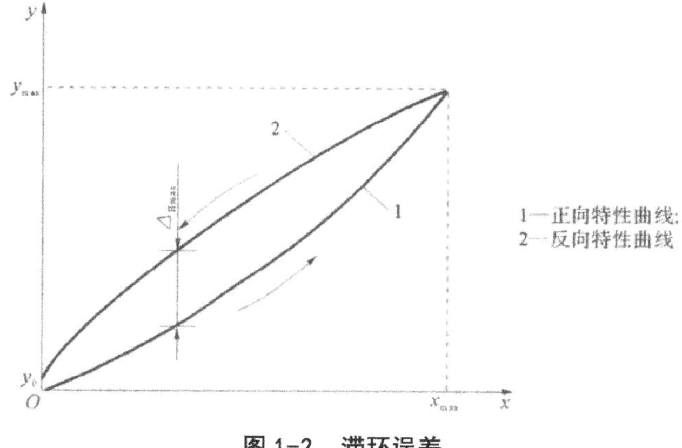

图 1-2　滞环误差

（4）重复性

重复性是指仪表在输入量按同一方向做全量程连续多次变化时，所得静态特性曲线不一致的程度，也用重复性误差来表示，如图 1-3 所示。特性曲线偏差越小，重复性越好，重复性误差越小。重复性误差的计算公式如下：

$$\gamma_R = \frac{\Delta_{Rmax}}{y_{max} - y_{min}} \times 100\%$$

式中：γ_R 为重复性误差；Δ_{Rmax} 为仪表连续多次测量所得的静态特性曲线之间的最大偏差。

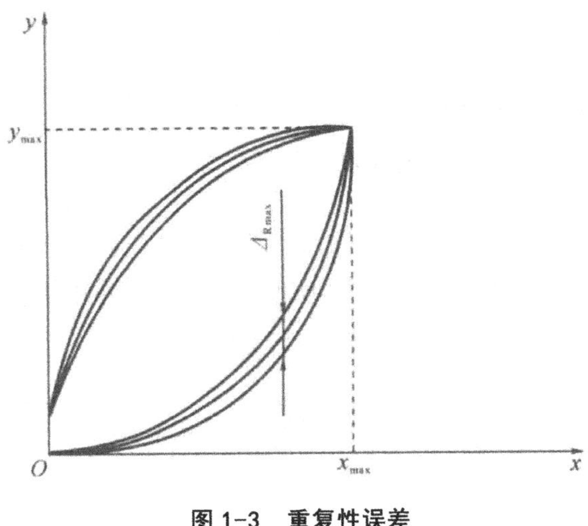

图 1-3 重复性误差

第二节 测量误差及准确度

测量误差是指测量结果与被测量的真实值之间存在的差异。任何测量都要力求准确，但是，环境因素、仪表本身的准确程度、测量方法的不完善、测量人员操作技能和经验不足以及人的感官差异等因素都会使测量结果产生不同程度的误差。

误差虽然在实际测量工作中是不可避免的，然而研究分析产生误差的原因，并采用合理有效手段将误差消除或减小到与测量误差要求相适应的程度是十分必要的。从不同的角度出发，测量误差有多种分类方法。

一、基本误差和附加误差

根据误差产生的原因，误差可分为基本误差和附加误差。

1. 基本误差

基本误差是指仪表在规定的工作条件下，即在规定的温度、湿度、放置方式、没有外电场和磁场干扰等条件下，由于仪表本身结构和工艺等方面不够完善而产生的误差。仪表基本误差的允许值叫做仪表的“最大允许绝对误差”。由于仪表活动部分存在摩擦、零件装配不当、标尺刻度不准等所引起的误差都属于基本误差，这种误差是仪表本身所固有的。

2. 附加误差

附加误差是指仪表因偏离了规定的工作条件而产生的误差。如温度过高、波形非正弦、外界电磁场的影响等所引起的误差都属于附加误差。因此，仪表离开规定的工作条件（如温度、湿度、振动、电源电压、频率等）所形成的总误差中，除了基本误差之外，还包含附加误差。在使用仪表时，应尽量满足仪表限定的工作条件，以防产生附加误差。

二、绝对误差、相对误差和引用误差

根据误差的表示方法，误差可分为绝对误差、相对误差和引用误差三大类。

1. 绝对误差Δ

仪表的指示值 A_x 与被测量的真值之间的差值，称为绝对误差，用 Δ 表示，即

$$\Delta = A_x - A_0$$

“真值”虽然客观存在,但绝对真值是不可测得的。由上式可以看出,Δ是有大小、正负、单位的数值。其大小和符号表示了测量值偏离真值的程度和方向。

由于被测量的真值 A_0 很难确定，所以实际测量中，通常把准确度等级高的标准仪表所测得的数值或通过理论计算得出的数值作为真值。

例：某电路中的电流为 20 A，用甲电流表测量时的读数为 19.8 A，用乙电流表测量时的读数为 20.4 A。试求两次测量的绝对误差。

解：由式 $\Delta = A_x - A_0$ 可知，甲表测量的绝对误差为

$$\Delta_1 = I_x - I_0 = 19.8 - 20 = -0.2\ A$$

乙表测量的绝对误差为

$$\Delta_2 = I_s - I_0 = 20.4 - 20 = 0.4\ A$$

由于 $|-0.2| < |0.4|$，所以甲表的读数要比乙表更为准确。因此，在测量同一量值时，绝对误差的绝对值越小，测量结果就越准确。

2. 相对误差

某采购员分别在三家商店购买 100kg 大米、10kg 苹果、1kg 巧克力，发现均缺少 0.5 kg，也就是说绝对误差都是相同的，但该采购员对卖巧克力的商店意见最大，是何原因？

因为当测量不同量值时，用绝对误差有时很难准确判断测量结果的准确程度。例如，用一个电压表甲测量 200V 电压，绝对误差为 +1V；而用另一个电压表乙测量 20 V 电压，绝对误差为 +0.5V。前者的绝对误差大于后者，但前者的误差只占被测量的 0.5%，而后者的误差却占被测量的 2.5%，因而，后者误差对测量结果的影响大于前者。所以在工程上常采用相对误差来表示测量结果的准确程度。

绝对误差 Δ 与被测量真值 A_0 之比的百分数，称为相对误差，用 γ 表示，即

$$\gamma = \frac{\Delta}{A_0} \times 100\%$$

与前述同理，实际测量中通常用标准表所测得的数值或通过理论计算得出的数值作为被测量的真值。另外，在要求不太高的工程测量中，相对误差常用绝对误差与仪表指示值之比的百分数来表示，即

$$\gamma = \frac{\Delta}{A_x} \times 100\%$$

由计算结果可知，虽然甲表的绝对误差比乙表大，但其相对误差却比乙表小，故甲表比乙表的测量准确程度高。

3. 引用误差

相对误差虽可以表示测量结果的准确程度，但不能全面表征仪表本身的准确程度。同一只仪表，在测量不同的被测量 A_x 时，其绝对误差 Δ 变化不大，但由式 $\gamma = \frac{\Delta}{A_x} \times 100\%$ 可看出，随被测量 A_x 的不同，相对误差变化较大，也就是说仪表在全限范围内各点的相对误差是不相同的，因此相对误差不能反映仪表的准确程度。为此，工程上采用引用误差来确定仪表的准确程度。

绝对误差与规定的基准值比值的百分数，称为引用误差，用 γ_m 表示，有时引用误差也称为满度相对误差。不同类型标度尺的电测量指示仪表，其基准值不同，引用误差的计算公式也不同。

（1）对于大量使用的单向标度尺仪表，基准值为量程，引用误差 γ_m 为绝对误差 Δ 与仪表上量限 A_m 比值的百分数，即

$$\gamma_m = \frac{\Delta}{A_m} \times 100\%$$

（2）对于双向标度尺仪表，其基准值仍是量程，引用误差 γ_m 为绝对误差 Δ 与正负两个量限绝对值之和的比值的百分数，即

$$\gamma_m = \frac{\Delta}{|+A_m| + |-A_m|} \times 100\%$$

（3）对于无零位标度尺仪表，引用误差 γ_m 为绝对值误差 Δ 与上、下量限 A_{1m}、A_{2m} 之差的比值的百分数，即

$$\gamma_m = \frac{\Delta}{A_{1m} - A_{2m}} \times 100\%$$

（4）对于标度尺为对数、双曲线或指数为 3 及 3 以上的仪表，或标度尺上量限为无穷大（如万用表欧姆档）的仪表，基准值为标度尺长，引用误差 γ_m 为用长度表示的绝对误差 Δ_l 与标度尺工作部分长度 l_m 比值的百分数，即

$$\gamma_m = \frac{\Delta_l}{l_m} \times 100\%$$

三、系统误差、随机误差和粗大误差

根据产生测量误差的原因，可以将其分为系统误差、随机误差和粗大误差三大类。

（一）系统误差

1. 系统误差的定义及特点

在相同的条件下，多次测量同一量时，误差的大小及符号均保持不变或按一定规律变化，这种误差称为系统误差。其特点如下：

（1）系统误差是一个非随机变量，是固定不变的，或是一个确定的时间函数。即系统误差的出现不服从统计规律，而服从确定的函数规律。

（2）重复测量时，系统误差具有重现性。对于固定不变的系统误差，重复测量时误差也是重复出现的。系统函数为时间函数时，它的重现性体现在当测量条件实际相同时，误差可以重现。

（3）可修正性。系统误差的重现性，就决定了它是可以修正的。

2. 消除系统误差的方法

系统误差主要是由于测量设备不准确或有缺陷、测量方法不完善、周围环境条件不稳定或实验人员个人习惯（如偏视）等因素造成的。在测量中要做到没有系统误差是不容易的，也是不现实的。因而根据测量中的实际情况进行具体分析发现系统误差，采取技术措施防止或消除系统误差是十分必要的。消除系统误差的常用方法有以下几种。

（1）消除误差根源

如选用适当、精良的仪表；选择正确的测量方法；改善测量环境，尽量使仪表在规定的使用条件下工作；提高实验人员的技术水平等。

（2）利用校正值得到被测量的实际值

在精密测量过程中常常使用校正值，所谓校正值，就是被测量的真值 A_0（即标准仪表读数）与仪表读数 A_x 之差，用 δ_r 表示，即

$$\delta_r = A_0 - A_x$$

由是上式可知，校正值在数值上等于绝对误差，但符号相反，即

$$\Delta = A_x - A_0 = -\delta_r$$

如果在测量之前能预先求出测量仪表的校正值，或给出仪表校正后的校正曲线或校正表格，那么就可以从仪表读数与校正值求得被测量的真值，即

$$A_0 = A_x + \delta_r$$

（3）采取特殊测量方法

①替代法

这种方法是将被测量用已知量来代替，替代时使仪表的工作状态保持不变。这样，由于仪表本身的不完善和外界因素的影响对测量结果不产生作用，因此测量结果与仪器本身的准确度无关，从而消除了系统误差。

②正负误差补偿法

适当安排实验，使某项系统误差在测量结果中一次为正、一次为负，再取其平均值，便可消除系统误差。例如，为了消除外磁场对电流表读数的影响，可在一次测量之后，将电流表转动 180° 再测一次，在两次测量中，必然出现一次读数偏大、另一次读数偏小的情况，取两次读数的平均值作为测量结果，便可消除外磁场带来的系统误差。

（二）随机误差

1. 随机误差的定义及特点

在相同条件下，多次测量同一量值时，误差的大小和符号均发生变化，没有什么规律可循，这种误差称为随机误差，也称为偶然误差。就个体而言，此误差是不确定的，但其总体服从统计规律。随机误差是由一些偶发性的原因引起的，大小、符号都不能确定，是由很多复杂因素的微小变化的总和所引起。电源电压或频率的偶然波动、电磁场与温度的瞬间变化、测量人员的心理或生理的某些变化等都可能引起随机误差。

单次测量的随机误差是没有规律可言的，但多次测量出现的随机误差却有以下特征：

（1）有界性

一定测量条件下，随机误差的绝对值不超过一定界限。

（2）单峰性

绝对值小的误差出现的机会多于绝对值大的误差。

（3）对称性

当测量次数足够多时，正随机误差和负随机误差出现的机会基本相等。

（4）抵偿性

将全部误差相加时，其值相互抵消。

2. 消除随机误差的方法

随机误差和系统误差不同，不可能通过实验方法加以消除，但通过分析其特征可加以克服。由于随机误差服从正态分布规律，因此在实际测量时常采用增加测量次数并应用统计学的方法来处理。在工程上常常对被测量进行多次重复测量，求出其算术平均值，并将它作为被测量的真值，从而消除单次测量可能存在的随机误差，即

$$A_0 = \overline{A} = \frac{\sum_{i=1}^{n} A_i}{n}$$

式中：A_i 为每次测量值；A_0 为真值；$\overline{A}$ 为算术平均值；n 为测量次数。

用这种方法消除随机误差，其测量次数必须足够多，如果次数不足，则 $\overline{A}$ 与 A_0 仍然可能有偏离，其偏离程度可以用标准差 σ_x 表示，即

$$A_0 = \overline{A} \pm \sigma_x$$

根据概率论原理，标准差可以从均方根误差 σ 或剩余误差求出，其表达式为

$$\sigma_x = \frac{\sigma}{\sqrt{n}} = \sqrt{\frac{V_1^2 + V_2^2 + \cdots + V_n^2}{n(n-1)}}$$

式中：σ 为均方根误差，设每次测量的随机误差 $\delta_i = A_i - A_0$，则

$$\sigma = \sqrt{\frac{\delta_1^2 + \delta_2^2 + \cdots + \delta_n^2}{n}}$$

V_i 为剩余误差，它等于每次测量值与算术平均值之差，即

$$V_i = A_i - \overline{A}$$

从式 $\sigma_x = \frac{\sigma}{\sqrt{n}} = \sqrt{\frac{V_1^2 + V_2^2 + \cdots + V_n^2}{n(n-1)}}$ 中可以证明

$$\sigma=\sqrt{\frac{V_1^2+V_2^2+\cdots+V_n^2}{n-1}}$$

应该指出，用算术平均值表示测量结果，首先要消除系统误差，因为当有系统误差存在时，测量次数尽管足够多，算术平均值也不可能接近被测量真值。另外，由式$\sigma_x=\frac{\sigma}{\sqrt{n}}=\sqrt{\frac{V_1^2+V_2^2+\cdots+V_n^2}{n(n-1)}}$可知，测量结果的标准差与测量次数有关，随着测量次数的增加，σ_x减小，但因标准差与$\sqrt{n(n-1)}$成反比，故随着n的增加，σ_x值减小得越来越慢，所以在实际测量中，测量次数取十余次即可。

现在常用的电子计算器都有计算算术平均值和随机误差的功能，计算起来十分方便。

应当注意，系统误差和随机误差是两类性质完全不同的误差。系统误差反映在一定条件下误差出现的必然性；而随机误差反映在一定条件下误差出现的可能性。在误差理论中，经常用准确度来表示系统误差的大小。准确度就是对同一被测量进行多次测量，测量值偏离被测量真值的程度。系统误差越小，测量结果的准确度就越高。精密度反映随机误差的大小。精密度就是对同一被测量进行多次测量，测量值重复一致的程度。随机误差越小，精密度就越高。精确度则反映系统误差和随机误差的综合结果。精确度越高，则说明系统误差和随机误差均很小。

（三）粗大误差

粗大误差是一种严重偏离测量结果的误差，又称疏忽误差。这种误差是由于实验者粗心、不正确操作和实验条件的突变等原因引起的。例如，读数错误、记录错误所引起的误差都属于疏忽误差。由于包含疏忽误差的实验数据是不可信的，所以应该舍弃不用。凡是剩余误差大于均方根误差3倍以上的数据，即$|A-\overline{A}|>3\sigma$。的数据都认为是包含疏忽误差的数据，应予以剔除。但应注意，剔除了含疏忽误差的数据后，应重新计算平均值，重新计算每个数据的均方根误差，并重新判断剩下的数据中有无疏忽误差，直至全部数据的$|A-\overline{A}|$超过3σ为止。

四、仪表的准确度

仪表的准确度是表征其指示值与真值接近程度的量。

1. 电测量指示仪表的准确度

对于电测量指示仪表，工程上规定用最大引用误差来表示仪表的准确度，即在引用误差的表达式中，Δ取仪表的最大绝对误差值Δ_m时，计算得到的引用误差称为仪表的准确度，即

$$\pm K\% = \frac{\Delta_m}{A_m} \times 100\%$$

式中 K 为仪表的准确度等级（指数）。

显然，仪表的准确度表明了基本误差的最大允许范围。例如，准确度为 0.1 级的仪表，其基本误差极限（即允许的最大引用误差）为 ±0.1%。仪表的准确度等级越高，则其基本误差越小。

我国对不同的电表规定了不同的准确度等级，如电流表和电压表准确度等级分为 0.05、0.1、0.2、0.3、0.5、1、1.5、2、2.5、3、5 等 11 级；功率表和无功功率表分为 0.05、0.1、0.2、0.3、0.5、1、1.5、2、2.5、3.5、等 10 级；相位表和功率因数表分为 0.1、0.2、0.3、0.5、1.0、1.5、2.0、2.5、3.0、5.0 等 10 级；电阻表（阻抗表）分为 0.05、0.1、0.2、0.5、1、1.5、2、2.5、3、5、10、20 等 12 级。通常 0.05、0.1、0.2 级仪表作为标准表使用，用以鉴定准确度较高的仪表；0.5、1、1.5 级仪表主要用于实验室；准确度更低的仪表主要用于现场。

仪表的准确度等级标志符号通常都标注在仪表的盘面上。

例：已知某电流表量程为 100A，且该表在全量程范围内的最大绝对误差为 +0.83 A，则该表的准确度为多少？

解：因准确度等级是以最大引用误差来表示的，且电流表等级按国标分为 11 级，而该表的最大引用误差为 0.83%，此值大于 0.5 级而小于 1.0 级，故该表的准确度等级应为 1.0 级。

由仪表的准确度等级，可以算出测量结果可能出现的最大绝对误差与最大相对误差。例如，已知仪表的准确度等级为 K，则由式 $\pm K\% = \frac{\Delta_m}{A_m} \times 100\%$ 可知，仪表在规定工作条件下测量时，测量结果中可能出现的最大绝对误差为

$$\Delta_m = \pm K\% \cdot A_m$$

最大相对误差为

$$\gamma_x = \frac{\Delta_m}{A_x} \times 100\% = \pm K\% \cdot \frac{A_m}{A_x}$$

2. 数字表的准确度

数字表的准确度是测量结果中系统误差和随机误差的综合。它表示测量结果与真值的一致程度，也反映测量误差的大小。一般而言，准确度越高，测量误差越小，反之亦然。数字表的准确度用绝对误差表示，通常有下列两种表示方法。

第一种表示方法：

$$\Delta = \pm \alpha\% \text{rdg} \pm n \text{个字}$$

式中：rdg 为仪表指示值（读数），为英文 reading 的缩写；$\pm\alpha\%$ 为相对误差，为构成数字表的转换器、分压器等产生的综合误差；$\pm n$ 个字指最末一位显示数码有 $\pm n$ 个字的误差，为绝对误差，n 是因数字化处理引起的误差反映在末位数字上的变化量。

如 DSX-1 型数字四用表，直流电压各档的准确度（即允许的绝对误差）为 ±0.1%rdg±1 个字。

第二种表示方法：将 n 个字的误差折合成满量程的百分数来表示，即

$$\Delta = \pm \alpha\% \text{rdg} \pm b\% \text{f.s}$$

式中：$b\%$ 为满度误差系数；f.s 为仪表满度（量程）值，为英文 full span 的缩写。

式 $\Delta = \pm \alpha\% \text{rdg} \pm n$个字和式 $\Delta = \pm \alpha\% \text{rdg} \pm b\% \text{f.s}$ 都是把绝对误差分为两部分，前一部分（$\pm\alpha\%\text{rdg}$）为可变部分，称为“读数误差”，后一部分（$\pm n$ 个字及 $\pm b\%\text{f.s}$）为固定部分，不随读数而改变，为仪表所固有的，称为“满度误差”。显然，固定部分与被测量 rdg 的大小无关。对于式 $\Delta = \pm \alpha\% \text{rdg} \pm b\% \text{f.s}$，用仪表测量某一电压 rdg 时的相对误差为

$$\gamma_x = \frac{\Delta}{\text{rdg}} = \pm \alpha\% \pm b\% \frac{f,s}{\text{rdg}}$$

例：已知某一数字电压表 α =0.5，欲用 2 V 档测量 1.999 V 的电压，其 Δ 和 $b\%$ 参数各为多少？

解：电压最小变化量 n =0.001，则

$$\Delta = \pm(0.5\% \times 1.999 + 0.001) = \pm 0.01099\text{V} \approx \pm 0.011\text{V}$$

因为 $b\% \text{f.s} = n$，所以

$$b\% = \frac{n}{f.s} = \frac{0.001}{2} = 0.0005 = 0.05\%$$

第三节　电工仪表的基本原理与组成

进行电量、磁量及电路参数测量所需的仪器仪表统称电工仪表。电工仪表结构简单、使用方便，并有足够的精确度，可以灵活地安装在需要进行测量的地方，实现自动记录，而且还可以实现远距离测量及非电量测量。

一、电工仪表的分类

电工仪表种类繁多，按其结构、原理和用途大致可分为下面几类。

1. 电测量指示仪表

电测量指示仪表又称为直读仪表。这种仪表的特点是先将被测量转换为可动部分的角位移，然后通过可动部分的指示器在标尺上的位置直接读出被测量的值。如交直流电压表、电流表、功率表都属于电测量指示仪表。电测量指示仪表有以下几种分类方法：

（1）根据测量机构的工作原理，可以把仪表分为电磁系、磁电系、电动系、感应系、静电系和整流系等。

（2）根据测量对象，可以把仪表分为电流表（包括安培表、毫安表、微安表）、电压表（包括伏特表、毫伏表、微伏表、千伏表）、功率表（又称为瓦特表）、电度表、欧姆表、相位表等。

（3）根据工作电流的性质，可以把仪表分为直流仪表、交流仪表及交直流两用仪表等。

（4）根据使用方式，可以把仪表分为安装式仪表和可携带式仪表等。

（5）根据使用条件，可以把仪表分为 A、A1、B、B1 和 C 五组。A 组的工作环境为 0 ～ +40℃，相对湿度在 85% 以下；B 组的工作环境为 -20 ～ +50℃，相对湿度在 85% 以下；C 组的工作环境为 -40 ～ +60℃，相对湿度在 98% 以下。有关各仪表使用条件的规定可查阅国家标准《直接作用模拟指示电测量仪表及其附件》。

（6）根据仪表防御外界电场或磁场的性能，可以把仪表分为Ⅰ、Ⅱ、Ⅲ、Ⅳ四个等级。Ⅰ级仪表在外磁场或外电场的影响下，允许其指示值改变 ±0.5%；Ⅱ级仪表允许改变 ±1.0%；Ⅱ级仪表允许改变 ±2.5%；Ⅳ级仪表允许改变 ±5.0%。

（7）根据仪表的准确度等级，可以把仪表分为 0.1、0.2、0.5、1.0、1.5、2.5 和 5.0 共 7 个等级。

除上述分类方法外，还有其他的分类方法。

2. 比较仪器

比较仪器用于比较测量，其特点是在测量过程中，使用电桥、补偿等方法，将被测量与同类标准量进行比较，然后根据比较结果确定被测量的大小。它包括各类交直流电桥、交直流补偿式测量仪器。比较仪器测量准确度比较高，但这类仪器除需要仪表本体（如电桥、电位差计等）外，还需要检流设备、度量器等参与，且操作过程复杂，测量速度较慢。

3. 数字仪表

数字仪表也是一种直读式仪表，它的特点是将被测量转换成数字量，再以数字方式直接显示出测量结果。数字仪表的准确度高，读数方便，有些仪表还具有自动量程切换和编码输出，便于用计算机进行处理，容易实现自动测量。常用的数字仪表有数字式电压表、数字式万用表、数字式频率表等。

4. 记录仪表

记录仪表用来记录被测量随时间的变化情况，如示波器、X-Y 记录仪。

5. 扩大量程装置和变换器

扩大量程的装置有分流器、附加电阻、电流互感器、电压互感器等。变换器是用来实现不同电量之间的变换，或将非电量转换为电量的装置。

二、电测量指示仪表的组成和基本原理

1. 组成

电测量指示仪表通常都由测量电路和测量机构两部分构成，其组成方框图如图 1-4 所示。

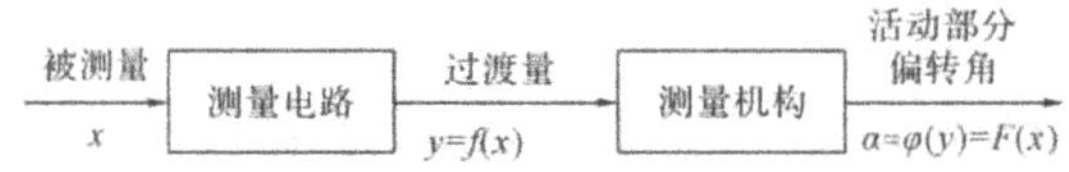

图 1-4　电测量指示仪表的组成

测量电路的作用是把被测量 x 转换为测量机构可以接受的过渡量如电压表的附加电阻、电流表的分流电阻都是测量电路。测量电路通常由电阻、电感、电容或电子元件组成，不同仪表的测量电路是不同的。

测量机构（表头）是仪表的核心部件，各种系列仪表的测量机构都由固定部分及活动部分组成，其作用是将接收到的过渡量 y 变换为活动部分的角位移即偏转角 a。由于测量电路中的 x 和 y 与测量机构中的 y 和 a 能够严格保持一定的函数关系，所以根据偏转角的大小就可确定被测量的数值。

2. 测量机构的工作原理

为使测量机构的活动部分按接收到的被测量的大小偏转到某一相应的稳定位置，电测量指示仪表的测量机构工作时都具有三种力矩，即转动力矩、反作用力矩和阻尼力矩。

（1）转动力矩

在被测量的作用下，使活动部分产生角位移的力矩称为转动力矩，用 M 表示。该力矩可以由电磁力、电动力、电场力或其他力来产生。产生转动力矩的方式原理不同，就构成磁电系、电磁系、电动系、感应系等不同系列的电测量指示仪表。但不论哪种系列的仪表，其转动力矩 M 的大小都与被测量成一定比例关系。

（2）反作用力矩

在转动力矩的作用下，测量机构的活动部分发生偏转，如果没有反作用力矩与之平衡，则不论被测量有多大，活动部分都要偏转到极限位置，就像一杆不挂秤砣的秤，不论被测量多大，秤杆总是向上翘起，这样只能反映出有无被测量，而不能测出被测量的大小。为了使仪表能测出被测量的数值，活动部分偏转角的大小应与被测量大小有确定的关系。为此，需要一个方向总是和转动力矩相反、大小随活动部分的偏转角大小变化的力矩，这个力矩称为反作用力矩。

在一般仪表中，反作用力矩通常由游丝（即螺旋弹簧）产生，如图 1-5 所示。在灵敏度较高的仪表中，反作用力矩由张丝或吊丝产生。反作用力矩的大小与活动部分的偏转角成正比，即

$$M_a = D_\alpha$$

式中：α 为偏转角；D 为常数，取决于游丝、吊丝或张丝的材料与尺寸。

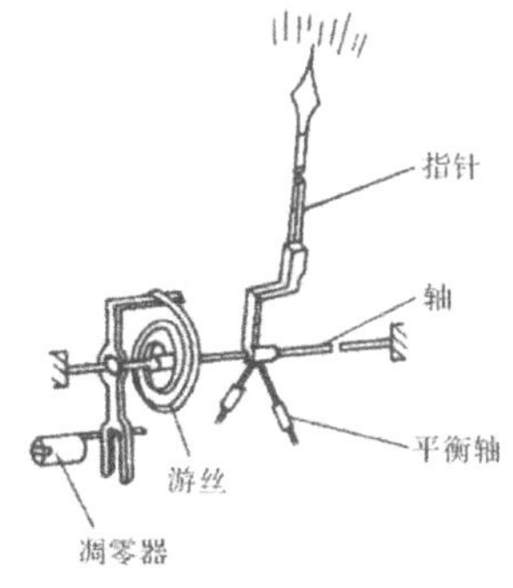

图 1-5　用游丝产生的反作用力矩装置

在转动力矩的作用下，活动部分开始偏转，使游丝扭紧，因而反作用力矩随之增加，当转动力矩和反作用力矩相等时，活动部分将处于平衡状态，偏转角达到一稳定数值。这时由于转动力矩的大小 M 与被测量值成一定的比例关系，因而偏转角与被测量值也成一定比例关系，所以偏转角的大小可表示被测量值的大小。

除了用游丝、张丝及吊丝产生反作用力矩外，也可用电磁力产生反作用力矩，如比率型仪表。

（3）阻尼力矩

从理论上来讲，当转动力矩与反作用力矩相等时，仪表指针应静止在某一平衡

位置，但由于活动部分具有惯性，它不能立刻停止下来，而是要围绕这个平衡位置左右摆动，需要经过较长时间才能稳定在平衡位置，因此不能尽快读数。为了缩短摆动时间，电测量指示仪表的测量机构通常都装有产生阻尼力矩的装置，用以吸收摆动能量，使活动部分能迅速地在平衡位置稳定下来。

阻尼力矩由阻尼器来产生，常用的阻尼器有空气式和磁感应式两种，如图 1-6 所示。空气阻尼器是利用一个与转轴相连的薄片在封闭的扇形阻尼盒内运动时，薄片因受到空气的阻力而产生阻尼力矩的，如图 1-6（a）所示；磁感应阻尼器是利用一个与转轴相连的铝片在永久磁铁气隙中运动时，铝片中产生的涡流与磁场作用而产生阻尼力矩的，如图 1-6（b）所示。

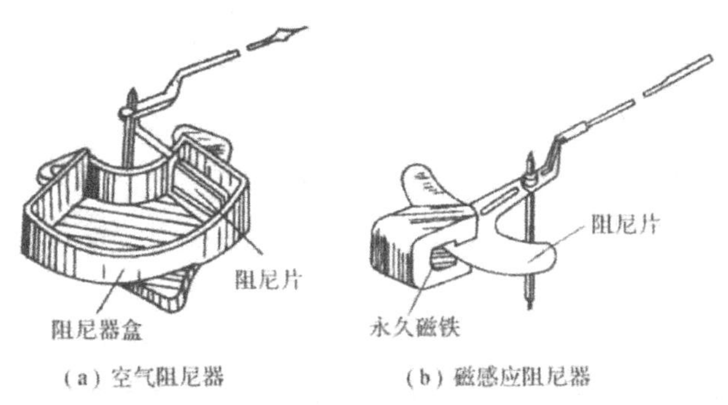

图 1-6　常用的阻尼器

应当注意，阻尼力矩是一种动态力矩，它只在活动部分运动时才产生，其方向总是和活动部分的运动方向相反，大小与活动部分的运动速度成正比。当活动部分静止时，阻尼力矩为零，因而阻尼力矩的存在对仪表的指示值没有任何影响。

除以上三种力矩外，用轴承支持活动部分的仪表，不可避免地会因存在摩擦而产生摩擦力矩，它会在不同程度上阻碍活动部分的运动，使活动部分停在偏离真实平衡位置的地方，致使仪表指示产生误差。

三、电测量指示仪表的一般结构

电测量指示仪表种类繁多，结构各不相同，除具有产生转动力矩、反作用力矩、阻尼力矩的装置外，大部分仪表还有下面一些主要部件。

1. 外壳

外壳通常由铁、木、塑料等材料制成，用来保护仪表内部的结构。

2. 指示装置

仪表指示装置由以下零件组成。

（1）标度尺

标度尺是表盘上一系列数字和分度线的总称。通常情况下，准确度等级较高（1.4 级以上）的仪表采用镜子标尺，即在标度尺下有一条弧形镜面，读数时应使指针与镜面反映出的指针像重合，以保证读数的准确。

（2）指针

指针又分为刀形和矛形等。灵敏度高的仪表有的采用光标影像指针。各类指针如图 1-7 所示。

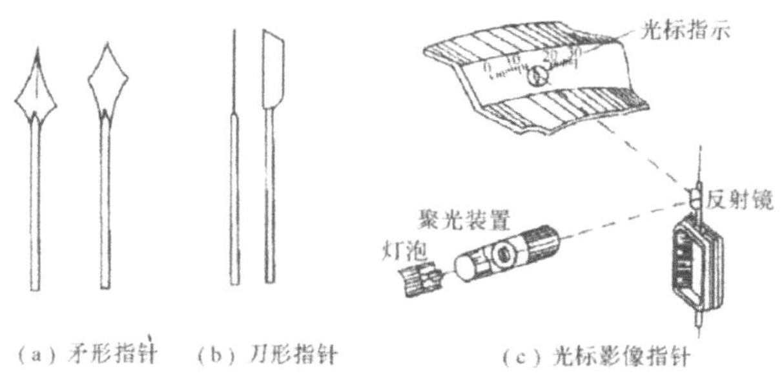

图 1-7　各类指针

（3）限动器

限动器用于限制指针的最大活动范围。

（4）平衡锤。平衡锤用于防止在指针偏转时，由于重心不正而带来的误差。

3. 轴和轴承

轴和轴承用来支持活动部分转动。为减小摩擦，轴尖用钢制成。轴承材料有多种，如青铜、玻璃、蓝宝石等。新型电能表为了减少磨损，延长使用寿命，采用磁推轴承，它是利用两块圆柱形磁钢同极性相斥的原理，把两块磁钢装在下轴套内，利用推斥力支撑电能表转动部分的重量，使之悬浮起来，其上、下两端均用不锈钢销针与石墨尼龙衬套作为导向，以制止水平方向的运动。

4. 调零装置

调零装置用来微调游丝或张丝的固定端，以改变初始力矩，从而使仪表的机械零位与适当的分度线（零位）相重合。

5. 支撑装置

测量机构中的可动部分要随被测量的大小而偏转，就必须有支撑装置，常见的支撑方式有两种：轴尖轴承支撑方式、张丝弹片支撑方式，如图 1-8 所示。许多检流计都采用了张丝弹片支撑方式。

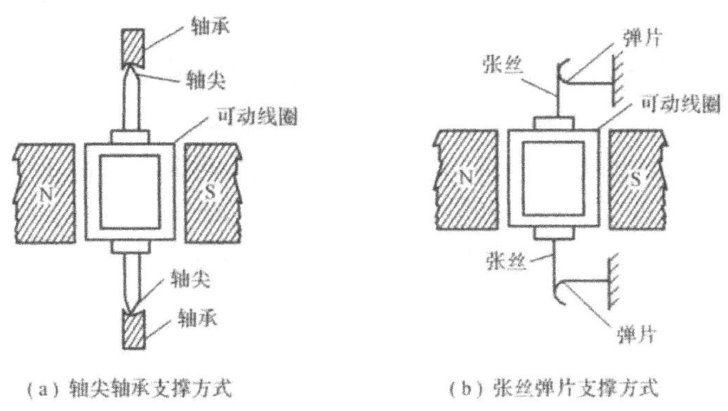

(a) 轴尖轴承支撑方式　　(b) 张丝弹片支撑方式

图 1-8　支撑装置示意图

第四节　电工仪表的标志及技术要求

一、电工仪表的表面标记

在实践中当我们选用或使用电工仪表时，首先会看到在仪表的表盘上及外壳上有各种符号。这些符号表明了电工仪表的基本结构特点、准确度、工作条件等。不同的电工仪表具有不同的技术特性，为了便于选择和正确使用仪表，通常还用各种不同的图形符号来表示这些技术特性，并标注在仪表表面的显著位置上，这些图形符号叫做仪表的标志。根据国家标准规定，每一只仪表必须有表示测量对象的单位、准确度等级、工作电流种类、相数、测量机构的类别、使用条件组别、工作位置、绝缘强度实验电压的大小、仪表型号及额定值等的标志符号。使用仪表时，必须首先看清各种标记，以确定该仪表是否符合测量要求。表 1-1 是电工仪表按工作原理分组的常见符号，表 1-2 是电工仪表测量单位符号，表 1-3 是电工仪表按外界条件分组的常见符号。

表 1-1　电工仪表按工作原理分组的常见符号

名称	符号	名称	符号	名称	符号
磁电系仪表		电动系仪表	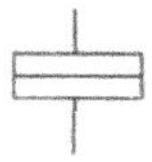	感应系仪表	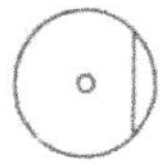
磁电系比率表	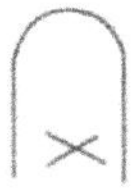	电动系比率表	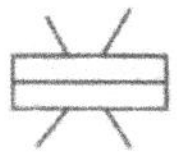	静电系仪表	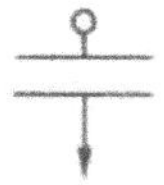
电磁系仪表		铁磁电动系仪表		整流系仪表（带半导体整流器和磁电系测量机构）	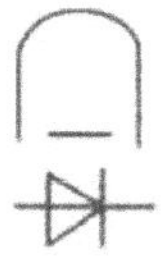
电磁系比率表	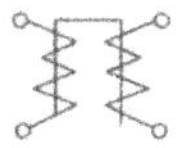	铁磁电动系比率表		热电系仪表（带接触式热变换器和磁电系测量机构）	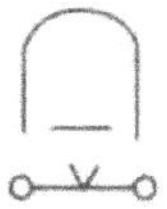

表 1-2　电工仪表测量单位符号

物理量	名称	符号	物理量	名称	符号
电流	千安	kA	频率	兆赫	MHz
	安培	A		千赫	kHz
	毫安	mA		赫兹	Hz
	微安	μA	电阻	兆欧	MΩ
电压	千伏	kV		千欧	kΩ
	伏	V		欧姆	Ω
	毫伏	mV		毫欧	mΩ
	微伏	μV	功率因数	（无单位）	-

（续表）

物理量	名称	符号	物理量	名称	符号
功率	兆瓦	MW	无功功率因数	（无单位）	-
	千瓦	kW	电容	法拉	F
	瓦特	W		微法	μF
无功功率	兆乏	MVar		皮法	pF
	千乏	kVar	电感	亨	H
	乏尔	Var		毫亨	mH
相位	度	°		微亨	μH

表 1-3　电工仪表按外界条件分组的常见符号

名称	符号	名称	符号
Ⅰ级防外磁场（例如磁电系）		Ⅳ级防外磁场及电场	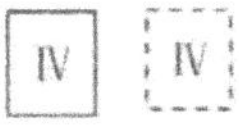 Ⅳ Ⅳ
Ⅰ级防外电场（例如静电系）		A 组仪表	
Ⅱ级防外磁场及电场	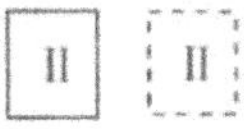 Ⅱ Ⅱ	B 组仪表	
Ⅲ级防外磁场及电场	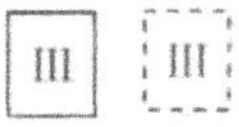 Ⅲ Ⅲ	C 组仪表	

二、电工仪表的型号

电工仪表的型号可以反映出仪表的用途及原理。电工仪表的产品型号，是按主管部门制定的电工仪表型号编制法，经生产单位申请，并由主管部门登记颁发的。我国对安装式仪表与便携式仪表的型号分别制订了不同的编制规则。

1. 安装式仪表的型号组成

安装式仪表的型号组成如下：

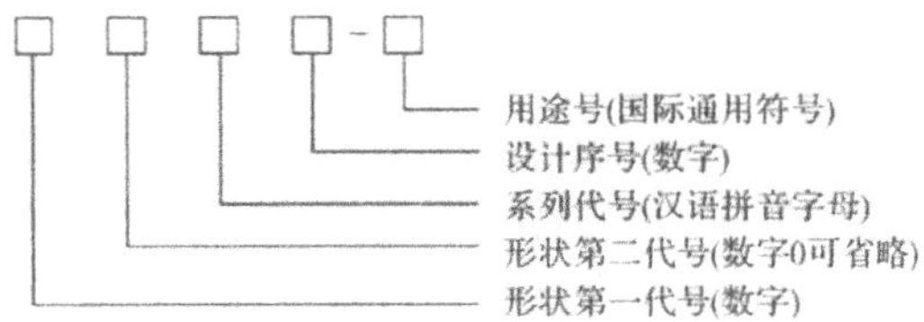

形状第一代号：按仪表面板形状最大尺寸编制。

形状第二代号：按仪表外壳形状尺寸编制。

系列代号：按仪表的工作原理编制，如 C 表示磁电系，T 表示电磁系，D 表示电动系，G 表示感应系，L 表示整流系，Q 表示静电系等。

用途号：按仪表测量的电量编制，如电压表为 V，电流表为 A，功率表为 W 等。

例如，42C3-A 型电流表，其中“42”为形状代号，可由产品目录查得其尺寸和安装开孔尺寸；“C”表示磁电系仪表；“3”为设计序号；“A”表示用于电流测量。

2. 便携式仪表的型号组成

便携式仪表的型号组成如下；

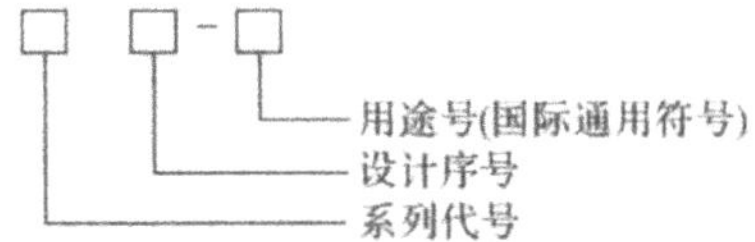

系列代号：

由于便携式仪表不存在安装问题，所以将安装式仪表型号中的形状代号省略，即是便携式仪表的产品型号。如 T62-V 型电压表，“T”表示电磁系仪表，“62”是设计序号，“V”表示用于电压测量。

此外，一些其他类型仪表的型号，还采用在系列代号前加一个用汉语拼音字母表示的类别号，如 Q 表示电桥、P 表示数字式、Z 表示电阻、D 表示电能表等。

三、电测量指示仪表的主要技术要求

选用电测量指示仪表时，对仪表主要有以下几个方面的技术要求。

1. 有足够的准确度

当仪表在规定的工作条件下使用时，要求基本误差不超过仪表盘面所标注的准确度等级；当仪表不在规定使用条件下工作时，各影响量（如温度、湿度、外磁场等）变化所产生的附加误差，应符合国家标准中的有关规定。标准表或精密测量时可选用 0.1 级或 0.2 级的仪表，实验室一般选用 0.5 级或 1.0 级的仪表，一般的工程测量可选用 1.5 级以下的仪表。

2. 有合适的灵敏度

仪表的灵敏度取决于仪表的结构和线路。通常将灵敏度的倒数称为仪表常数，用 C 来表示，即灵敏度是电工仪表的重要技术特性之一，反映了仪表所能测量的最小被测量。灵敏度越高，通入单位被测量所引起的偏转角就越大，也就是说灵敏度越高的仪表，满偏电流越小，即量限越小；灵敏度越低，则仪表的准确度就越低，所以仪表应有适当的灵敏度。在实际测量中，要根据被测量的要求选择合适的灵敏度。例如万用表的测量机构就要选用灵敏度较高的仪表，而一般工程测量无需选用灵敏度较高的仪表，以降低成本。

3. 仪表的功耗要小

当电测量指示仪表接入被测电路时，总要消耗一定的能量，这不但会引起仪表内部发热，而且影响被测电路的原有工作状态，从而产生测量误差，因而仪表的功率损耗要小。如果仪表本身消耗功率太大，则轻者会改变被测电路原有的工作状态，从而产生较大的测量误差，重者可能造成仪表损坏。

4. 有良好的读数装置

仪表标度尺的刻度应力求均匀。刻度不均匀的仪表，其灵敏度不是常数。刻度线较密的部分灵敏度较低，读数误差较大；而刻度线较疏的部分灵敏度较高，读数误差较小。对刻度线不均匀的仪表，应在标度尺上标明其工作部分，一般规定工作部分的长度不应小于标度尺全长的 85%。

5. 升降变差要小，即重复性要好

由于游丝（或张丝）受力变形后不能立即恢复原始状态，更主要的是由于仪表轴尖与轴承间的摩擦力所产生的摩擦力矩会阻碍活动部分的运动，因此即使在外界条件不变的情况下，用仪表测量同一量值，指针由零上升的指示值与由上限下降的指示值也会不同，这两个指示值之间的差值就称为仪表的升降变差。一般要求升降变差不应超过仪表基本误差的绝对值。

6. 有良好的阻尼装置

良好的阻尼装置是指当仪表接入电路后，指针在平衡位置附近摆动的时间要尽可能短，在仪表测量时指针能够均匀地、平稳地指向平衡位置，以便迅速读数。若阻尼装置失效，则仪表的指针在平衡位置左右摆动，长时间不能停留在平衡位置，从而延长读数时间。

7. 有足够的绝缘强度

使用中严禁测量电路的电压超过仪表的绝缘强度实验电压，否则将引起危害人身和设备安全的事故。

8. 有足够的过载能力

在实际使用中，由于某些原因使仪表过载的现象经常发生，因此要求仪表具有足够的抗过载能力，以延长仪表的使用寿命。否则仪表一旦过载，轻者指针被打弯，重者可能损坏仪表。

9. 量程范围要合理

仪表能够测量的最大输入量与最小输入量之间的范围称为仪表的量程范围，简称量程。量程在数值上等于仪表上限值与下限值的代数差的绝对值。例如，某一温度计测量的最低温度为 -20℃，最高温度为 100℃，则它的量程是 120℃。

第五节　实验数据的处理及误差估算

一、数据处理

在测量过程中，读数、记录和运算等对数据的处理都涉及正确选用有效数字的问题，如果这个问题处理得好，就可以节省计算工作量；如果处理不好则会造成计算量增大或计算不准确，因此应当注意这一问题。

1. 有效数字

具体地说，有效数字是指在分析工作中实际能够测量到的数字。一个数据从左边第一个非零数字起至右边近似数字的一位为止，其间的所有数码均为有效数字。有效数字的最末一位是近似数字，它可以是测量中估计读出的，也可以是按规定修约后的近似数字，而有效数字的其他数字都是准确数字。

所有测得的数据都必须用有效数字表示。此时应注意：

（1）读数记录时，每一个数据只能有一位数字（最末一位）是估计读数，而其他数字都必须是准确读出的。

（2）有效数字的位数与小数点无关，“0”在数字之间或末尾时均为有效数字。例如，0.025、0.25 均为两位有效数字，203、110 均为三位有效数字。在测量中，如果仪表指针刚好停留在分度线上，读数记录时应在小数点后的末尾加一位零。例如，指针停在 1.4 A 的分度线上，则应记为 1.40 A，因为数据中 4 是准确数字，而不是估计的近似数字。

（3）遇有大数值或小数值时，数据通常用数字乘以 10 的幂的形式来表示，10 的幂前面的数字为有效数字。例如，3.20×10^{4} 有三位有效数字，6.3×10^{-3} 有两位有效数字。在采用 10 的幂的形式表示数据时，应考虑与误差相适应。

2. 数据的舍入规则

有效数字的位数确定后，其余数字按四舍五入的原则进行。一般习惯用的四舍五入方法由于 5 总是入，不尽合理，故在数据处理时的舍入原则是：若要保留 n 位有效数字，则第 n 位有效数字后面的第一位数字大于 5 时入，小于 5 时舍，等于 5 时，若 n 位为奇数则入，为偶数则舍。简单地说：“5 以上入，5 以下舍，5 前奇入，5 前偶舍”。例如，若 5.1835、10.365 均取四位有效数字，则分别为 5.184、

10.36。这样处理，舍与入的机会相等，提高了数据的准确性。

3. 有效数字的运算规则

数据的运算应按有效数字的运算规则进行。

（1）加减运算时，应以小数点后位数最少的数为基准，将数据中小数点后位数多的进行舍入处理。例如，6.48、10.20、2.535 三个数字相加，运算时应为 6.48+10.20+2.54=19.22，结果取 19.20。

（2）乘除运算时，要把有效数字位数多的进行舍入处理，使之比有效数字位数最少的那个数只多一位，计算结果的有效数字位数与原数据中有效数字位数最少的相同。例如，3.2、12.6、2.365 三个数字相乘，运算时为 3.2×12.6×2.36=95.1552，结果应取 95。有时根据需要也可多取一位，即结果为 95.2，但位数再多不仅毫无意义，而且可能导致实验人员对实验的精确度作出错误结论。

二、工程上最大测量误差估算

由于随机误差比较小，因而只有在精密测量或精密实验中，才需要按随机误差理论对实验数据进行处理，而在一般工程测量时往往忽略不计。在工程上主要考虑的是系统误差，系统误差可按下述方法进行计算。

1. 直接测量方式的最大误差

用指示仪表进行直接测量时，可以根据仪表的准确度等级估计可能产生的最大误差。前面已经介绍过，测量仪表的准确度 K 用最大引用误差来表示，即

$$\pm K\% = \frac{\Delta_m}{A_m} \times 100\%$$

式中：Δ_m 为最大绝对误差；A_m 为仪表最大量限。

用直读仪表测量时，可能出现的最大绝对误差可按上式进行计算。

2. 间接测量方式的最大误差

实际工作中经常采用间接测量法，即通过两个或两个以上的直接测量值，按某一函数关系计算而获得测量值。由于直接测量有误差，所以通过计算而得到的间接测量的结果必然会有误差。在已知的直接测量误差（或称分项误差）的基础上，求出间接测量的误差（或称综合误差）的方法称为误差的综合。

若被测量 y 为 n 个中间量 $x_1, x_2, \cdots, x_n$ 之和，$\gamma_1, \gamma_2, \cdots, \gamma_n$ 为测量每个中间量时可能产生的相对误差，则 y 可能产生的相对误差为

$$\gamma_y = \frac{\Delta y}{y} = \frac{\Delta x_1}{y} + \frac{\Delta x_2}{y} + \cdots + \frac{\Delta x_n}{y}$$

最大误差出现在各中间量的相对误差符号相同之时，即

$$\gamma_y = \left|\frac{\Delta x_1}{y}\right| + \left|\frac{\Delta x_2}{y}\right| + \cdots + \left|\frac{\Delta x_n}{y}\right| = \left|\frac{x_1}{y}\gamma_1\right| + \left|\frac{x_2}{y}\gamma_2\right| + \cdots + \left|\frac{x_n}{y}\gamma_n\right|$$

若被测量 y 为中间量 x_1, x_2 之差，γ_1, γ_2 为测量每个中间量可能产生的相对误差，则被测量 y 所产生的相对误差为

$$\gamma_y = \left|\frac{x_1}{x_1 - x_2}\gamma_1\right| + \left|\frac{x_2}{x_1 - x_2}\gamma_2\right|$$

由上式可以看出，最大误差不仅与各中间量的相对误差有关，而且与中间量之差有关，差越小，被测量的相对误差就越大。

思考题

1. 用伏安法测量某电阻 R，所用电流表为 0.5 级，量限为 0 ～ 1 A，电流表指示值为 0.5 A；所用电压表为 1.0 级，量限为 0 ～ 5 V，电压表指示值为 2.5 V。求 R 的测量结果及测量结果可能最大的相对误差。

2. 有三台电压表，量限和准确度等级指数分别为 500 V、0.2 级，200 V、0.5 级，50 V、1.5 级，分别用三块表测量 50 V 的电压，求用每块电压表测量的绝对误差、相对误差、引用误差。哪块表的质量好？用哪块表测得的测量结果的误差最小？为什么？

3. 检定一个满刻度为 5 A 的 1.5 级电流表，若在 2.0 A 刻度处的绝对误差最大，Δ_m =+0.1 A，则此电流表准确度是否合理？

4. 用 1.5 级、量限为 14 A 的电流表测量某电流时，其读数为 10 A，试求测量可能出现的最大相对误差。

5. 某台测温仪表的测温范围为 200 ～ 700℃，检验该表时得到的最大绝对误差为 +4℃，试确定该仪表的准确度等级。

6. 某测量系统由传感器、放大器和记录仪组成，各环节的灵敏度分别为 S_1=0.2 mV/℃，S_2=2.0 V/mV，S_3=5.0 mm/V。求系统的灵敏度。

第二章　直流电路

导读：

生活中常用手电筒照明探路，如图 2-1 所示是其外形图与电路连接图，那么，电路具备什么条件才能使手电筒持续发光？通常电路如何分析亮度变化？

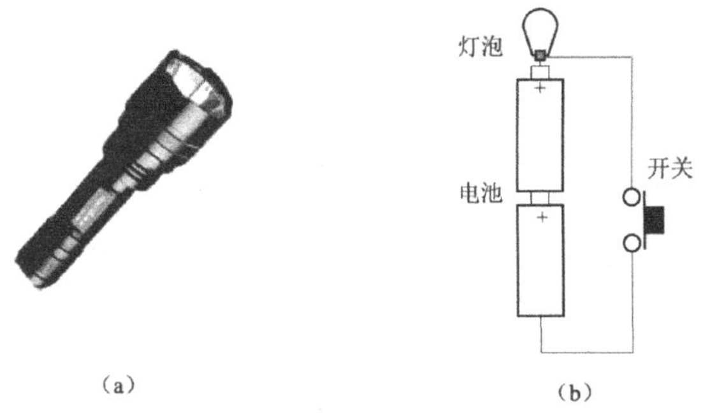

图 2-1　手电筒电路

(a) 手电筒外形图；(b) 电路示意图

由此引导出直流电路中的知识点：(1) 实际电路简化成电路模型；(2) 直流电路主要物理量 I、U、V、P、W；(3) 电路元件、电路结构、电压与电流的约束关系的电路两大基本定律：欧姆定律、基尔霍夫定律；(4) 直流电路分析常用方法：叠加原理、节点电压法等。这些知识中贯穿电学的基本分析方法，是重要基础知识。

学习目标：

1. 掌握电路的组成、电路模型概念及电路的主要物理量。

2. 掌握电路元件的电压与电流约束关系的欧姆定律；电路结构间电压与电流约

束关系的基尔霍夫定律。

3. 掌握用支路电流法、叠加原理、电源等效变换方式分析直流电路的方法。

第一节　电路及电路模型

一、电路的组成与作用

电路就是电流所通过的路径，它由电路元件根据功能需要，按照某种特定方式连接而成。如图 2-2（a）所示就是一个简单的直流电路，由电池和灯泡经过开关用导线连接组成。图中电池在电路中为灯泡提供电能，称为电源；灯泡将电能转换为光能、热能等非电能，它是取用电能的设备，称为负载；开关和导线起连接电源和负载的作用，并根据需要控制电路的接通与断开，称为中间环节。

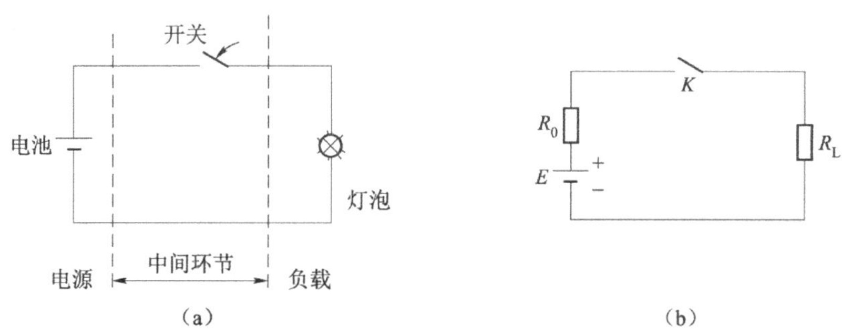

图 2-2　手电筒电路

(a) 手电筒电路；(b) 电路模型

二、理想电路元件及电路模型

构成电路的常用元器件有电阻器、二极管、电容、电感、变压器、电动机、电池等。这些实际元器件的电磁特性往往十分复杂。例如，一个白炽灯通以电流时，除具有消耗电能即电阻性质外，还会产生磁场，具有电感性质，由于电感很小，可以忽略不计，于是可认为是一电阻元件。因此，为了分析复杂电路的工作特性，就必须进行科学抽象与概括，用一些理想电路元件（或相应组合）来代表实际元器件的主要外部特性。这种模型元件是一种用数学关系描述实际器件的基本物理规律的数学模型，我们称之为理想元件，简称元件。

这种用理想电路元件来代替实际电路元件构成的电路称为电路模型，简称电路。电路图则是用规定的元件图形反映电路的结构。例如，手电筒电路的模型可由图 2-2（b）所示的电路图表示。

理想电路元件在理想电路中是组成电路的基本元件，元件上电压与电流之间的关系又称为元件的伏安特性，它反映了元件的性质。

在实际电路中使用着各种电器、电子元器件，如电阻器、电容器、电感器、灯泡、电池、晶体管、变压器等，但是它们在电磁方面却有许多共同的地方。例如，电阻器、灯泡、电炉等，它们的主要电磁性能是消耗电能，这样可用一个具有两个端钮的理想电阻 R 来表示，它能反映消耗电能的特征，其模型符号如图 2-3（a）所示。在电路中常用电阻的倒数（1/R）电导 G 来描述电阻元件，它在国际单位制中的单位为西门子（S）。

类似地，各种实际电感器主要是储存磁能，用一个理想的二端电感元件来反映储存磁能的特征，理想电感元件的模型符号如图 2-3（b）所示。各种实际的电容器主要是储存电场能，用一个理想的二端电容来反映储存电场能的特征，理想电容元件的模型符号如图 2-3（c）所示。电压源和电流源主要是对外供给不变电压和电流，其模型符号如图 2-3（d）和图 2-3（e）所示。

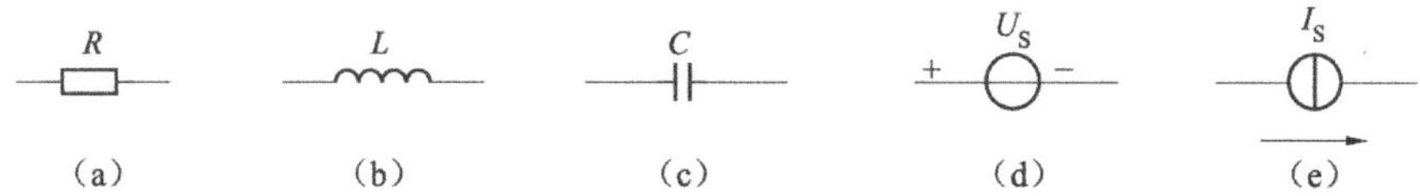

图 2-3　理想电路元件的图形与符号

（a）电阻；（b）电感；（c）电容；（d）电压源；（e）电流源

其他的实际电路部件都可类似地将其表示为应用条件下的模型，这里就不一一列举。但关于理想电路元件这里再强调一下：理想电路元件是具有某种确定的电磁性能的理想元件：理想电阻元件只消耗电能（既不储存电能，也不储存磁能）；理想电容元件只储存电能（既不消耗电能，也不储存磁能）；理想电感元件只储存磁能（既不消耗电能，也不储存电能）。理想电路元件是一种理想的模型并具有精确的数学定义，实际中并不存在。但是不能说所定义的理想电路元件模型理论脱离实际，是无用的。这犹如实际中并不存在“质点”，但“质点”这种理想模型在物理学科运动学原理分析与研究中举足轻重一样，人们所定义的理想电路元件模型在电路理论问题分析与研究中充当着重要角色。

第二节　电路主要物理量及电气设备的额定值

一、电路主要物理量

在电路问题分析中，常用的物理量有电流（I）、电压（U）、电位（V）、电动势（E）、电功率（P）、电能（W）等。

1. 电流及其参考方向

电流是由电荷的定向移动而形成的。我们知道，一段金属导体内含有大量的带负电荷的自由电子，通常情况下，这些自由电子在其内部做无规则的热运动，并不形成电流；若在该段金属导体两端接上电源，那么带负电荷的自由电子就要逆电场方向运动，于是在该段金属导体中便形成电流。在其他场合，如电解溶液中的带电离子做规则定向运动也会形成传导电流。

电流，虽然大家看不见它，但可通过它的各种效应（如磁效应、热效应）来感知它的客观存在。我们把单位时间内通过导体横截面的电荷量定义为电流强度，简称电流，用 $i(t)$ 表示，即

$$i(t)=\frac{\mathrm{d}q}{\mathrm{d}t} \tag{2-1}$$

式中，q 为通过导体横截面的电荷量，若电流强度不随时间而变，即 $\frac{\mathrm{d}q}{\mathrm{d}t}$ 为常数，这种电流是直流电流，常用大写字母 I 表示。

在法定计量单位中电流强度的单位是安培（A），简称安。有时也用千（kA）、毫安（mA）或微安（μA），1 kA=10^3 A，1 A=10^3 mA=10^6 μA。

电流不仅有大小，而且还有方向。习惯上把正电荷运动的方向规定为电流的实际方向，但在电路分析中，有时某段电流的实际方向难以判断，有时电流的实际方向还在不断改变。为了解决这一问题，可任意选定一方向作参考，称为参考方向（或正方向），在电路图中用箭头表示，也可用字母带双下标表示，如 I_{ab} 表示参考方向从 a 指向 b，如图 2-4 所示。并规定：当电流的参考方向与实际方向一致时，电流取正值，$I>0$，如图 2-4（a）所示；当电流的参考方向与实际方向不一致即相反时，电流取负值 $I<0$，如图 2-4（b）所示。这样，在计算时，只要选定了参考方向，并算出电流值，就可根据其值的正负号来判断其实际方向了。

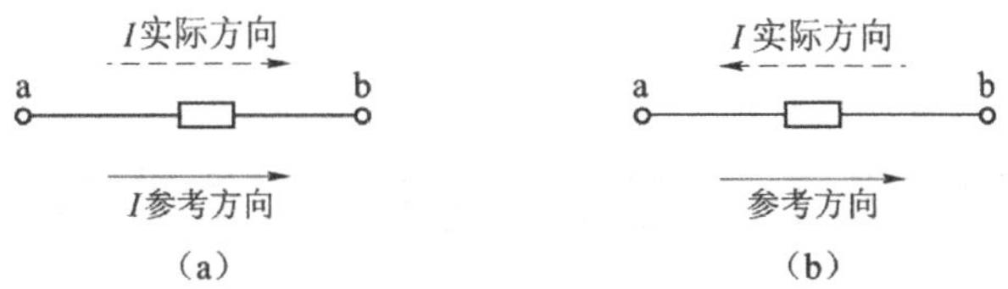

图 2-4　电流参考方向与实际方向的关系

（a）$I>0$；（b）$I<0$

2. 电压及其参考方向

为衡量电路元件吸收或发出电能的情况，在电路分析中引入了电压这一物理量。从电场力做功概念定义，电压就是将单位正电荷从电路中一点移至另一点电场力做功的大小。其数学表达式为

$$U_{ab}=\frac{\mathrm{d}w}{\mathrm{d}q}=V_a-V_b \tag{2-2}$$

式中，V_a、V_b 分别表示 a、b 点的电位，U_{ab} 则表示 a、b 点间的电位之差。电压总是与电路中两点相联系的。

在法定计量单位中，电压的单位是伏特（V），简称伏。有时也用千伏（kV）、毫伏（mV）、微伏（μV）作单位，1 kV=10^3 V，1 V=10^3 mV=10^6 μV。

电路中电压的实际方向规定为从高电位指向低电位，但在复杂的电路里，电压的实际方向是不易判别的，或在交流电路里，两点间电压的实际方向是分时间段交替改变的，这给实际电路问题的分析计算带来不便，所以需要对电路两点间电压假设其方向。在电路图中，常标以“+”“-”号表示电压的正、负极性或参考方向。在图 2-5（a）中，a 点标以“+”，极性为正，称为高电压；b 点标以“-”，极性为负，称为低电位。一旦选定了电压参考方向后，若 $U>0$，则表示电压的真实方向与选定的参考方向一致；反之则相反，如图 2-5（b）所示。

也有的用带有双下标的字母表示，如电压 U_{ab}，表示该电压的参考方向为从 a 点指向 b 点。这种选定也具有任意性，并不能确定真实的物理过程。

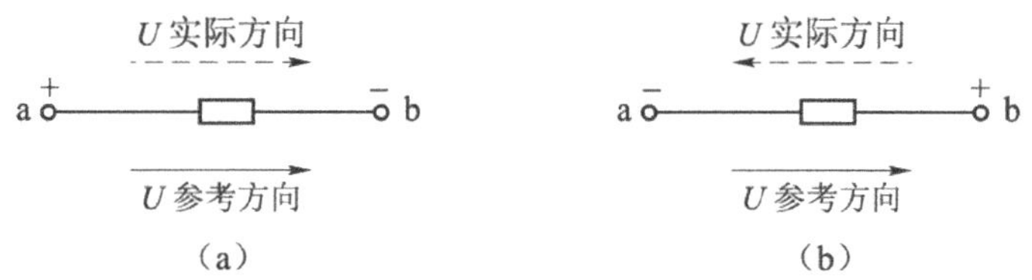

图 2-5　电压参考方向与实际方向的关系

（a）$U>0$；（b）$U<0$

电路中电流的正方向和电压的正方向在选定时都有任意性，二者彼此独立。但是，为了分析电路方便，常把元件上的电流与电压的正方向取为一致，称为关联参考方向，如图 2-6（a）所示；不一致时称为非关联参考方向，如图 2-6（b）所示。我们约定，除电源元件外，所有元件上的电流和电压都采用关联参考方向。

图 2-6　电压和电流的关联、非关联参考方向

（a）关联参考方向；（b）非关联参考方向

3. 电位

物理学中我们知道，将单位正电荷从某一点 a 沿任意路径移动到参考点，电场力做功的大小称为 a 点的电位，记为 V_a 所以为了求出各点的电位，必须选定电路中的某一点作为参考点，并规定参考点的电位为零，则电路中的任一点与参考点之间的电压（即电位差）就是该点的电位，如 $U_{ad}=V_a-V_d$。

电力系统中，常选大地为参考点；在电子线路中，则常选机壳电路的公共线为参考点。线路图中都用符号“⊥”表示，简称“接地”。如图 2-7（a）所示双电源电路，是利用电位的概念，简化后如图 2-7（b）所示。在电子线路中，常使用这种简化画法。

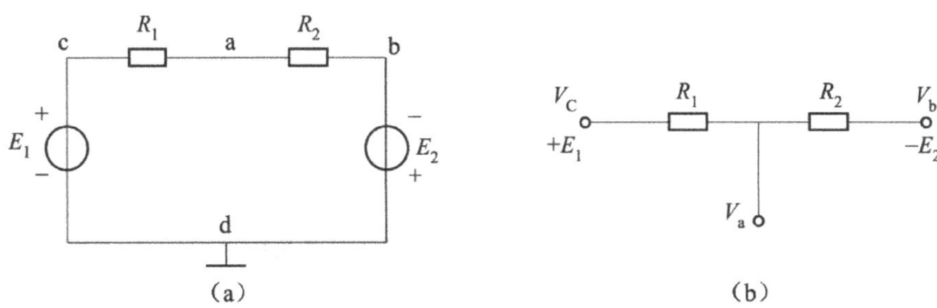

图 2-7　双电源电路及简化画法

（a）双电源电路；（b）简化画法

4. 电动势

在电源内部有一种局外力（非静电力），将正电荷由低电位处移向高电位处，如电池中的局外力是由电解液和金属极板间的化学作用产生的。由于局外力而使电源两端具有的电位差称为电动势，并规定电动势的实际方向是由低电位端指向高电位端。把电位高的一端叫正极，电位低的一端叫负极，则电动势的实际方向规定在电源内部从负极到正极，如图 2-8（a）所示。因此，在电动势的方向上电位是逐点升高的。电动势在数值上等于局外力把正电荷从负极板搬运到正极板所做的功 W_{ba} 与被搬运的电荷量 Q 的比值，用 E 表示，即

$$E = \frac{W_{ab}}{Q} \tag{2-3}$$

由于电动势 E 两端的电压值为恒定值，且不论电流的大小和方向如何，其电位差总是不变，故用一恒压源 US 的电路模型代替电动势 E，如图 2-8（b）所示。在分析电路时，电路中电压参考方向不同时，其数值也不同，且与电路中的电流无关。当选取的电压参考方向与恒压源的极性一致时，$U=US$，如图 2-8（c）所示；相反时，$U=-US$，如图 2-8（d）所示。

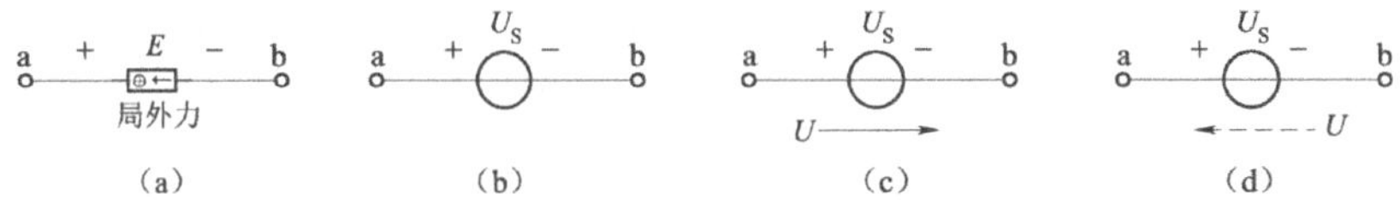

图 2-8　电动势（恒压源）的符号及不同电压参考方向

（a）E 的实际方向；（b）E 的等效电路；（c）$U=U_S$；（d）$U=-U_S$

5. 电功率

电路中单位时间内消耗的电能称为电功率，电功率的大小等于电流与电压的乘

积，即 $P=UI$。

在法定计量单位中功率的单位是瓦（W），也常用千瓦（kW）、毫瓦（mW）。1 W=10^3 mW。

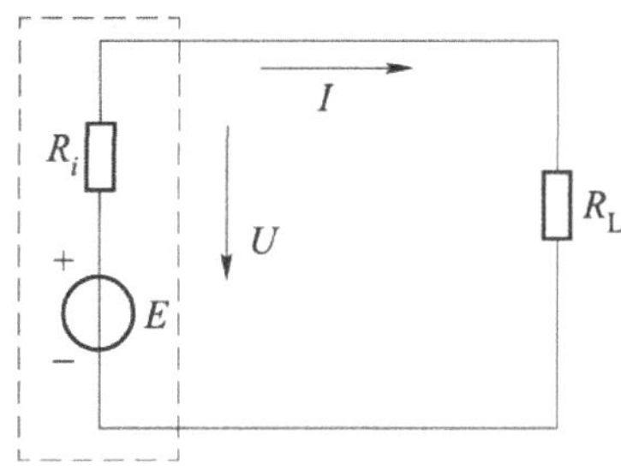

图 2-9 电功率示意图

如图 2-9 所示，在闭合电路中恒压源产生的电功率为

$$P_E=\frac{EIt}{t}=EI \tag{2-4}$$

负载取用的电功率为

$$P_{R_L}=\frac{UIt}{t}=UI \tag{2-5}$$

电源内部损耗的电功率为

$$\Delta P=\frac{U_iIt}{t}=U_iI \tag{2-6}$$

这三者间的关系是

$$P_E=P_{R_L}+\Delta P \tag{2-7}$$

6. 电能

在电流通过电路的同时，电路中发生了能量的转换。在电源内，局外力不断地克服电场力对正电荷做功，正电荷在电源内获得了能量，把非电能转换成电能。在外电路中，正电荷在电场力作用下，不断地流过负载，正电荷在外电路中放出能量，把电能转换成为其他形式的能。由此可见，在电路中，电荷只是一种转换和传输能量的媒介物，电荷本身并不产生或消耗任何能量。通常所说的用电，就是指取用电荷所携带的能量而言。

从非电能转换来的电能等于恒压源电动势和被移动的电荷量 Q 的乘积，即

$$W_E = EQ = EIt \tag{2-8}$$

此电能可分为两部分：其一是外电路取用的电能（即电源输出的电能）W_1，其二是因电源内部正电荷受局外力作用在移动过程中存在阻力而消耗的电能，即电源内部消耗电能 W_i。即

$$W_i = W_E - W_1 = (E-U)It \tag{2-9}$$

电能的法定计量单位是焦耳（J），常用千瓦时（kW·h）或度为单位，即 1 度 =1 kW·h。

二、电气设备的额定值

下面先讨论电流的热效应。电流通过电气设备，就要把电能转换为其他形式的能。有的转变了热能，从而使电气设备的温度升高，这种现象称为热效应。电流的热效应在生产和生活中有很多应用，如白炽灯、电炉和其他电热元件等。

但电流的热效应也有其有害的一面。由于连接导线以及发电机、电动机、变压器等非电热性电气设备的导电部分都具有一定的电阻，因此在它们工作时，有电流流过，就有一部分电能转变成了热能，而这部分热能通常是不能加以利用的。我们把这一部分损失的热能称为铜损。由于铜损的存在，降低了电气设备的效率，并使设备的温度升高。

电气设备工作时最高容许温度都有一定的数值。如果电气设备工作时温度上升过高，超过了最高容许温度，绝缘材料就会很快变脆损坏，使用寿命就会缩短。温度再升高，绝缘材料就开始碳化甚至燃烧起来，使电气设备损坏，造成严重事故。裸导线的最高容许温度根据导线的机械强度随温度的升高而降低的程度来决定。

为了使电气设备在工作中的温度不超过最高工作温度，通过它的最高容许电流就必须有一个限制。通常把这个限定电流值称为该电气设备的额定电流，用 IN 表示。因此，额定电流是电气设备长时间连续工作的最大容许电流。电气设备长时间连续工作的电流不应超过它的额定电流，否则电气设备将因发热而缩短寿命被烧毁。

加在电气设备上的电压，是对电气设备的电流有重要影响的因素。因此，电气设备工作时对电压也有一定的限额，这个电压的限额称为电气设备的额定电压，用 UN 表示。

在直流电路中，额定电压和额定电流的乘积就是用电设备的额定功率，用 PN 表示。

额定电流、额定电压、额定电功率通常称为额定值。电气设备和电路元件的额定值常常标在铭牌上或打印在外壳上。

对于白炽灯、电炉之类的用电设备，只要在额定电压下使用，其电流和功率都将达到额定值。但是对于另一类电气设备，如电动机、变压器等，即使在额定电压

下工作，电流和功率可能达不到额定值，也可能在额定电压下工作，但还是存在着电流和功率超过额定值（称为过载）的可能性。这在使用时应该注意的。

第三节　电路的三种工作状态

一、负载工作状态

如图 2-10 所示，把开关 S 闭合，电路便处于有载工作状态。

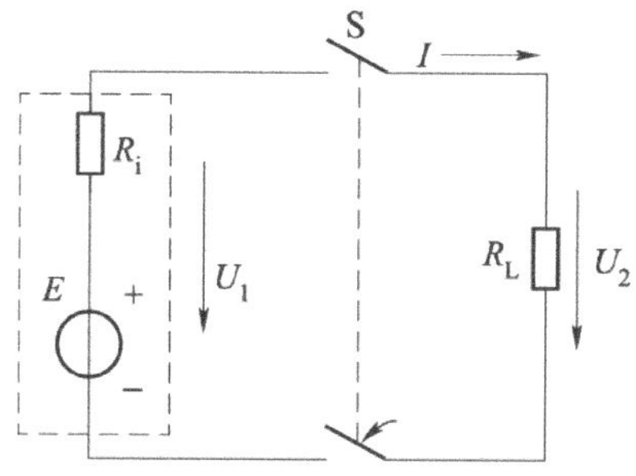

图 2-10　电路的负载状态

此时电路有下列特征：

（1）电路中的电流为

$$I=\frac{E}{R_i+R_L} \tag{2-10}$$

（2）电源的端电压为

$$U_1=E-R_iI \tag{2-11}$$

式（2-11）称为“全电路欧姆定律”，该式表明：电源的端电压 U_1 总是小于电源的电动势 E，两者之差等于电流在电源内阻上产生的压降（IR_i）。电流越大，则端电压下降的就越多。

若忽略线路上的压降，则负载两端的电压 U_2 等于电源的端电压 U_1，即

$$U_2=U_1 \tag{2-12}$$

（3）电源的输出功率为

$$P_1 = U_1 I = (E - IR_i)I = EI - R_i I^2 \tag{2-13}$$

上式表明，电源的电势发出的功率 EI 减去电源内阻上的消耗 $R_i I^2$，P_1 是供给负载的功率，显然，负载所吸取的功率为

$$P_2 = U_2 I = U_1 I = P_1 \tag{2-14}$$

二、空载运行状态

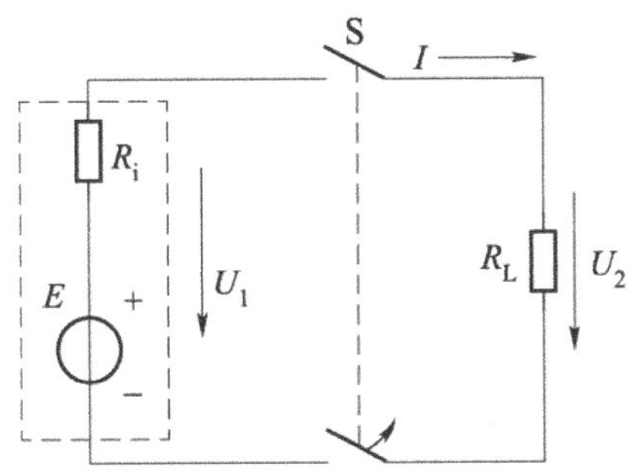

图 2-11　电路的空载状态

空载运行状态又称断路或开路状态，它是电路的一个极端运行状态。如图 2-11 所示，当开关 S 断开或连线断开时，电源和负载未构成闭合电路，就会发生这种状态，这时外电路所呈现的电阻对电源来说是无穷大，此时：

（1）电路中的电流为零，即 $I=0$。

（2）电源的端电压等于电源的恒定电压，即

$$U_1 = E - R_i I = E$$

（3）电源的输出功率 P_1 和负载所吸收的功率 P_2 均为零，即

$$P_1 = P_2 = 0 \tag{2-15}$$

三、短路状态

当电源的两输出端由于某种原因（如电源线绝缘损坏，操作不慎等）相接触时，会造成电源被直接短路的情况，如图 2-12 所示，它是电路的另一个极端运行状态。

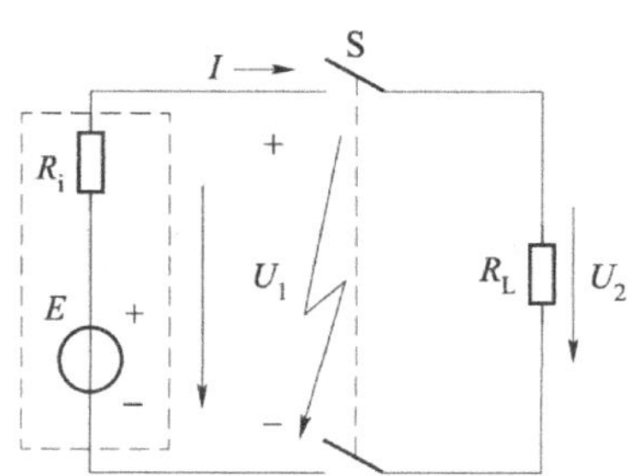

图 2-12　电路的短路状态

当电源短路时，外电路所呈现出的电阻可视为零，故电路具有下列特征：

（1）电源中的电流为

$$I = I_S = \frac{E}{R_i} \tag{2-16}$$

此电流称为短路电流。在一般供电系统中，因电源的内电阻 R_i 很小，故短路电流 I_S 很大。

（2）因负载被短路，电源端电压与负载电压均为零，即

$$U_1 = U_2 = E - R_i I_S = 0 \tag{2-17}$$

就是说电源的恒定电压与电源的内阻电压相等，方向相反，因而无输出电压。

（3）负载吸收的功率

$$P_2 = 0 \tag{2-18}$$

电源提供的输出功率

$$P_1 = P_{Ri} = I_S^2 R_i \tag{2-19}$$

这时电源发出的功率全部消耗在内阻上。这将导致电源的温度急剧上升，有可能烧毁电源或由于电流过大造成设备损坏，甚至引起火灾。为了防止此现象的发生，可在电路中接入熔断器等短路保护电器。

第四节　基尔霍夫定律与电路分析方法

一、基尔霍夫定律

图 2-13 所示电路为汽车、摩托车等运输车辆的照明电路示意图。图中 U_{S1}、R_1 分别为发电机的电动势和内阻；U_{s2}、R_2 分别为蓄电池的电动势和内阻；R_3 为照明灯负载。电路中的三个电阻没有简单的串、并联关系，无法直接应用欧姆定律求解，这种电路称为复杂电路。而基尔霍夫定律是求解复杂电路的基本定律，它反映电路中各电流之间的关系及各电压之间的关系，是由两个定律组成，分别为电流定律和电压定律。在了解它们之前，先要学习几个有关的专业名词。

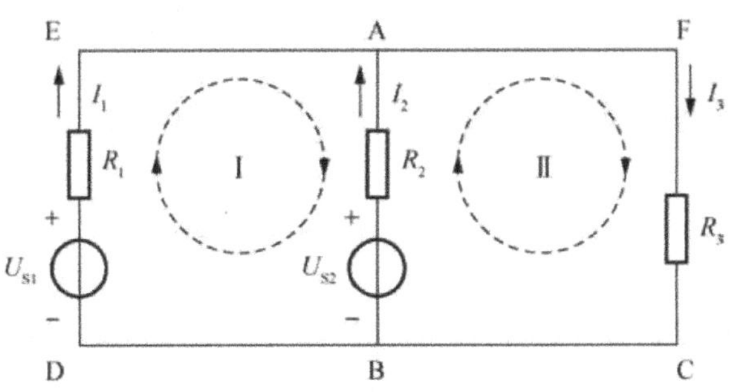

图 2-13　基尔霍夫定律举例

（一）电路中的几个常用名词

1. 支路

由一个或几个元件首尾相接构成的无分支电路称为支路。在一条支路中流过同样大小的电流。图 2-13 所示电路中有三条支路，即 AB、ED 和 FC。含有电源的支路叫含源支路，不含电源的支路叫无源支路。

2. 节点

三个或三个以上支路的连接点叫作节点。图 2-13 所示电路中，只有 A、B 两点是节点。

3. 回路

电路中任一闭合路径都称为回路。图 2-13 电路中，有 ABDEA、ABCFA 和 EDCFE 三个回路。

4. 网孔

回路平面内不含有其他支路的回路称为网孔。图 2-13 所示电路中，回路 ABDEA 和 ABCFA 是网孔，而回路 EDCFE 平面内含有 AB 支路，所以它不是网孔。

（二）基尔霍夫定律

1. 基尔霍夫第一定律（KCL）

基尔霍夫第一定律也称为基尔霍夫电流定律（简称 KCL）。对于图 2-13 所示电路，其具体描述为：在电路中流入节点的总电流等于流出节点的总电流。对于节点 A 有

$$I_1+I_2=I_3 \tag{2-20}$$

也可以说对节点 A 流入和流出节点电流的代数和为零（设流入节点的电流为正，流出节点的电流为负）。

$$I_1+I_2-I_3=0$$

即

$$\sum I=0 \tag{2-21}$$

基尔霍夫电流定律的推广，如图 2-14 所示。用一封闭面把 R_1、R_2　R_3　R_4　R_0 构成的桥式电路包围，则流进封闭面的电流等于流出封闭面的电流。

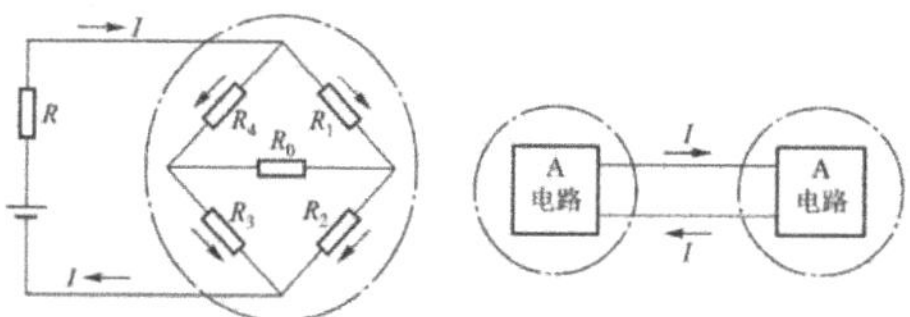

图 2-14　基尔霍夫电流定律推广

由此得到结论：电路中流入的电流一定等于流出的电流。

2. 基尔霍夫第二定律（KVL）

基尔霍夫第二定律也称为基尔霍夫电压定律（简称 KVL）。其具体描述为：沿任一闭合回路，电路中所有的电位升等于电路中所有的电位降。对于图 2-13 所示电路中的回路Ⅱ有

$$U_{S2}=R_2I_2+R_3I_3 \tag{2-22}$$

由上式可得 $-U_{S2}+R_2I_2+R_3I_3=0$，即

$$\sum U=0 \tag{2-23}$$

应用基尔霍夫电压定律时，必须先选定回路的绕行方向，可以是顺时针，也可以是逆时针。各元件的参考方向也应选定。若电压的参考方向与回路的绕行方向一致，则该项电压取正，反之取负。

对于图 2-13 所示电路，按回路 I 绕行方向，由于 R_1I_1 和 U_{S2} 的参考方向与绕行方向一致取正号，而 U_{S1} 和 R_2I_2 的参考方向与绕行方向相反取负号，即

$$R_1I_1-R_2I_2+U_{S2}-U_{S1}=0 \tag{2-24}$$

二、支路电流法

（一）复杂电路

如图 2-13 所示的这种无法用串、并联方法直接应用欧姆定律求解的电路。

（二）支路电流法

以支路电流为求解对象，应用基尔霍夫第一、第二定律对结点和回路（网孔）列出所需的方程组，然后求解各支路电流。

（三）支路电流法解题步骤

步骤一，选择各支路电流参考方向。在图 2-15 中，选取支路电流 I_1、I_2 和 I_3 的参考方向如图 2-15 中所示。

步骤二，根据结点数列写独立的结点电流方程式。在图 2-15 所示电路中，有 A 和 B 两个结点，利用 KCL 列出结点方程式。

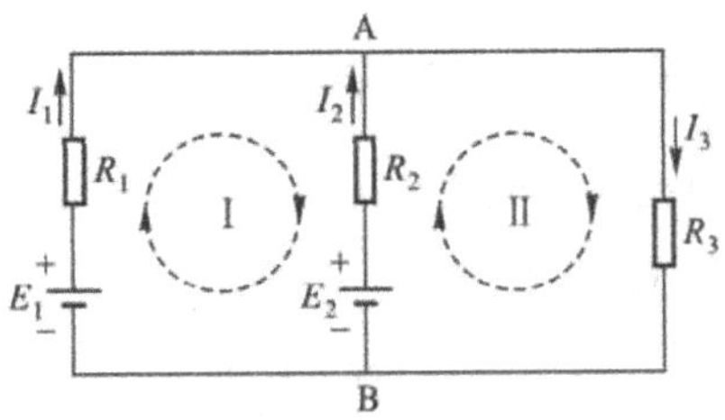

图 2-15　具有两个结点的电路

结点 A：$I_1+I_2-I_3=0$

结点 B：$I_1-I_2+I_3=0$

一般来说，电路中有 2 个结点时，只能列出 1 个独立方程，可以在 2 个结点中任选其中 1 个方程。

步骤三，根据网孔，利用 KVL 列写回路电压方程式，补齐不足的方程数。一般

情况下以自然网孔为对象列写电压方程为宜，这样可以防止列写的电压方程不独立。利用 KVL，对回路Ⅰ和回路Ⅱ列写电压方程式。

回路Ⅰ：$E_1 - E_2 = R_1 I_1 - R_2 I_2$

回路Ⅱ：$E_2 = R_2 I_2 + R_3 I_3$

步骤四，联立求解方程组，求出各支路电流。

$$I_1 + I_2 - I_3 = 0$$

$$E_1 - E_2 = R_1 I_1 - R_2 I_2$$

$$E_2 = R_2 I_2 + R_3 I_3$$

代入已知数值 R_1、R_2、R_3、E_1、E_2，可求得电流 I_1、I_2、I_3。

（四）支路电流法应用总结

（1）支路电流法就是以支路电流为待求量，运用基尔霍夫定律求解 $n-1$ 个节点电流方程，是解决复杂直流电路最基本的方法。

（2）m 条支路→ m 个支路电流→可通过 $P = m-(n-1)$ 个回路电压方程求解。

（3）必须标定电流方向和绕行方向，注意正负号的判定。

（4）若求的电流为负值表示电流方向与所选正方向相反。

（5）最后将所得数值代入原方程组进行验算，检查结果是否正确。

注意：若通过电阻的电流方向与绕行方向一致，该电阻上的电压取正，反之取负。若电动势的实际方向与绕行方向一致取正，反之取负。

三、叠加定理

（一）叠加原理

1. 内容

在线性电路中，任何一个支路中的电流（或电压）等于各电源单独作用时，在此支路中产生的电流（或电压）的代数和。

2. 步骤

（1）分别作出由一个电源单独作用的分图，其余电源只保留其内阻。（对恒压源，该处用短路替代，对恒流源，该处用开路替代）。

（2）按电阻串、并联的计算方法，分别计算出分图中每一支路电流（或电压）的大小和方向。

（3）求出各电动势在各个支路中产生的电流（或电压）的代数和，这些电流（或电压）就是各电源共同作用时，在各支路中产生的电流（或电压）。

3. 注意

（1）在求和时要注意各个电流（或电压）的正、负。

（2）叠加定理只能用来求电路中的电流或电压，而不能用来计算功率。

（二）叠加原理应用

运用叠加定理可以将一个复杂的电路分为几个比较简单的电路，然后对这些比较简单的电路进行分析计算，再把结果合成，就可以求出原有电路中的电压、电流，避免了对联立方程的求解。

四、戴维南定理

当有一个复杂电路，并不需要把所有支路电流都求出来，只要求出某一支路的电流，在这种情况下，用前面的方法来计算就很复杂，应用戴维南定理求解就较方便。

（一）二端网络有关概念

1. 网络

电路也称为电网络或网络。

2. 二端网络

任何具有两个引出端与外电路相连的电路。

3. 无源二端网络

内部不含电源的二端网络。

4. 有源二端网络

内部含有电源的二端网络。

5. 输入电阻

由若干个电阻组成的无源二端网络，可以等效成的电阻。

6. 开路电压

有源二端网络两端点之间开路时的电压。

（二）戴维南定理

1. 内容

对外电路来说，一个有源二端线性网络可以用一个电源来代替。该电源的电动势 E_0 等于二端网络的开路电压，其内阻 R_0 等于含源二端网络内所有电动势为零，仅保留其内阻时，网络两端的等效电阻（输入电阻）。

2. 步骤

（1）把电路分为待求支路和有源二端网络两部分。

（2）把待求支路移开，求出有源二端网络的开路电压 U_{ab} 。

（3）将网络内各电源除去，仅保留电源内阻，求出网络二端的等效电阻R_{ab}。
（4）画出含源二端网络的等效电路，并接上待求支路电流。

3. 注意

代替有源二端网络的电源极性应与开路电压U_{ab}的极性一致。
思考题

1. 分别画出电炉丝、热得快、电动机绕组的理想电路元件符号。

2. 用类似手电筒的电路模型画出家庭照明线路的电路模型图。

3. 什么是电路的开路状态、短路状态、空载状态、过载状态、满载状态？

4. 基尔霍夫定律的内容是什么？其数学形式和符号法则如何？

5. 在计算线性电阻电路的电压和电流时，可用叠加原理。在计算线性电阻电路的功率时，是否可以用叠加原理？为什么？

6. 如下图所示电路中，用戴维南定理求I的大小。

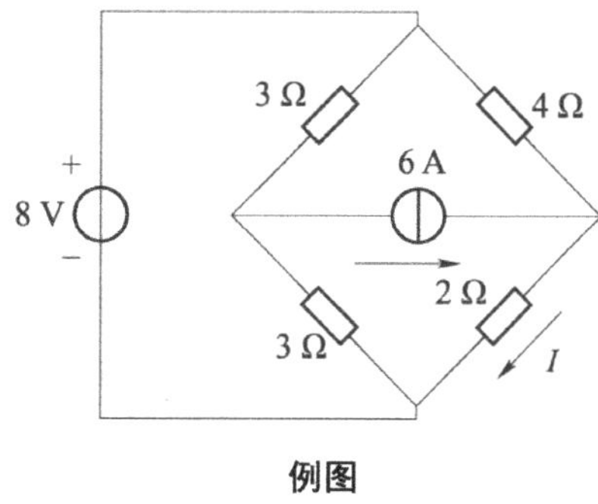

例图

第三章 单相交流电路

导读：

在单相交流电路中可以有若干个独立的交流电源，它们必须是同频率的正弦量。所涉及的无源元件有电阻、电感和电容。单相交流电路的计算方法仍然是直流电路中讲过的支路电流法、回路电流法、网孔电流法、戴维南/诺顿定理、叠加定理等，但与直流电路不同的是：电阻变为阻抗；电导变为导纳；电压、电流变为相应的相量。在复杂的交流电路的计算中，还常常借助于相量图进行分析。由于应用了电感、电容元件，而这些元件是不消耗有功功率的，因此功率的计算比直流电路复杂得多，包括有功功率、无功功率、视在功率等，也可以借助于复数功率进行功率的计算。

学习目标：

1. 了解电力二极管结构、伏安特性。
2. 了解晶闸管的内部结构，了解晶闸管的两种等效电路形式。
3. 掌握使晶闸管可靠导通、截止所需要的条件。
4. 掌握晶闸管的伏安特性及主要参数，掌握额定电压、额定电流的选用原则。

第一节 不可控器件

一、电力二极管的结构

电力二极管是以半导体 PN 结为基础的，实际上是由一个面积较大的 PN 结、两端引线以及封装组成的，如图 3-1 所示。从外形上看，可以有螺栓型、平板型等多种封装。

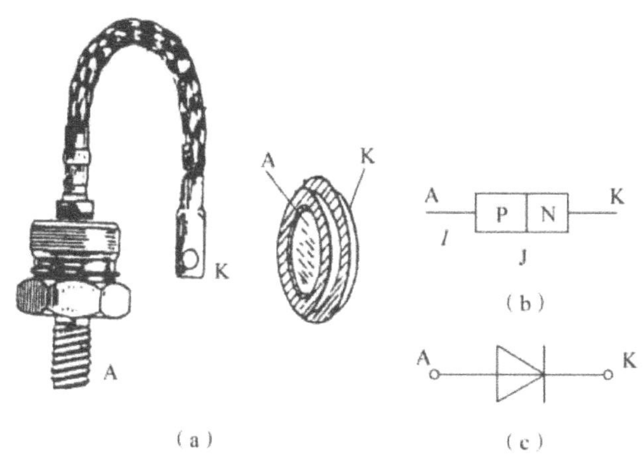

图 3-1 电力二极管的外形、结构和电气图形符号

(a)外形；(b)基本结构；(c)电气图形符号

二、电力二极管的工作原理：PN 结的单向导电性

当 PN 结外加正向电压（正向偏置）时，在外电路上则形成自 P 区流入而从 N 区流出的电流，称为正向电流 IF，这就是 PN 结的正向导通状态。当 PN 结外加反向电压（反向偏置）时，反向偏置的 PN 结表现为高阻态，几乎没有电流流过，称为反向截止状态。

PN 结具有一定的反向耐压能力，但当施加的反向电压过大，反向电流将会急剧增大，破坏 PN 结反向偏置为截止的工作状态，这就叫反向击穿。按照机理不同有雪崩击穿和齐纳击穿两种形式。反向击穿发生时，采取了措施将反向电流限制在一定范围内，PN 结仍可恢复原来的状态。否则 PN 结因过热而烧毁，这就是热击穿。

三、电力二极管的基本特性

静态特性主要是指其伏安特性。正向电压大到一定值（门槛电压 UT_0），正向电流才开始明显增加，处于稳定导通状态。与 IF 对应的电力二极管两端的电压即为其正向电压降 U_F。承受反向电压时，只有少子引起的微小而数值恒定的反向漏电流。电力二极管的伏安特性如图 3-2 所示。

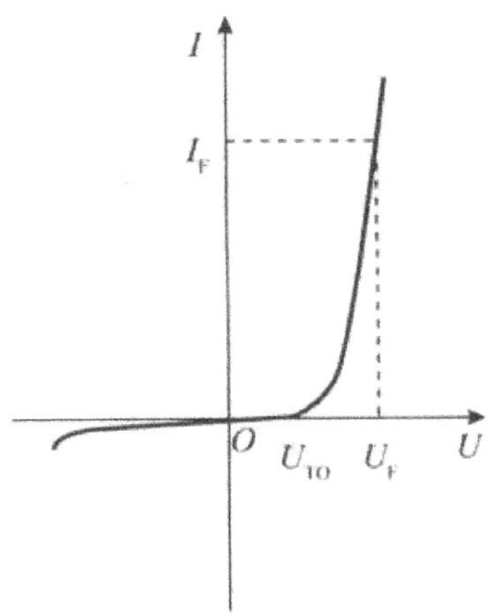

图 3-2　电力二极管的伏安特性

动态特性是反映通态和断态之间转换过程的开关特性。

四、电力二极管的主要参数

1. 正向平均电流 $I_{F(AV)}$

正向平均电流 $I_{F(AV)}$ 是指电力二极管长期运行时，在指定的管壳温度（简称壳温，用 T_C 表示）和散热条件下，其允许流过的最大工频正弦半波电流的平均值。$I_{F(AV)}$ 是按照电流的发热效应来定义的，使用时应按有效值相等的原则来选取电流定额，并应留有一定的裕量。

例：需要某二极管实际承担的某波形电流有效值为 400A，求二极管的 $I_{F(AV)}$。

$$I_{F(AV)}=2\times\frac{400}{1.57}=500$$

2. 正向压降 U_F

正向压降 U_F 是指电力二极管在指定温度下，流过某一指定的稳态正向电流时对应的正向压降。

3. 反向重复峰值电压 U_{RRM}

反向重复峰值电压 U_{RRM} 是指对电力二极管所能重复施加的反向最高峰值电压。使用时，应当留有两倍的裕量。

五、电力二极管的类型

1. 普通二极管

普通二极管又称整流二极管，多用于开关频率不高的整流电路中，其反向恢复时间较长，一般在 5μs 以上。正向电流定额和反向电压定额可以达到很高，分别可达数千安和数千伏。

2. 快恢复二极管

快恢复二极管（简称 FRD）是一种具有开关特性好、反向恢复时间短等特点的半导体二极管，主要应用于开关电源、PWM 脉宽调制器、变频器等电子电路中，作为高频整流二极管、续流二极管或阻尼二极管使用。快恢复二极管的内部结构与普通 PN 结二极管不同，它属于 PIN 结型二极管，即在 P 型硅材料与 N 型硅材料中间增加了基区 I，构成 PIN 硅片。因基区很薄，反向恢复电荷很小，所以，快恢复二极管的反向恢复时间较短，正向压降较低，反向击穿电压（耐压值）较高。

3. 肖特基二极管

肖特基二极管（SBD）是肖特基势垒二极管的简称，是以其发明人肖特基博士命名的半导体器件。肖特基二极管是低功耗、大电流、超高速半导体器件，它不是利用 P 型半导体与 N 型半导体接触形成 PN 结原理制作的，而是利用金属与半导体接触形成的金属—半导体结原理制作的。因此，SBD 也称为金属—半导体（接触）二极管或表面势垒二极管，它是一种热载流子二极管。

第二节　半控型器件

一、晶闸管的结构

1. 晶闸管外部结构分类

晶闸管是三端半导体器件，具有三个电极。晶闸管从外形上分类，主要有塑封式、螺旋式、平板式。由于晶闸管是大功率器件，工作时会产生大量的热量，因此，必须安装散热器。

2. 晶闸管外部结构特点

（1）塑封式晶闸管

塑封式晶闸管由于散热条件有限，功率都比较小，额定电流通常在 20A 以下。

（2）螺旋式晶闸管

这种管子的优点是由于阳极带有螺纹，很容易与散热器连接，器件维修更换也非常方便，但散热效果一般，功率不是很大，额定电流通常在 200A 以下。

（3）平板式晶闸管

晶闸管由两个彼此绝缘的散热器紧夹在中间，散热方式可以是风冷或水冷。这种管子的优点是由于管子整体被散热器包裹，所以，散热效果非常好，功率大。额定电流 200A 以上的晶闸管外形都采用平板式结构，但平板式晶闸管的散热器拆装非常麻烦，器件维修更换不方便。

3. 晶闸管的内部结构

普通晶闸管引出阳极 A、阴极 K 和门极（控制端）G 三个联接端。普通晶闸管内部是由 $P_1-N_1-P_2-N_2$ 四层半导体构成，形成 3 个 PN 结（J_1,J_2,J_3）。等效成 3 个二极管串联，或等效成两个晶体管连接。分析原理时，可以把它看做是由三个 PN 结的反向串联，也可以把它看做是由一个 PNP 管和一个 NPN 管的复合，其等效电路图解如图 3-3（a）所示，电路符号如图 3-3（b）所示。

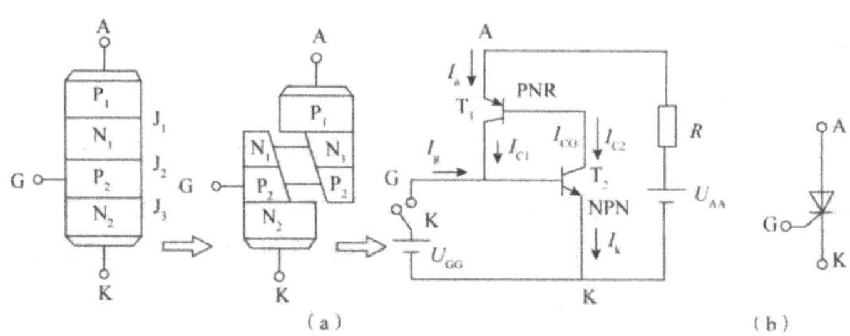

图 3-3 晶闸管等效电路图解和电气符号

（a）等效图；（b）电气符号

二、晶闸管的工作原理

在晶闸管的阳极与阴极之间加反向电压时，有两个 PN 结处于反向偏置；在阳极与阴极之间加正向电压时，中间的那个 PN 结处于反向偏置。所以，晶闸管都不会到导通（称为阻断）。

A—接电源正极，K—接电源负极：

1. G 不加电压（$U_{GG}=0$）

这时晶闸管相当由三个 PN 结串接，其中一只反接，因而不导通。

2. G 加上适当电压（$U_{GG}>0$），则产生正反馈

三极管 T_1、T_2 导通的偏置条件得到了满足，又有足够的门极电流 Ig，即 T_2 管有基极电流 I_{b2}（=Ig）输入，所以，三极管 T_1、T_2 导通，形成强烈的正反馈，即：

$$Ig\uparrow\rightarrow I_{b2}\uparrow\rightarrow I_{c2}\left(=\beta_2 I_{b2}\right)\uparrow=I_{b1}\uparrow\rightarrow I_{c1}\uparrow\left(=\beta_1 I_{b1}\right)\uparrow$$

瞬时使 T_1、T_2 两三极管饱和导通，即晶闸管导通。

晶闸管导通后，不管 UGG 存在与否，晶闸管仍将导通。外电路使晶闸管的阳极电流 I_A 小于某一数值时，就不能维持正反馈过程，晶闸管就会自行关断。

A—接电源负极，K—接电源正极：

这时电路 J_1 和 T_2 均承受反向电压，无论控制极是否加正向触发电压，晶闸管均不导通，呈关断状态。

综上所述，在晶闸管的 A-K 之间加正向电压，还需在 G-K 之间加适当的触发电压，晶闸管就能导通。

三、晶闸管导通与关断的条件

为了弄清楚晶闸管是怎样工作的，可按图 3-4 电路作实验。

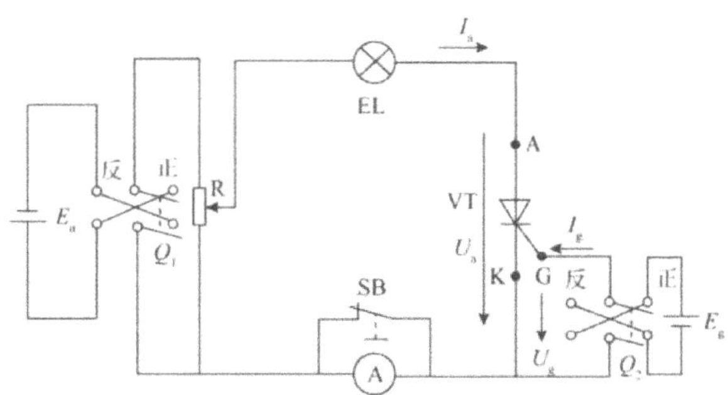

图 3-4　晶闸管导通、关断实验电路

晶闸管主电路：晶闸管的阳极 A 经负载（白炽灯）、变阻器 R、双向刀开关 Q_1 接至电源 Ea 的正极，元件的阴极 K 经毫安表、双向刀开关 Q_1 接至电源 E_a 的负极，组成晶闸管的主电路，流过晶闸管阳极的电流为 Ia。闸管阳极与阴极之间的电压 Ua 称为阳极电压，如果阳极电压相对阴极为正，则阳极电压称为正向阳极电压，反之则称为反向阳极电压。

晶闸管触发电路：晶闸管的门极 G 经双向刀开关 Q_2 接至电源 E_g，元件的阴极 K 经 Q2 与 Eg 另一端相连，组成晶闸管触发电路。流过晶闸管门极的电流为 I_g（也称触发电流），晶闸管门极与阴极之间的电压称为门极电压 U_g。

四、普通晶闸管的测量

用万用表欧姆档分别测试晶闸管三个管脚之间的阻值，具体步骤和方法如下：

第一，测量门极与阴极之间的电阻：

测量过程：必须用万用表的低阻值欧姆档测量，测量档位一般选 R×1Ω 档或 R×10Ω 档，将黑表笔与门极相接、红表笔与阴极相接，测量门极与阴极之间的正向电阻 r_{GK}；再将两表笔调换，测量门极与阴极之间的反向电阻 r_{GK}。

测量结果：正常情况下，一个好晶闸管的 r_{GK} 和 r_{GK} 通常都很小，但 r_{GK} 应小于

或接近于 r_{GK}，r_{GK} 和 r_{GK} 的阻值一般在几十欧姆～几百欧姆范围内。

第二，测量阳极与阴极之间的电阻：

测量过程：用万用表的高阻值欧姆档测量，一般选 R×1Ω 档或 R×10Ω 档，将黑表笔与阳极相接、红表笔与阴极相接，测量阳极与阴极之间的正向电阻 r_{GK} 再将两表笔调换，测量阴极与阳极之间的反向电阻 r_{KA}。

测量结果：正常情况下，一个好晶闸管的 r_{KA} 和 r_{KA} 通常都很大，r_{KA} 和 r_{KA} 的阻值一般在几十千欧～几百千欧范围内。

五、普通晶闸管的特性

1. 晶闸管的阳极伏安特性

晶闸管的阳极伏安特性是指阳极与阴极之间电压和阳极电流的关系，如图 3-5 所示。

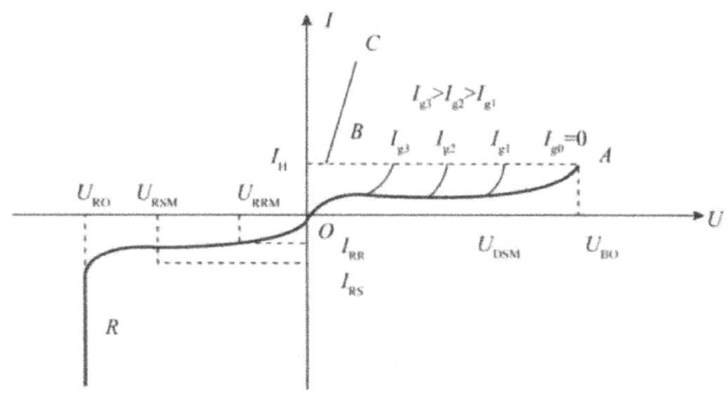

图 3-5　晶闸管阳极伏安特性曲线

（1）反向特性

当门极 G 开路，阳极加上反向电压时，如图 3-6 所示，J_2 结正偏，但 J_1、J_3 结反偏，此时只能流过很小的反向漏电流；随着反向电压的增大，反向漏电流也逐渐缓慢增大，当电压增大到 U_{RSM} 点时，特性曲线开始较快速增大，U_{RSM} 点称为反向阻断不重复峰值电压，其值的 80% 称为反向阻断重复峰值电压，用 U_{DRM} 表示；当电压进一步提高到 J_1 结的雪崩击穿电压后，同时 J_3 结也被击穿，电流迅速增加，如图 3-5 所示的特性曲线 OR 段开始弯曲，弯曲处的电压 U_{R0} 称为生永久性反向击穿。

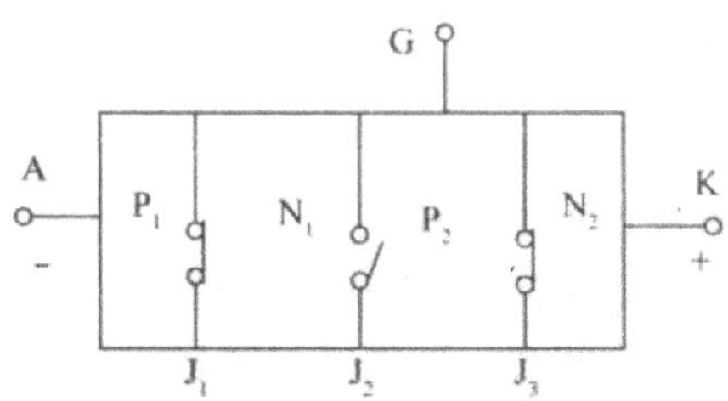

图 3-6　阳极加反向电压

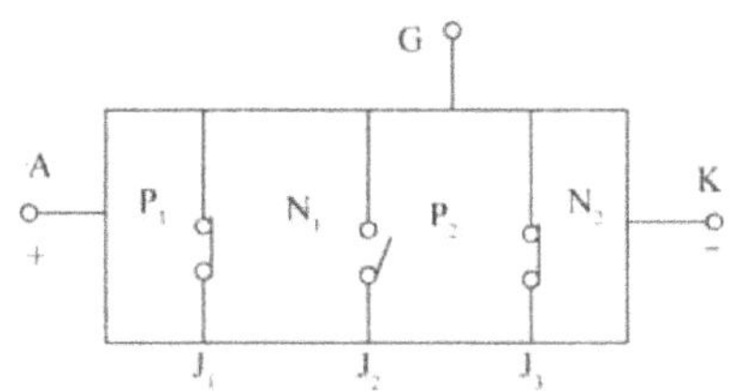

图 3-7　阳极加正向电压

（2）正向特性

当门极 G 开路，阳极加上正向电压时，如图 3-8 所示，J_1、J_2 结正偏，但 J_2 结反偏，这与普通 PN 结的反向特性相似，也只能流过很小的正向漏电流，晶闸管呈正向阻断状态；随着正向电压的增大，正向漏电流也逐渐缓慢增大，当电压增大到 U_{DSM} 点时，特性曲线开始较快速增大，U_{DSM} 点称为正向阻断不重复峰值电压，其值的 80% 称为正向阻断重复峰值电压，用 U_{DRM} 表示；当电压进一步增加，正向漏电流迅速增加，如图 3-5 所示的特性曲线 OA 段开始弯曲，弯曲处的电压 U_{BO} 称为“正向转折电压”。由于电压升高到 J_2 结的雪崩击穿电压后，J_2 结发生雪崩倍增效应，在结区产生大量的电子和空穴，电子进入 N_1 区，空穴进入 P_2 区，进入 N_1 区的电子与由 R_1 区通过 J_1 结注入 N_1 区的空穴复合；同样，进入 P_2 区的空穴与由 N_2 区通过 J_3 结注入 P_2 区的电子复合，雪崩击穿后，进入 N_1 区的电子与进入 P_2 区的空穴各自不能全部复合掉。这样，在 N_1 区就有电子积累，在 P_2 区就有空穴积累，结果使 P_2 区的电位升高，N_1 区的电位下降，J_2 结变成正偏，只要电流稍有增加，电压便迅速下降，出现所谓的负阻特性，如图 3-5 中的虚线 AB 段。这时，J_1、J_2、J_3 三个结处于正偏，晶闸管便进入正向导电状态通态。此时，它的特性与普通 PN 结正向特性相似，如图 3-5 中的 BC 段。

（3）触发导通

在门极 G 加入正向电压时，如图 3-8 所示，因 J_3 结正偏，P_2 区的空穴进入 N_2 区，N_2 区的电子进入 P_2 区，形成触发电流 I_{GT}。在晶闸管内部正反馈作用的基础上加上 I_{GT} 的作用，使晶闸管提前导通，导致图 3-5 中的伏安特性 OA 段左移。I_{GT} 越大，特性左移越快。

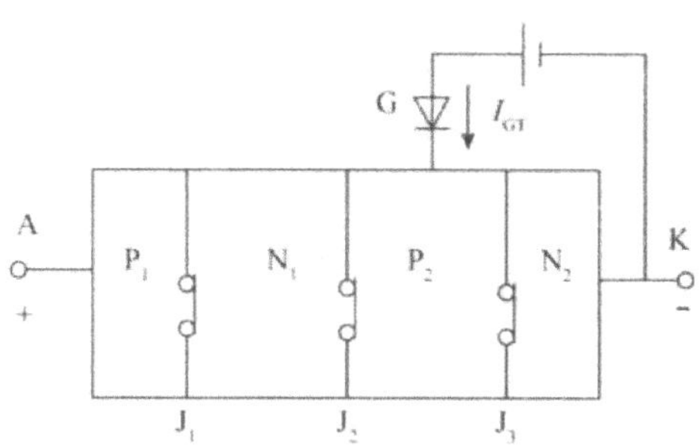

图 3-8　阳极和门极加正向电压

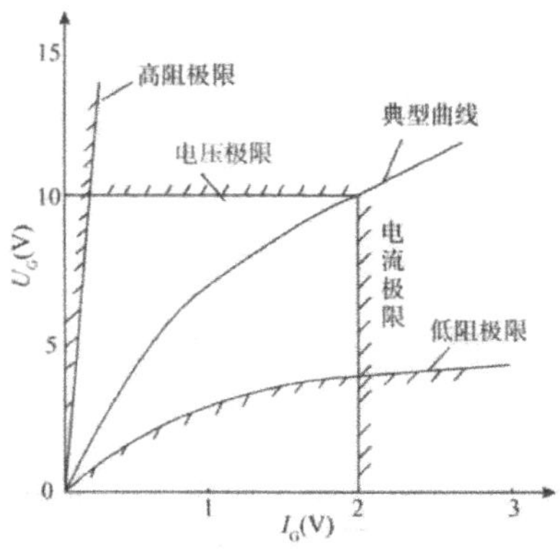

图 3-9　晶闸管门极伏安特性曲线

2. 晶闸管的门极伏安特性

晶闸管的门极和阴极间有一个 PN 结 J_3，它的伏安特性称为门极伏安特性。如图 3-9 所示，它的正向特性不像普通二极管那样具有很小的正向电阻，有时它的正、反向电阻是很接近的。在这个特性中表示了使晶闸管导通门极电压、电流的范围。因晶闸管门极特性偏差很大，即使同一额定值的晶闸管之间其特性也不同，所以，在设计门极电路时必须考虑其特性。

六、晶闸管的主要参数

晶闸管的主要参数是其性能指标的反映，表明晶闸管所具有的性能和能力。要想正确使用好晶闸管就必须掌握其主要参数，这样才能取得满意的技术及经济效果。

1. 晶闸管的电压参数

（1）晶闸管的额定电压 U_{Tn}（重复峰值电压）

晶闸管出厂时，其电压定额的确定：为保证晶闸管的耐压安全，晶闸管出厂时，晶闸管铭牌标出的额定电压通常是元件实测 U_{DRM} 与 U_{RRM} 中较小的值，取相应的标准电压级别。

例如，某晶闸管测得其正向阻断重复峰值电压值为 780V，反向阻断重复峰值电压值为 850V，取小者为 780V，按相应电压等级标准为 700V，此元件名牌上即标出额定电压 U_{Tn} 为 700V，电压级别为 7 级。

晶闸管实际应用时额定电压 U_{Tn} 选用原则：由于晶闸管元件属于半导体型器件，其耐受过电压、过电流能力都很差，而且环境温度、散热状况都会给其电压参数造成影响，所以，选用元件的额定电压值时，必须留有 2 ～ 3 倍的安全裕量，即：

$$U_{T_n} = (2 \sim 3)U_{T_m} \qquad (3\text{-}1)$$

（2）通态平均电压 U_F（管压降）

当晶闸管流过正弦半波的额定电流平均值和额定结温且稳定时，晶闸管阳极与阴极之间电压降的平均值称为通态平均电压，简称管压降 U_F。管压降越小，表明晶闸管耗散功率越小，管子的质量就越好。

2. 晶闸管的电流参数

（1）额定电流 $I_{T(AV)}$（晶闸管的额定通态平均电流）

在室温为 40℃和规定的冷却条件下，元件在电阻性负载的单相工频正弦半波、导通角不小于 170° 的电路中，当结温不超过额定结温且稳定时，所允许的最大通态平均电流，称为额定通态平均电流 $I_{T(AV)}$。将此电流按晶闸管标准系列取相应的电流等级，称为晶闸管的额定电流。

按 $I_{T(AV)}$ 的定义，由图 3-10 可分别求得正弦波的额定通态平均电流 $I_{T(AV)}$、电流有效值 I_T 和电流最大值 I_m 的三者关系为：

$$I_{T(AV)}=\frac{\tau}{T}U=\frac{\tau}{T}U\frac{\tau}{T}U \tag{3-2}$$

$$I_T=\sqrt{\frac{1}{2\pi}\sin 2\alpha+\frac{\pi-\alpha}{\pi}}=\frac{t_{on}}{T_s}U_d-\frac{T_S-t_{on}}{T_s}U_d \tag{3-3}$$

各种有直流分量的电流波形，其电流波形的有效值 I 与平均值 I_d 之比，称为这个电流的波形系数，用 K_f 表示为：

$$K_f=\frac{U_{2l}}{E_{20}}\cos\beta \tag{3-4}$$

因此，在正弦半波情况下电流波形系数为：

$$K_f=\frac{s_{\max}E_{20}}{\cos\beta\min}=\frac{U_d}{U_{cm}}u_r=1.57 \tag{3-5}$$

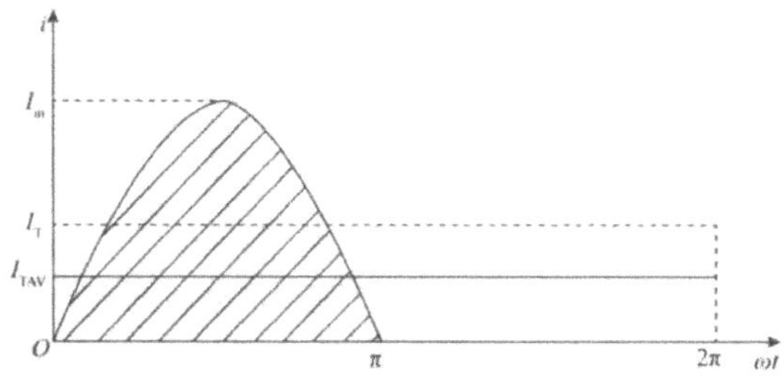

图 3-10　晶闸管的通态平均电流、有效值及最大值

例如，对于一只额定电流 $I_{T(AV)}=100A$ 的晶闸管，按式（3-5），其允许的电流有效值应为157A。

晶闸管允许流过电流的大小主要取决于元件的结温，在规定的室温和冷却的条件下，结温的高低仅与发热有关，造成元件发热的主要因素是流过元件的电流有效值和元件导通后管芯的内阻，一般认为内阻不变，则发热取决于电流有效值。因此，在实际中选择晶闸管额定电流 $I_{T(AV)}$ 应按以下原则：所选的晶闸管额定电流有效值 I_T 大于元件在电路中可能流过的最大电流有效值 I_{Tm}。考虑到晶闸管的过载能力比较差，因此，选择时必须留有1.5～2倍的安全裕量，即：

$$1.57I_{T(AV)}=I_T..(1.5\sim2)I_{T_m}$$

$$I_{T(AV)}..(1.5\sim2)cu_r\sqrt{\frac{2(\pi-\alpha)+\sin2\alpha}{2\pi}} \tag{3-6}$$

可见在实际使用中，不论晶闸管流过的电流波形如何，导通角有多大，只要遵循式（3-6）来选择晶闸管的额定电流，其发热就不会超过允许范围。

（2）维持电流 I_H 与擎住电流 I_L

维持电流 I_H 是指在室温下门极断开时，晶闸管从较大的通态电流降至刚好能保持导通的最小阳极电流。

也就是说维持电流是维持晶闸管导通所需要的阳极电流的最小值，是晶闸管由通态转为断态的临界值。判定一只晶闸管是否由通态转为断态，标准是什么？就看其阳极电流是否小于其所对应的维持电流 I_H。

维持电流与元件额定电流、结温等因素有关，通常温度越高，维持电流越小；额定电流大的晶闸管其维持电流大。维持电流大的晶闸管，容易关断。由于晶闸管的离散性，同一型号的不同晶闸管，其维持电流也不相同。

擎住电流 I_L 是指晶闸管加上触发脉冲使其开通过程中，当脉冲消失此时要保持管子维持导通所需的最小阳极电流。

如果管子在开通过程中阳极电流 I_a 未上升到 I_L 值，当触发脉冲去除后管子又恢复阻断。通常对同一晶闸管来说，擎住电流 I_L 比维持电流 I_H 大数倍。

也就是说晶闸管加上触发电压就可能导通，去掉触发电压后还不一定能继续导通，要看阳极电流是否能达到擎住电流 I_L 以上，只有阳极电流达到擎住电流 I_L 以上，才表明晶闸管彻底导通。擎住电流 I_L 是晶闸管由断态转为通态的临界值。判定一只晶闸管是否由断态转为通态，标准是什么？就看其阳极电流是否大于其所对应的擎住电流 I_L。

（3）门极触发电流 I_{Gr}

门极触发电流 I_{Gr} 是指在室温下，晶闸管施加6V正向阳极电压时，使元件由断态转入通态所必须的最小门极电流。同一型号的晶闸管，由于门极特性的差异，其 I_{Gr} 相差很大。

3. 晶闸管的动态参数

（1）开通时间 t_{gt} 表和关断时间 t_q

当门极触发电流输入门极，先在 J_2 结靠近门极附近形成导通区，逐渐才向 J_2 结的全区域扩展，这段时间称为开通时间，用 t_{gt} 表示。普通晶闸管的开通时间为几十微秒以下。

在额定结温下，元件从切断正向阳极电流到元件恢复正向阻断能力为止，这段时间称为门极关断时间，用 t_q 表示。它一般为几百微秒。

（2）断态正向电压临界上升率 du/dt

在额定结温和门极断路情况下，使元件从断态转入通态，元件所加的最小正向电压上升率称为断态正向电压临界上升率，用 du/dt 表示。

限制电压上升率 du/dt 的原因：晶闸管在阻断状态下，它的 J_3 结面存在着一个电容。若加在晶闸管上的阳极正向电压变化率较大时，便会有较大的充电电流流过 J_3 结面，起到触发电流的作用，有可能使元件误导通。晶闸管误导通会引起很大的浪涌电流，使快速熔断或使晶闸管损坏。

限制方法；为了限制断态正向电压上升率，可以与元件并联一个阻容支路，利用电容两端电压不能突变的特性来限制电压上升率。另外，利用门极的反向偏置也会达到同样的效果。

（3）通态电流临界上升率 di/dt

在规定条件下，元件在门极开通时能承受而不导致损坏的通态电流的最大上升率称为通态电流临界上升率。

限制电流上升率 di/dt 的原因：晶闸管在导通瞬间，电流集中在门极附近，随着时间的推移，导通区才逐渐扩大，直到全部结面导通为止。在此过程中，如果阳极电流上升率过快，就会造成 J_2 结局部过热而出现“烧焦点”，使用一段时间后，元件将造成永久性损坏。

限制方法：限制电流上升率的有效办法是与晶闸管串接空芯电感。

第三节　单相半波可控整流电路

一、电阻性负载电路波形的分析

1. 电路结构

电炉、白炽灯等均属于电阻性负载，如果负载是纯电阻，那么流过电阻里的电流与电阻两端电压始终同相位，两者波形相似；电流与电压均允许突变。

图 3-11（a）为单相半波阻性负载可控整流电路，主电路由晶闸管 VT、负载电阻 R_d 及单相整流变压器 T_r 组成。整流变压器二次电压、电流有效值下标用 2 表示，

电路输出电压电流平均值下标用 d 表示，交流正弦电压波形的横坐标为电角度 ωt 。

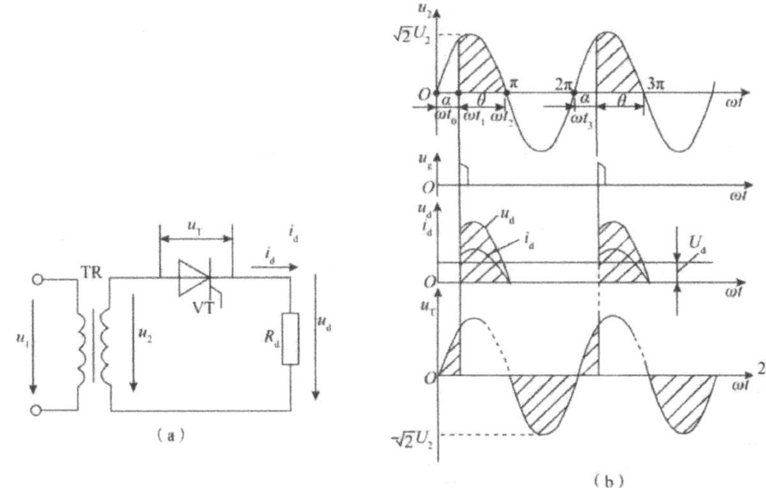

图 3-11　单相半波阻性负载可控整流电路及波形

2. 电阻性负载的波形分析

图 3-11（b）为单相半波阻性负载可控整流电路波形分析图。在交流电 u_2 一个周期内，用 ωt 坐标点将波形分为三段，即 $\omega t_0 \sim \omega t_1$、$\omega t_1 \sim \omega t_2$、$\omega t_2 \sim \omega t_3$，下面逐段对波形分析如下：

第一，当 $\omega t = \omega t_0$ 时，交流侧输入电压 u_2 瞬时值为零，即 $u_2 = 0$；晶闸管门极没有触发电压 u_g，即 $u_g = 0$。晶闸管 VT 不导通，即 $i_T = i_d = 0$；直流侧负载电阻 R_d 没有电流通过，也就没有压降，即 $u_d = 0$；晶闸管 VT 不承受电压，即 $u_T = 0$。

第二，当 $\omega t_0 < \omega t < \omega t_1$ 时，交流侧输入电压 u_2 瞬时值大于零，即 $u_2 > 0$，电源电压 u_2 处于正半周期，晶闸管 VT 承受正向阳极电压，但此段晶闸管 VT 门极仍然没有触发电压 u_g，即 $u_g = 0$。晶闸管 VT 不导通，即 $i_T = i_d = 0$；直流侧负载电阻 R_d 没有压降，即 $u_d = 0$；晶闸管承受电源正压，即 $u_T = u_2 > 0$。

第三，当 $\omega t = \omega t_1$ 时，交流侧输入电压 u_2 瞬时值大于零，即 $u_2 > 0$，电源电压 u_2 处于正半周期，晶闸管 VT 承受正向阳极电压，此时晶闸管 VT 门极有触发电压 u_g，即 $u_g > 0$。晶闸管 VT 导通，即 $i_T = i_d > 0$；直流侧负载电阻 R_d 产生压降，即 $u_d = u_2 > 0$；晶闸管通态压降近似为零，即 $u_T = 0$。

第四，当 $\omega t_1 < \omega t < \omega t_2$ 时，晶闸管 VT 已经导通，交流侧输入电压 u_2 瞬时值大于零，即 $u_2 > 0$，电源电压 u_2 仍处于正半周期，晶闸管 VT 继续承受正向阳极电压。晶闸管 VT 继续导通，即 $i_T = i_d > 0$；直流侧负载电阻 R_d 产生压降，即 $u_d = u_2 > 0$；晶闸管通态压降近似为零，即 $u_T = 0$。

第五，当 $\omega t = \omega t_2$ 时，交流侧输入电压 U_2 瞬时值为零，即 $u_2 = 0$。晶闸管 VT 自然关断，即 $i_T = i_d = 0$；直流侧负载电阻 R_d 没有压降，即 $u_d = 0$；晶闸管 VT 不

承受电压，即 $u_T = 0$ 。

第六，当 $\omega t_2 < \omega t < \omega t_3$ 时，交流侧输入电压 u_2 瞬时值小于零，即 $u_2 < 0$，电源电压 u_2 处于负半周期，晶闸管 VT 承受反向阳极电压。晶闸管 VT 不导通，即 $i_T = i_d = 0$；直流侧负载电阻 R_d 没有压降，即 $u_d = 0$；晶闸管承受电源反压，即 $u_T = u_2 < 0$ 。

在用示波器测量波形时，波形中垂直上跳或下跳的线段和阴影是显示不出来的，这些线段和阴影是波形分析时为了方便理解，人为画出来的。要测量有直流分量的波形必须从示波器的直流测量端输入，且预先确定基准水平线位置。

3. 引入定义

（1）控制角

从晶闸管元件开始承受正向阳极电压起到晶闸管元件导通，这段期间所对应的电角度称为控制角（亦称移相角），用 α 表示。在图 3-11（b）中，对应 $\omega t_0 < \omega t < \omega t_1$ 段。

在单相可控整流电路中，控制角的起点一定是交流相电压的过零变正点，因为这点是晶闸管元件承受正向阳极电压的最早点，从这点开始晶闸管承受正压。

（2）导通角

晶闸管在一个周期内导通的电角度称为导通角，用 θ_T 表示。在图 3-11（b）中，对应 $\omega t_1 < \omega t < \omega t_2$ 段。在阻性负载的单相半波电路中，α 与 θ_T 的关系为 $\alpha + \theta_T = \pi$ 。

（3）移相

改变 a 的大小即改变触发脉冲在每个周期内出现的时刻称为移相。移相的目的是为了改变晶闸管的导通时间，最终改变直流侧输出电压的平均值，这种控制方式称为相控。

（4）移相范围

在晶闸管元件承受正向阳极电压时，a 的变化范围称为移相范围。显然，在阻性负载的单相半波电路中，a 的变化范围为 $0 < \alpha < \pi$ 。

4. 参数计算

第一，输出端直流电压（平均值）U_d 。输出端的直流电压 U_d 是以平均值来衡量的，U_d 是 u_d 波形在一个周期内面积的平均值，直流电压表测得的即为此值，U_d 可由下式积分求得：

$$U_d = \frac{\tau}{T}U = 0.45U_2\frac{\tau}{T}U \tag{3-7}$$

$$\frac{\tau}{T}U = 0.45U_2\sqrt{\frac{1}{2\pi}\sin 2\alpha + \frac{\pi-\alpha}{\pi}} \tag{3-8}$$

直流电流的平均值为：

$$I_d = \frac{t_{on}}{T_s}U_d - \frac{T_S - t_{on}}{T_s}U_d = 0.45\frac{U_{2l}}{E_{20}}\cos\beta\frac{s_{\max}E_{20}}{\cos\beta\min} \tag{3-9}$$

第二，输出端直流电压（有效值）U。由于电流 i_d 也是缺角正弦波，因此在选择晶闸管、熔断器、导线截面以及计算负载电阻 R_d 的有功功率时，必须按电流有效值计算。

$$U = \frac{U_d}{U_{cm}} u_r = c u_r \qquad (3\text{-}10)$$

电流有效值I为：

$$I = \sqrt{\frac{2(\pi - \alpha) + \sin 2\alpha}{2\pi}} = \frac{nT}{T_c} P_n \sqrt{\frac{nT}{T_c}} U_n \qquad (3\text{-}11)$$

第三，功率因数 $\cos\varphi$。对于整流电路通常要考虑功率因数 $\cos\varphi$ 和电源的伏安容量。不难看出，变压器二次侧所供给的有功功率（忽略晶闸管的损耗）为 $P = I^2 R_d = UI$（注意：不是 $I_d^2 R_d$），而变压器二次侧的视在功率 $S = U_2 I$。所以电路功率因数 $\cos\varphi$ 为：

$$\cos\varphi = \frac{P}{S} = \frac{UI}{U_2 I} = \sqrt{\frac{1}{4\pi}\sin 2\alpha + \frac{\pi - \alpha}{2\pi}} \qquad (3\text{-}12)$$

第四，晶闸管承受的最大电压为 $\sqrt{2}U_2$，移相范围为 $0 \sim \pi$。

在可控整流电路中，控制角 a 对输出端 U_d 的影响为：当控制角 a 从 π 向零方向变化，即触发脉冲向左移动时，负载直流电压 U_d 从零到 $0.45u_2$ 之间连续变化，起到直流电压连续可调的目的。

在可控整流电路中，功率因数 $\cos\varphi$ 是 a 的函数。当 a=0 时，$\cos\varphi$ 最大为 0.707，变压器最大利用率也仅有 70%。这说明尽管是电阻性负载，由于存在谐波电流，电源的功率因数也不会是 1，而且当 a 越大时，功率因数越低，设备利用率越低。这是因为移相控制导致负载电流波形发生畸变，大量高次谐波成分减小了有功输出，却占据了电路容量。

例：有一单相半波可控整流电路，负载电阻 R_d 为 10Ω，直接接到交流电源 220V 上，要求控制角从 180°～0° 可移相，如图 3-11 所示。求：

①控制角 a=60° 时，电压表、电流表读数及此时的电路功率因数；

②如导线电流密度取 j=6A/mm²，计算导线截面；

③计算 R_d 的功率；

④电压电流考虑 2 倍裕量，选择晶闸管原件。

解

①由式（3-2）计算得：

当 a=60° 时，$U_d/U_2=0.338$，

$$U_d=0.338U_2=0.338\times220V=74.4V$$
$$I_d=U_d/R_d=74.4/10A=74.4A$$
$$\cos\varphi=0.635$$

②计算导线截面、电阻功率、选择晶闸管额定电流时，应以电流最大值考虑。控制角 a=0° 时电压、电流最大，故以 a=0° 计算。

当 a=0° 时，

$$U_d/U_2=0.45n$$
$$U_{dM}=0.45U_2=0.45\times220V=99V$$
$$I_{dM}=U_d/R_d=99/10A=9.9A$$

所以，电路中最大有效电流为：

$$I_M=1.57\times I_{dM}=1.57\times9.9A=15.5A$$

导线截面 S：

$$S_j\geqslant I_M,\ S\geqslant\frac{I_M}{J}=\frac{15.5}{6}\,mm^2=2.58mm^2$$

根据导线线芯截面规格，选 $S=2.93mm^2$（7 根 22 号的塑料铜线）。

③ $P_M=I_M^2R_d=(15.5)^2\times10W=2402W=2.40kW$（注意：不是 $P_d=I_d^2R_d$，P_d 是平均功率）。

④元件承受的最大正反向电压：

$$U_{Tn}=2U_{TM}=2\sqrt{2}\times U_2=2\sqrt{2}\times220V=622V$$
$$I_{T(AV)}..2\times\frac{I_M}{1.57}=2\times\frac{15.5}{1.57}=19.7A$$

二、阻感性负载

1. 电路结构

在工业生产中，有很多负载既具有阻性又具有感性，例如直流电机的绕组线圈、输出串接电抗器等。当直流负载的感抗 ωL_d 和负载电阻 R_d 的大小相比不可忽略时，这种负载称为电感性负载。当 $\omega L_d\geqslant10R_d$ 时，此时的负载称为大电感负载。

根据《电工原理》，我们知道：如果负载是感性，由于电感对变化的电流具有阻碍作用，所以，流过负载里的电流与负载两端的电压有相位差，通常是电压相位

超前，而电流滞后，电压允许突变，而电流不允许突变。

说明：电感性负载实际上是感性和阻性的统一体，但为了便于分析，在电路中通常把电感 L_d 与电阻 R_d 分开，如图 3-12 所示。

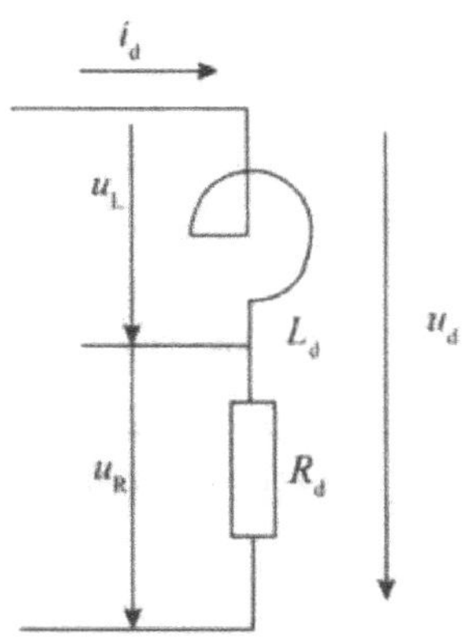

图 3-12　电感性负载

2. 感性负载的波形分析

图 3-13（a）为单相半波整流阻感性负载可控整流电路，图 3-13（b）为单相半波感性负载可控整流电路波形分析图。在交流电 μ_2 一个周期内，用 ωt 坐标点将波形分为五段，即 $\omega t_0 \sim \omega t_1$、$\omega t_1 \sim \omega t_2$、$\omega t_2 \sim \omega t_3$、$\omega t_3 \sim \omega t_4$、$\omega t_4 \sim \omega t_5$。

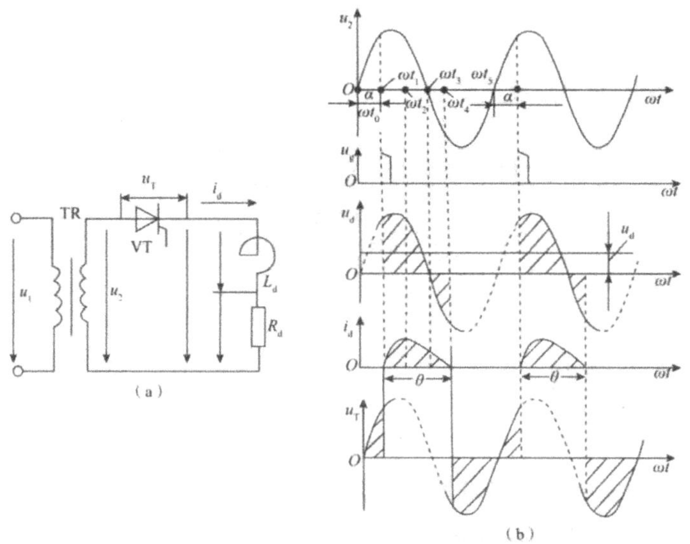

图 3-13　单相半波整流阻感性负载可控整流电路及波形

下面逐段对波形分析如下：

第一，当$\omega t=\omega t_0$时，交流侧输入电压u_2瞬时值为零，即$u_2=0$；晶闸管门极没有触发电压u_g，即$u_g=0$。晶闸管VT不导通，即$i_T=i_d=0$；直流侧负载没有电流通过，也就没有压降，即$u_d=0$；晶闸管VT不承受电压，即$u_T=0$。

第二，当$\omega t_0<\omega t<\omega t_1$时，交流侧输入电压$u_2$瞬时值大于零，即$u_2>0$，电源电压$U_2$处于正半周期，晶闸管VT承受正向阳极电压，但晶闸管VT门极仍没有触发电压u_g，即$u_g=0$。

第三，晶闸管VT不导通，即$i_T=i_d=0$；直流侧负载没有压降，即$u_d=0$；晶闸管承受电源正压，即$u_T=u_2>0$。

第四，当$\omega t=\omega t_1$时，交流侧输入电压u_2瞬时值大于零，即$u_2>0$，电源电压u_2处于正半周期，晶闸管VT承受正向阳极电压，晶闸管VT门极有触发电压u_g，即$u_g>0$。晶闸管VT导通，由于电感L_d对电流的变化具有抗拒作用，此时是阻碍回路电流增大，所以i_T不能突变，只能从零值开始逐渐增大，即$i_T=i_d>0$↑；直流侧负载产生压降，即$u_d=u_2>0$，u_d产生突变；晶闸管通态压降近似为零，即$u_T=0$。

第五，当$\omega t_1<\omega t<\omega t_2$时，晶闸管VT已经导通，交流侧输入电压$u_2$瞬时值大于零，即$u_2>0$，电源电压$u_2$仍处于正半周期，晶闸管VT继续承受正向阳极电压。晶闸管VT继续导通，即$i_T=i_d>0$↑，此期间电源不但向供给能量而且还供给L_d能量，电感储存了磁场能量，磁场能量$W_L=\frac{1}{2}L_d i_d^2, di_T/dt>0$，电路处在“充磁”的工作状态；直流侧负载产生压降，即$u_d=u_2>0$；晶闸管通态压降近似为零，即$u_T=0$。

三、阻感性负载并接续流二极管

在带有大电感负载时，单相半波可控整流电路正常工作的关键是使负载端不出现负电压，因此，要设法在电源电压u_2负半周期时，使晶闸管VT承受反压而关断。解决的办法是在负载两端并联一个二极管，其极性如图3-14所示，由于该二极管是为电感性负载在晶闸管关断时刻提供续流回路，故此二极管称为续流二极管，简称续流管。

1. 电路结构

阻感性负载并连续流二极管电路结构如图3-14（a）所示。

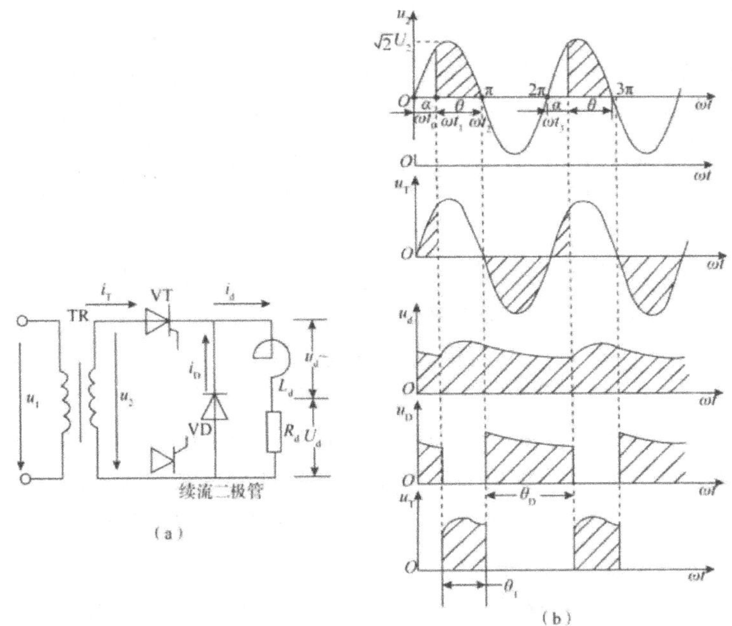

图 3-14　阻感性负载接续流二极管时的电路及波形

2. 参数计算

（1）输出端直流电压（平均值）U_d 用以下公式计算。

$$U_d = \frac{1}{2\pi}\int_{\alpha}^{\pi}\sqrt{2}U_2 \sin\omega t d(\omega t) = 0.45U_2\frac{1+\cos\alpha}{2} \tag{3-13}$$

$$I_d = \frac{U_d}{R_d} = 0.45\frac{U_2}{R_d}\frac{1+\cos\alpha}{2} \tag{3-14}$$

（2）负载、晶闸管及续流二极管电流值的计算。当电感量足够大时，流过负载的电流波形可以看成是一条平行于横轴的直线，即标准直流，晶闸管电流 i_T 与续流管电流 i_D 均为矩形波。假若负载电流的平均值为 I_d，则流过晶闸管与续流管的电流平均值分别为：

$$I_{dT} = \frac{\pi-\alpha}{2\pi}I_d = \frac{\theta_T}{2\pi}I_d \tag{3-15}$$

$$I_{dD} = \frac{\pi+\alpha}{2\pi}I_d = \frac{\theta_D}{2\pi}I_d \tag{3-16}$$

流过晶闸管与续流二极管的电流有效值分别为：

$$I_T=\sqrt{\frac{\pi-\alpha}{2\pi}}I_d=\sqrt{\frac{\theta_T}{2\pi}}I_d \tag{3-17}$$

$$I_D=\sqrt{\frac{\pi+\alpha}{2\pi}}I_d=\sqrt{\frac{\theta_D}{2\pi}}I_d \tag{3-18}$$

（3）晶闸管和续流二极管承受的最大电压均为取$\sqrt{2}U_2$，移相范围为$0\sim\pi$。

第四节　单相全波可控整流电路

单相半波可控整流电路虽然具有线路简单、投资小及调试方便等优点，但只有半周期工作，直流输出脉动大，整流变压器利用率低且存在直流磁化的问题，因此仅用于要求不高的小功率的场合。为了使电源负半周也能工作，实现双半周整流，在负载上得到全波整流电压，在实用中大量采用单相全波与桥式可控整流。

一、电阻性负载

1. 电路结构

单相全波可控整流电路如图 3-15（a）所示，从电路形式来看，它相当于由两个电源电压相位错开 180° 的两组单相半波可控整流电路并联而成，因此，该电路又称单相双半波可控整流电路。由于两半波电路电源相位相差 180°，所以，全波电路中两晶闸管的门极触发信号相位也保持 180° 相差。

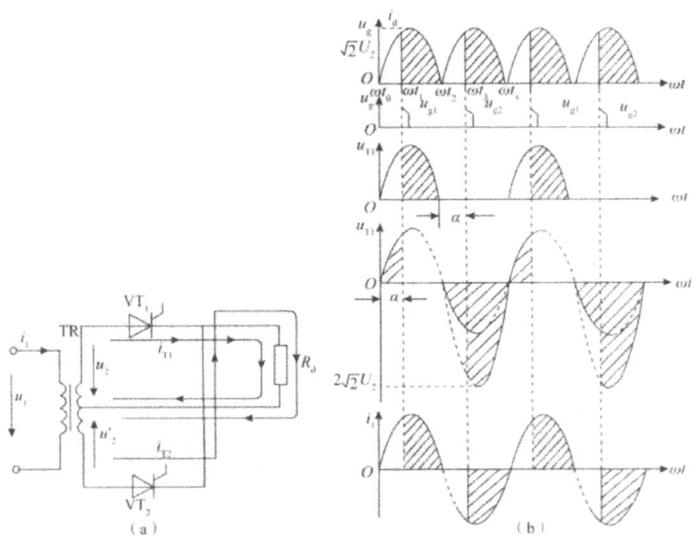

图 3-15 单相全波可控整流电阻性负载电路及波形图

2. 电阻性负载的波形分析

图 3-15（b）为单相全波阻性负载可控整流电路波形分析图。在交流电 u_2 一个周期内，用 ωt 坐标点将波形分为四段，下面逐段对波形分析如下：

第一，当 $\omega t_0 \leqslant \omega t < \omega t_1$ 时，交流侧输入电压瞬时值 $u_2 \geqslant 0$，电源电压 u_2 处于正半周期，但晶闸管 VT 门极没有触发电压 u_g，即 $u_g = 0$。晶闸管 VT 不导通，即 $i_T = i_d = 0$；直流侧负载电阻 R_d 的电压 $u_d = 0$；晶闸管 VT_1 承受电压 $u_{T1} = u_2 > 0$。

第二，当 ωt_1„ $\omega t < \omega t_2$ 时，交流侧输入电压瞬时值 $u_2 > 0$，电源电压 u_2 处于正半周期；晶闸管 VT_1 承受正向阳极电压；在 $\omega t = \omega t_1$ 时刻，给晶闸管 VT_1 门极施加触发电压 u_{g1}，即 $u_{g1} > 0$。晶闸管 VT_1 导通，即 $i_{T1} = i_d > 0$；直流侧负载电阻 R_d 的电压 $u_d = u_2 > 0$；晶闸管 VT_1 压降 $u_{T1} = 0$。

第三，当 ωt_2„ $\omega t < \omega t_3$ 时，交流侧输入电压瞬时值 u_2„ 0，电源电压 u_2 处于负半周期；在 $\omega t = \omega t_2$ 时，晶闸管 VT_1 自然关断。晶闸管 VT_1 不导通，即 $i_T = i_d = 0$；直流侧负载电阻 R_d 的电压 $u_d = 0$；晶闸管 VT_1 承受电压 $u_{T1} = u_2$„ 0。

第四，当 ωt_3„ $\omega t < \omega t_4$ 时，交流侧输入电压瞬时值 u_2„ 0，电源电压 u_2 处于负半周期，晶闸管 VT_2 承受正向阳极电压；在 $\omega t = \omega t_3$ 时刻，给晶闸管 VT_2 门极施加触发电压 u_{g2}，即 $u_{g2} > 0$。晶闸管 VT_2 导通，即 $i_{T2} = i_d = 0$；直流侧负载电阻 R_d 的电压 $u_d = |u_2| > 0$；晶闸管 VT_2 压降 $u_{T1} = 2u_2 < 0$。

3. 参数计算

第一，输出端直流电压（平均值）U_d。

$$U_d = \frac{1}{\pi}\int_a^{\pi} \sqrt{2}U_2 \sin\omega t d(\omega t) = 0.9U_2 \frac{1+\cos\alpha}{2} \tag{3-19}$$

第二，晶闸管可能承受的最大正、反向电压分别为$\sqrt{2}U_2, 2\sqrt{2}U_2$，移相范围为$0 \sim \pi$。

二、电感性负载

1. 电路结构

单相全波电感性负载可控整流电路如图 3-16（a）所示。

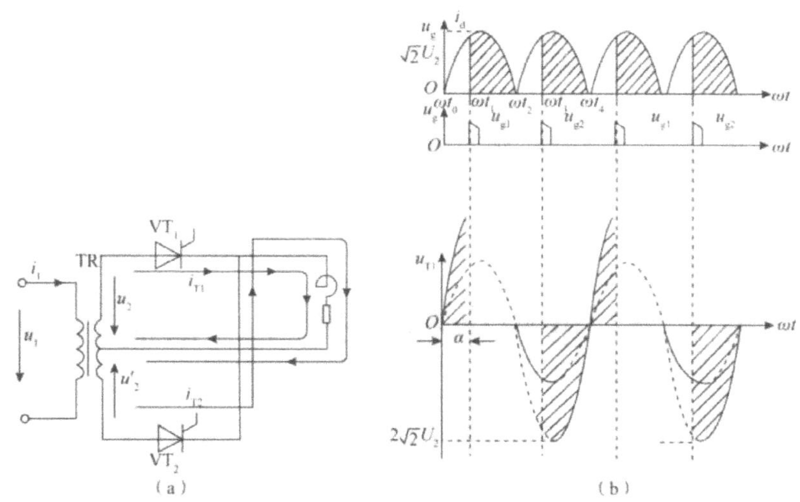

图 3-16　单相全波可控整流电感性负载电路及波形图

2. 电感性负载的波形分析

图 3-16（b）为单相全波电感性负载可控整流电路及波形图。在交流电u_2一个周期内，用ωt坐标点将波形分为四段，下面逐段对波形分析如下：

第一，当ωt_1„ $\omega t < \omega t_2$时，交流侧输入电压瞬时值$u_2 > 0$，电源电压u_2处于正半周期；晶闸管VT_1承受正向阳极电压；在$\omega t = \omega t_1$时刻，给晶闸管VT_1门极施加触发电压u_{g1}，即$u_{g1} > 0$。晶闸管VT_1导通，即$i_T T = i_d > 0$↑；直流侧负载的电压$u_d = u_2 > 0$；晶闸管VT_1压降$u_{T1} = 0$。

第二，当ωt_2„ $\omega t < \omega t_3$时，交流侧输入电压瞬时值u_2„ 0，电源电压u_2处于负半周期；在此期间电感L_d产生的感生电动势u_L极性是下正上负，且$u_{T1} = |u_L| - |u_2| > 0$，晶闸管$VT_1$继续承受正向阳极电压。晶闸管$VT_1$导通，即$i_{T1} = i_d > 0$↓；直流侧负载的电压$u_d = u_2 < 0$；晶闸管$VT_1$压降$u_{T1} = 0$。

第三，当ωt_3„ $\omega t < \omega t_4$时，交流侧输入电压瞬时值u_2„ 0，电源电压u_2处于负半周期，晶闸管VT_2承受正向阳极电压；在$\omega t = \omega t_3$时刻，给晶闸管VT_2门极施加触发电压u_{g2}，即$u_{g2} > 0$。晶闸管VT_2导通，即$i_{T2} = i_d > 0$↑；直流侧负载的电压$u_d = |u_2| > 0$；晶闸管VT_1压降$u_{T1} = 2u_2 < 0$。

第四，当 ωt_0, $\omega t < \omega t_1$ 时，交流侧输入电压瞬时值 $u_2 \geqslant 0$，电源电压 u_2 处于正半周期，在此期间电感 L_d 产生的感生电动势 u_L 极性是下正上负，且 $u_{T1} = |u_L| - |u_2| > 0$，晶闸管 VT_2 继续承受正向阳极电压。晶闸管 VT_2 导通，即 $i_{T2} = i_d > 0 \downarrow$；直流侧负载的电压 $u_d = -u_2 < 0$；晶闸管 VT_1 压降 $u_{T1} = 2u_2 > 0$。

3. 参数计算

第一，输出端直流电压（平均值）U_d

$$U_d = \frac{1}{2\pi}\int_a^{\pi+a} \sqrt{2}U_2 \sin\omega t d(\omega t) = 0.9U_2 \cos\alpha \tag{3-20}$$

第二，晶闸管可能承受的最大正、反向电压分别均为 $2\sqrt{2}U_2$，移相范围为 $0 \sim \pi/2$。

第五节　单相全控桥式可控整流电路

单相全波可控整流电路具有输出电压脉动小、平均电压高及整流变压器没有直流磁化等优点。但该电路一定要配备有中心抽头的整流变压器，且变压器二次侧抽头的上、下绕组利用率仍然很低，最多只能工作半个周期，变压器设置容量仍未充分利用；其次，晶闸管承受电压最高达 $2\sqrt{2}U_2$，且元件价格昂贵。为了克服以上缺点，可以采用单相全控桥式可控整流电路。

一、电阻性负载

1. 电路结构

单相全控桥式可控整流电路如图 3-17（a）所示，晶闸管 VT_1，VT_2 共阴极接法，晶闸管 VT_3，VT_4 共阳极接法。共阴极两管即使同时触发也只能使阳极电位高的管子导通，导通后使另一只管子承受反压。同样，共阳极两管即使同时触发也只能使阴极电位低的管子导通，导通后使另一只管子承受反压。电路中由 VT_1、VT_3 和 VT_2、VT_4 构成两个整流路径，对应触发脉冲 u_{g1} 与 u_{g3}、u_{g2} 与 u_{g4} 必须成对出现，且两组门极触发信号相位保持 180° 相差。

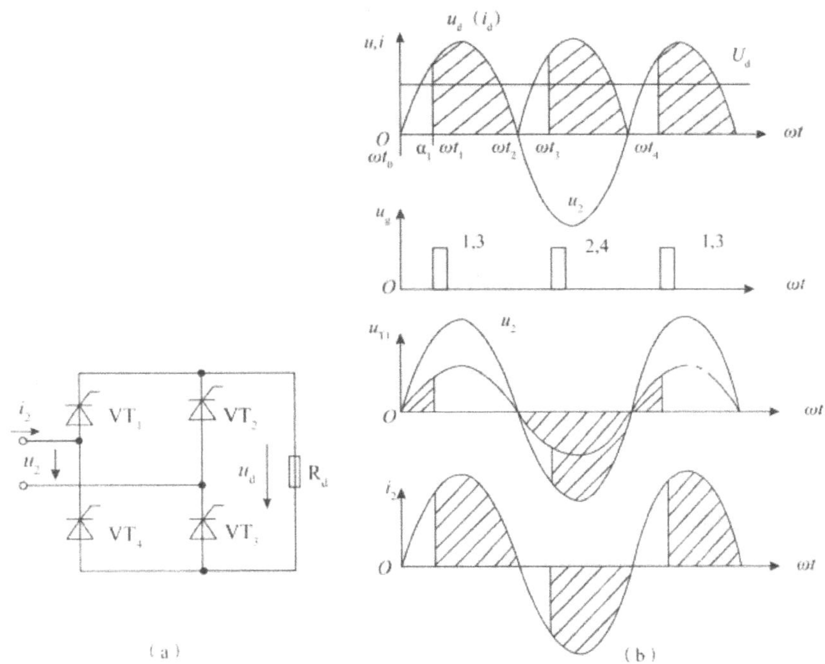

图 3-17　单相全控桥式阻性负载可控整流电路及波形图

2. 波形分析

图 3-17（b）为单相全控桥式阻性负载可控整流电路波形分析图。在交流电 u_2 一个周期内，用 ωt 坐标点将波形分为四段，下面对波形逐段分析如下：

第一，当 ωt_0, $\omega t < \omega t_1$ 时，交流侧输入电压瞬时值 $u_2 \geqslant 0$，电源电压 u_2 处于正半周期，但晶闸管 VT 门极没有触发电压 u_g，即 $u_g = 0$。晶闸管 VT 不导通，即 $i_T = i_d = 0$；直流侧负载电阻 R_d 的电压 u_d=0；晶闸管 VT_1 承受电压 $u_{T1} = u_2 / 2 > 0$。

第二，当 ωt_1, $\omega t < \omega t_2$ 交流侧输入电压瞬时值 $u_2 > 0$，电源电压 u_2 处于正半周期；晶闸管 VT_1,VT_3，承受正向阳极电压；在 $\omega t = \omega t_1$ 时刻，给晶闸管 VT_1 、VT_3，门极施加触发电压 u_{g1} 、u_{g3}，即 $u_{g1} > 0, u_{g3} > 0$。晶闸管 VT_1,VT_3 导通，即 $i_{T1} = i_{T3} = i_d > 0$；直流侧负载电阻 R_d 的电压 $u_d = u_2 > 0$；晶闸管 VT_1 压降 $u_{T1} = 0$。

第三，当 $\omega t_2 \leqslant \omega t < \omega t_3$ 时，交流侧输入电压瞬时值 $u_2 \leqslant 0$，电源电压 u_2 处于负半周期；在 $\omega t = \omega t_2$ 时刻，晶闸管 VT_1,VT_3 自然关断。晶闸管 VT_1, VT_3 不导通，即 $i_T = i_d = 0$；直流侧负载电阻 R_d 的电压 $u_d = 0$；晶闸管 VT_1 承受电压 u_{T1}=u_2/2 $\leqslant$ 0。

第四，当 ωt_3, $\omega t < \omega t_4$ 时，交流侧输入电压瞬时值 $u_2 \leqslant 0$，电源电压 u_2 处于负半周期，晶闸管 VT_2,VT_4 承受正向阳极电压；在 $\omega t = \omega t_3$ 时刻，给晶闸管 VT_2,VT_4 门极施加触发电压 u_{g2} 、u_{g4}，即 $u_{g2} > 0, u_{g4} > 0$。晶闸管 VT_2,VT_4 导

通，即 $i_{T2}=i_{T4}=i_d>0$；直流侧负载电阻 R_d 的电压 $u_d=|u_2|>0$；晶闸管 VT_1 压降 $u_{T1}=u_2<0$。

3. 参数计算

第一，输出端直流电压（平均值）U_d

$$U_d=\frac{1}{\pi}\int_{a}^{\pi}\sqrt{2}U_2\sin\omega td(\omega t)=0.9U_2\frac{1+\cos\alpha}{2} \tag{3-21}$$

第二，晶闸管可能承受的最大正、反向电压均为 $\sqrt{2}U_2$，移相范围为 $0\sim\pi$。

二、阻感性负载

1. 电路结构

单相全控桥式阻感性负载电路结构如图 3-18（a）所示。

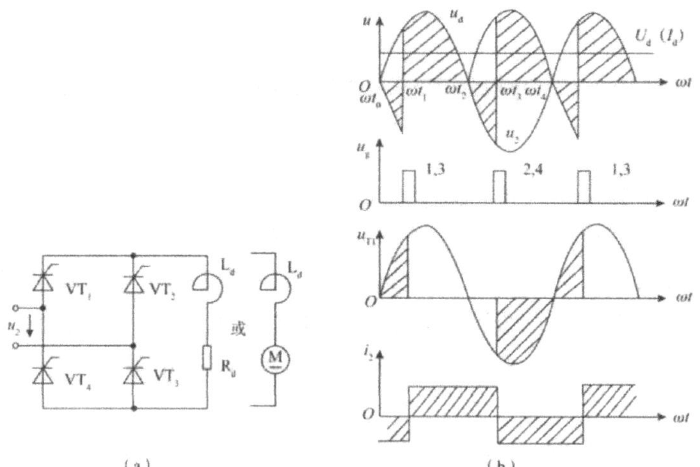

图 3-18 单相全控桥式阻感性负载可控整流电路及波形图

2. 阻感性负载的波形分析

图 3-18（b）为单相全控桥式阻性负载可控整流电路及波形图。在交流电 u_2 一个周期内，用 ωt 坐标点将波形分为四段，下面对波形逐段分析如下：

第一，当 ωt_1，$\omega t<\omega t_2$ 时，交流侧输入电压瞬时值 $u_2>0$，电源电压 u_2 处于正半周期；晶闸管 VT_1,VT_3 承受正向阳极电压；在 $\omega t=\omega t_1$ 时刻，给晶闸管 VT_1,VT_3 门极施加触发电压 u_{g1}、u_{g3}，即 $u_{g1}>0,u_{g3}>0$。晶闸管 VT_1,VT_3 导通，即 $i_{T1}=i_{T3}=i_d>0\uparrow$；直流侧负载的电压 $u_d=u_2>0$；晶闸管 VT_1 压降 $u_{T1}=0$。

第二，当 $\omega t_2\leqslant\omega t<\omega t_3$ 时，交流侧输入电压瞬时值 $u_2\leqslant 0$，电源电压

u_2 处于负半周期；在此期间电感 L_d 产生的感生电动势 u_L 极性是下正上负，且 $u_{T1}+u_{T3}=|u_L|-|u_2|>0$，使晶闸管 VT_1,VT_3 继续承受正向阳极电压。晶闸管 VT_1,VT_3 导通，即 $i_{T1}=i_{T3}=i_d>0\downarrow$；直流侧负载的电压 $u_d=u_2<0$；晶闸管 VT_1 压降 $u_{T1}=0$。

第三，当 $\omega t_3\leqslant\omega t<\omega t_4$ 时，交流侧输入电压瞬时值 $u_2\leqslant 0$，电源电压 u_2 处于负半周期，晶闸管 VT_2,VT_4 承受正向阳极电压；在 $\omega t=\omega t_3$ 时刻，给晶闸管 VT_2,VT_4 门极施加触发电压 u_{g2}、u_{g4}，即 $u_{g2}>0,u_{g4}>0$。晶闸管 VT_2,VT_4 导通，即 $i_{T2}=i_{T4}=i_d>0\uparrow$；直流侧负载的电压 $u_d=|u_2|>0$；晶闸管 VT_1，压降 $u_{T1}=u_2<0$。

第四，当 $\omega t_0\leqslant\omega t<\omega t_1$ 时，交流侧输入电压瞬时值 $u_2\geqslant 0$，电源电压 u_2 处于正半周期，在此期间电感 L_d 产生的感生电动势 u_L 极性是下正上负，且 $u_{T2}+u_{T4}=|u_L|-|u_2|>0$，使晶闸管 VT_2,VT_4 继续承受正向阳极电压。晶闸管 VT_2,VT_4 导通，即 $i_{T2}=i_{T4}=i_d>0\downarrow$；直流侧负载的电压 $u_d=-u_2<0$；晶闸管 VT_1 压降 $u_{T1}=u_2>0$。

3. 参数计算

第一，输出端直流电压（平均值）U_d

$$U_d=\frac{1}{\pi}\int_{a}^{\pi+\alpha}\sqrt{2}U_2\sin\omega td(\omega t)=0.9U_2\cos\alpha \tag{3-22}$$

第二，晶闸管可能承受的最大正、反向电压均为 $\sqrt{2}U_2$，移相范围为 $0\sim\pi/2$。

第六节 单相半控桥式可控整流电路

在单相全控桥式可控整流电路中，要求桥臂上的晶闸管成对同时被导通，因此，选择晶闸管时，要求具有相同的导通时间，且脉冲变压器二次侧绕组之间要承受 u_2 电压，所以，绝缘要求高。

一、电阻性负载

1. 电路结构

从经济角度考虑，可用两只整流二极管代替两只晶闸管，组成单相半控桥整流电路，如图 3-19（a）所示。单相半控桥电路可以看成是单相全控桥电路的一种简化形式。单相半控桥电路的结构一般是将晶闸管 VT_1,VT_2 接成共阴极接法，二极管 VD_1、VD_2 接成共阳极接法。晶闸管 VT_1,VT_2 可以采用同一组脉冲触发，只不过两组脉冲相位间隔必须保持 180°。

半控桥式整流电路一般都是将晶闸管元件共阴极接法，二极管元件共阳极接法，因为如果将晶闸管接成共阴极，那么共阴极就是两晶闸管门极触发电压的共同参考点。这样就可以采用同一组脉冲同时触发两晶闸管，就可以大大简化触发电路。

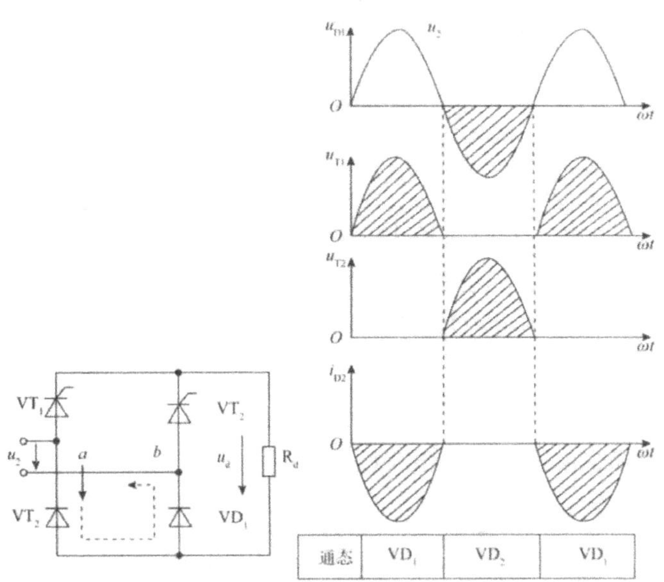

图 3-19　单相半控桥整流电路及 α=180° 时波形图

2. 波形分析

（1）以 α=180° 为例，单相半控桥式整流电路波形分析

当两只晶闸管元件接成共阴极，由于两只晶闸管采用的是同一组脉冲同时触发，所以，确定哪只晶闸管导通的条件就是比较两管阳极电位的高低，哪只晶闸管的阳极所处的电位高，那么哪只晶闸管就导通。同样，当两只二极管元件接成共阳极，确定哪只二极管导通的条件就是比较两管阴极电位的高低，哪只二极管的阴极所处的电位低，那么哪只二极管就导通。当 α=180° 时，单相半控桥电路波形分析如图 3-19（b）所示。

①当 $0<\omega t<\pi$ 时，交流侧输入电压瞬时值 $u_2>0$，电源电压 u_2 处于正半周期。a 点电位 u_a 高，b 点电位 u_b 低，从 a 点经 VD_2,VD_1 至 b 点，有一漏电流流通路径，此时可认为 VD_1 导通，所以整条负载线上各点电位都等于 b 点电位 u_b。晶闸管 VT_1 压降 $u_{T1}=u_a-u_b=u_2>0$，晶闸管 VT_2 压降 $u_{T1}=u_b-u_b=0$，二极管 VD_1 压降 $u_{D1}=0$，二极管 VD_2 压降 $u_{D2}=u_b-u_a=-u_2<0$。

②当 $\pi<\omega t<2\pi$ 时，交流侧输入电压瞬时值 $u_2<0$，电源电压 u_2 处于负半周期。a 点电位 U_a 低，b 点电位 u_b 高，从 b 点经 VD_1,VD_2 至 a 点，有一漏电流流通路径，此时可认为 VD_2 导通，所以整条负载线上各点电位都等于 a 点电位 u_a。晶闸管 VT_1

压降 $u_{T1}=u_a-u_a=0$，晶闸管 VT_2 压降 $u_{T1}=u_b-u_a=-u_2>0$，二极管 VD_1 压降 $u_{D1}=u_a-u_b=u_2<0$，二极管 VD_2 压降 $u_{D2}=0$。

（2）以 α=60° 为例，电阻性负载的波形分析

图 3-20 单相半控桥式阻性负载可控整流电路波及波形图。在交流电 u_2 一个周期内，用 ωt 坐标点将波形分为四段，下面对波形逐段分析如下：

①当 $\omega t_0 \leqslant \omega t < \omega t_1$ 时，交流侧输入电压瞬时值 $u_2 \geqslant 0$，电源电压 u_2 处于正半周期，但晶闸管 VT 门极没有触发电压 u_g，即 $u_g=0$。晶闸管 VT 不导通，即 $i_T=i_d=0$；直流侧负载电阻 R_d 的电压 $u_d=0$；晶闸管 VT_1 承受电压 $u_{T1}=u_2>0$，二极管 VD_1 承受电压 u_{D1}=0。

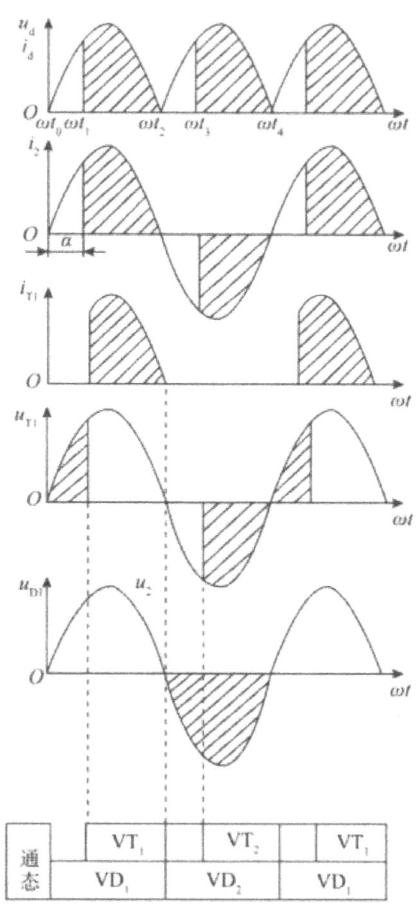

图 3-20 单相半控桥式阻性负载可控整流电路波形图

②当 $\omega t_1 \leqslant \omega t < \omega t_2$ 时，交流侧输入电压瞬时值 $u_2 > 0$，电源电压 u_2 处于正半周期；晶闸管 VT_1 承受正向阳极电压；在 $\omega t=\omega t_1$ 时刻，给晶闸管 VT_1 门极施加触发电压 u_{g1}，即 $u_{g1}>0$。晶闸管 VT_1、二极管 VD_1 导通，即 $i_{T1}=i_{D1}=i_d>0$；直

流侧负载电阻 R_d 的电压 $u_d = u_2 > 0$；晶闸管 VT_1 压降 $u_{T1} = 0$，二极管 VD_1 压降 $u_{D1} = 0$。

③当 $\omega t_2 \leqslant \omega t < \omega t_3$ 时，交流侧输入电压瞬时值 $u_2 \leqslant 0$，电源电压 U_2 处于负半周期；在 $\omega t = \omega t_2$ 时刻，晶闸管 VT_1,VD_1 自然关断。晶闸管 VT 不导通，即 $i_T = i_d = 0$；直流侧负载电阻 R_d 的电压 $u_d = 0$；晶闸管 VT_1 承受电压 $u_{T1} = 0$，二极管 VD_1 压降 $u_{D1}=u_2 \leqslant 0$。

④当 $\omega t_3 \leqslant \omega t < \omega t_4$ 时，交流侧输入电压瞬时值 $u_2 \leqslant 0$，电源电压 u_2 处于负半周期，晶闸管 VT_2 承受正向阳极电压；在 $\omega t = \omega t_3$ 时刻，给晶闸管 VT_2 门极施加触发电压 u_{g2}，即 $u_{g2} > 0$。晶闸管 VT_2、二极管 VD_2 导通，即 $i_{T2} = i_{D2} = i_d > 0$；直流侧负载电阻 R_d 的电压 $u_d = |u_2| > 0$；晶闸管 VT_1 压降 $u_{T1} = u_2 < 0$，二极管 VD_1 压降 $u_{T1}=2u_2 < 0$。

3. 参数计算

第一，输出端直流电压（平均值）U_d。

$$U_d = \frac{1}{\pi}\int_{\alpha}^{\pi} \sqrt{2}U_2 \sin \omega t d(\omega t) = 0.9U_2 \frac{1+\cos\alpha}{2} \tag{3-23}$$

第二，晶闸管可能承受的最大正、反向电压均为 $\sqrt{2}U_2$，移相范围为 $0 \sim \pi$。

二、阻感性负载

1. 电路结构

单相半控桥阻感性负载可控整流电路结构如图 3-21（a）所示。

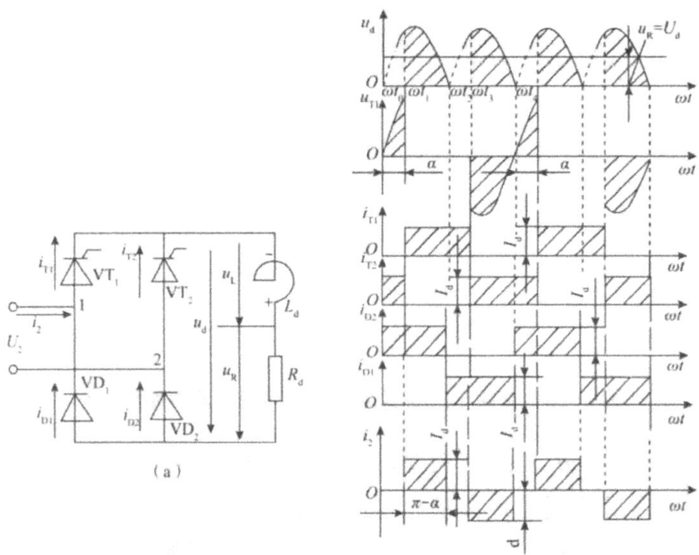

图 3-21　单相半控桥阻感性负载可控整流电路及波形图

2. 波形分析

图 3-21（b）为单相半控桥阻感性负载可控整流电路及波形图。以 α=60° 为例，在交流电 u_2 一个周期内，用 ωt 坐标点将波形分为四段，下面对波形逐段分析如下：

①当 $\omega t_1 \leqslant \omega t < \omega t_2$ 时，交流侧输入电压瞬时值 $u_2 > 0$，电源电压 u_2 处于正半周期；晶闸管 VT_1 承受正向阳极电压；在 $\omega t = \omega t_1$ 时刻，给晶闸管 VT_1 门极施加触发电压 u_{g1} 时，即 $u_{g1} > 0$。晶闸管 VT_1 导通、二极管 VD_2 导通，即 $i_{T1} = i_{D2} = i_d > 0$；直流侧负载的电压 $u_d = u_2 > 0$；晶闸管 VT_1 压降 $u_{T1} = 0$。

②当 $\omega t = \omega t_2$ 时，交流侧输入电压瞬时值 $u_2 = 0$，此时电路结构如图 3-22 所示，电感 L_d 产生的感生电动势 u_L 极性是下正上负。晶闸管 VT_1 导通、二极管 VD_1,VD_2 导通，即 $i_{T1} = i_{D1} + i_{D2} = i_d > 0$；直流侧负载的电压 $u_d = 0$；晶闸管 VT_1 压降 $u_{T1} = 0$。

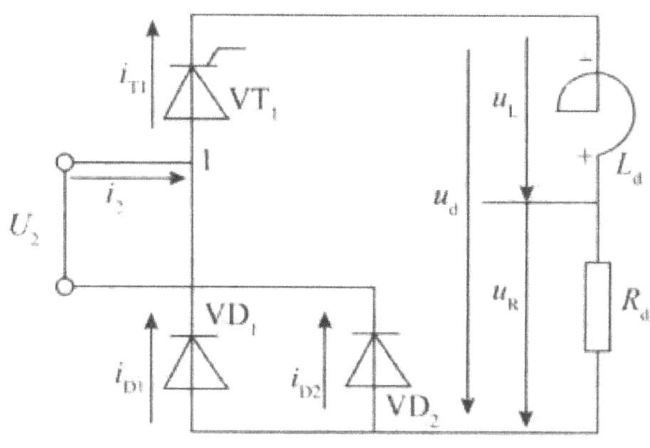

图 3-22　$u_2 = 0$ 时电路结构

③当 $\omega t_2 \leqslant \omega t < \omega t_3$ 时，交流侧输入电压瞬时值 $u_2 \leqslant 0$，电源电压 u_2 处于负半周期；在此期间电感 L_d 产生的感生电动势 u_L 极性是下正上负，电路结构如图 3-23 所示。晶闸管 VT_1 导通，二极管 VD_1 导通，即 $i_{T1} = i_{D1} = i_d > 0$；直流侧负载的电压 $u_d = 0$；晶闸管 VT_1 压降 $u_{T1} = 0$。

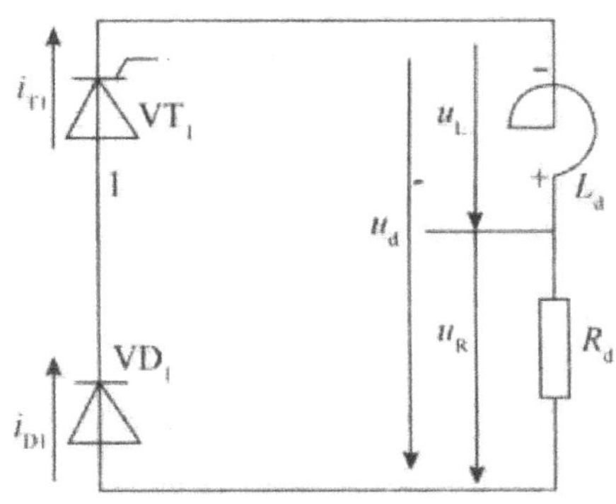

图 3-23　$u_2<0$ 时电路结构

④当 $\omega t_3 \leqslant \omega t < \omega t_4$ 时，交流侧输入电压瞬时值 $u_2 \leqslant 0$，电源电压 u_2 处于负半周期，晶闸管 VT_2 承受正向阳极电压；在 $\omega t=\omega t_3$ 时刻，给晶闸管 VT_2 门极施加触发电压 u_{g2} 即 $u_{g2}>0$。

晶闸管 VT_2 导通，二极管 VD_1 导通，即 $i_{T2}=i_{D1}=i_d>0$；直流侧负载的电压 $u_d=|u_2|>0$；晶闸管 VT_1 压降 $u_{T1}=u_2<0$。

⑤当 $\omega t=\omega t_0$ 时，交流侧输入电压瞬时值 $u_2=0$，电感 L_d 产生的感生电动势 u_L 极性是上负下正。晶闸管 VT_2 导通，二极管 VD_1,VD_2 导通，即 $i_{T2}=i_{D1}+i_{D2}=i_d>0$；直流侧负载的电压 $u_d=0$；晶闸管 VT_1 压降 $u_{T1}=0$。

从上述分析看出：当晶闸管 VT_1、二极管 VD_1 导通，电源电压 u_2 过零变负时，二极管 VD_1 承受正偏电压而导通，二极管 VD_2 承受反偏电压而关断，电路即使不接续流管，负载电流 i_d 也可在 VD_1 与 VT_1 内部续流。电路似乎不必再另接续流二极管就能正常工作。但实际上，若突然关断触发电路或把控制角 α 增大到 180° 时，会发生正在导通的晶闸管一直导通，而两只整流二极管 VD_1 与 VD_2 不断轮流导通而产生失控现象，其输出电压顷波形为单相正弦半波。

3. 参数计算

第一，输出端直流电压（平均值）U_d

$$U_d=\frac{1}{\pi}\int_{\alpha}^{\pi}\sqrt{2}U_2\sin\omega td(\omega t)=0.9U_2\frac{1+\cos\alpha}{2} \tag{3-24}$$

第二，晶闸管可能承受的最大正、反向电压均为 $\sqrt{2}U_2$，移相范围为 $0\sim\pi$。

上面所讨论的几种常用的单相可控整流电路，具有电路简单、对触发电路要求不高、同步容易以及调试维修方便等优点，所以，一般小容量没有特殊要求的可控整流装置，多数常用单相电路。但单相可控整流输出直流电压脉动大，在容量较大时会造成三相交流电网严重不平衡，所以，负载容量较大时，一般常用三相可控整流电路。

第七节　晶闸管触发电路

要使晶闸管开始导通，必须施加触发脉冲，因此，在晶闸管电路中必须有触发电路。触发电路性能的好坏直接影响晶闸管电路工作的可靠性，也影响了系统的控制精度，正确设计与选择触发电路可以充分发挥晶闸管装置的潜力，是保证装置正常运行的关键。

一、触发电路概述

（一）对触发电路的要求

1. 触发电路输出的触发信号应有足够功率

因为晶闸管门极参数所定义的触发电压和触发电流是一个最小值的概念，它是在一定条件下保证晶闸管能够被触发导通的最小值。在实际应用中，考虑门极参数的离散性及温度等因素影响，为使器件在各种条件下均能可靠触发，因此要求触发电压和触发电流的幅值短时间内可大大超过铭牌规定值，但不许超过规定的门极最大允许峰值。

2. 触发信号的波形应该有一定的陡度和宽度

触发脉冲应该有一定的陡度，希望是越陡越好。如果触发脉冲不陡，就可能造成晶整流输出电压波形不对称，就可能造成晶闸管扩容的不均压、不均流的问题。触发脉冲也应该有一定的宽度，以保证在触发期间阳极电流能达到擎住电流而维持导通。

3. 触发脉冲与晶闸管阳极电压必须同步

所谓同步是指触发电路工作频率与主电路交流电源的频率应当保持一致，且每个晶闸管的触发脉冲与施加于晶闸管的交流电压保持合适的相位关系。提供给触发器合适相位的电压称为同步信号电压，为保证触发电路和主电路频率一致，利用一个同步变压器，将其一次侧接入为主电路供电的电网，由其二次侧提供同步电压信号。由于触发电路不同，要求的同步电源电压的相位也不一样，可以根据变压器的不同连接方式来得到。

在安装、调试晶闸管装置时，常会碰到一种故障：分别单独检查主电路和触发电路都正常，但连接起来工作就不正常，输出电压的波形不规则。这种故障往往是不同步造成的。为使可控整流器输出值稳定，触发脉冲与电源波形必须保持固定的相位关系，使每一周期晶闸管都能在相同的相位上触发。

4. 满足主电路移相范围的要求

不同的主电路形式、不同的负载性质对应不同的移相范围，因此，要求触发电路必须满足各种不同场合的应用要求，必须提供足够宽的移相范围。

5. 门极正向偏压越小越好

有些触发电路在晶闸管触发之前，会有正的门极偏压，为了避免晶闸管误触发，要求这正向偏压越小越好，最大不得超过晶闸管的不触发电压值 U_{GD}。

6. 其他要求

触发电路还应具有动态响应快，抗干扰能力强，温度稳定性好等性能。

触发不能导通的情况可能有如下几种：①晶闸管的门极断线或者是门极阴极间短路。②晶闸管要求的触发功率太大，触发回路输出功率不够。如单结晶体管触发电路的稳压管稳压值太低，单结晶体管分压比太低或电容太小等。③脉冲变压器二次侧极性接反。④整流装置输出没有接负载。⑤晶闸管损坏。⑥触发脉冲相位与主电路电压相位不对应。

晶闸管触发导通了又自己关断，可能有如下几种情况：①晶闸管的擎住电流太大。②负载回路电感太大，晶闸管的触发脉冲宽度太窄。③负载回路电阻太大，晶闸管的阳极电流太小。④触发脉冲幅度太小。

晶闸管触发自己就会导通，可能有如下几种情况：①晶闸管所需的触发电压、触发电流太小。②晶闸管两端没有阻容保护，加在晶闸管上的电压上升率太高，造成正向转折导通。③因温度升高，晶闸管漏电流增大，或正向阻断能力下降甚至丧失正向阻断能力，变成二极管了，引起晶闸管误导通。④晶闸管门极引线受干扰引起误触发。⑤没有触发脉冲时，触发电路输出端就有一定的电压。

（二）对触发信号波形的分析

常见的晶闸管触发电压波形如图 3-24 所示，下面简单做一介绍。

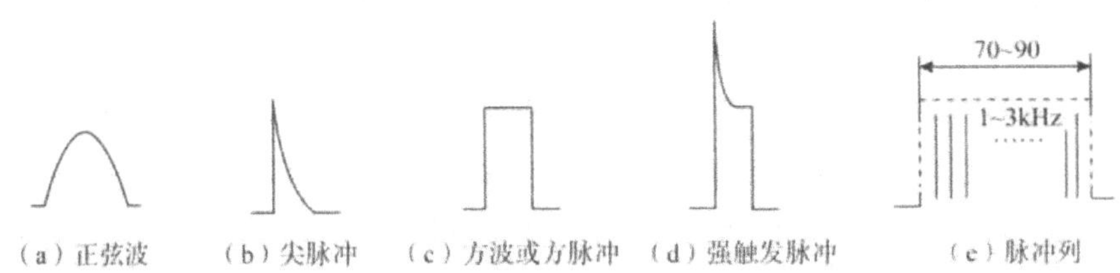

图 3-24　常见的晶闸管触发电压波形

1. 正弦波

正弦波触发信号波形如图 3-24（a）所示，它是由阻容移相电路产生的。正弦波波形前沿不陡峭，因此很少采用。

2. 尖脉冲

尖脉冲触发信号波形如图 3-24（b）脉冲波形前沿陡峭，但持续作用时间短，只适用于触发小功率、阻性负载的可控整流器。

3. 方脉冲

方脉冲触发信号波形如图3-24（c）所示，它是由带整形环节的震荡电路产生的。方脉冲波形前沿陡峭，持续作用时间长，适用于触发小功率、感性负载的可控整流器。

4. 强触发脉冲

强触发脉冲触发信号波形如图3-24（d）所示，它是由带强触发环节的晶体管触发电路产生的。强触发脉冲波形前沿陡峭、幅值高，平台持续作用时间长，晶闸管采用强触发脉冲触发可缩短开通时间，提高管子承受电流上升率的能力，有利于改善串、并联元件的动态均压与均流，增加触发的可靠性。适用于触发大功率、感性负载的可控整流器。

5. 脉冲列

脉冲列触发信号波形如图3-24（e）所示，它是由数字式触发电路产生的。脉冲列波形前沿陡峭，持续作用时间长，有一定的占空比，减小了脉冲变压器的体积，适用于触发控制要求高的可控整流器。

（三）脉冲变压器的作用

触发电路通常是通过脉冲变压器输出触发脉冲，脉冲变压器有以下作用：①将触发电路与主电路在电气上隔离，有利于防止干扰，也更安全。②阻抗匹配，降低脉冲电压，增大脉冲电流，更好触发晶闸管。③可改变脉冲正负极性或同时送出两组独立脉冲。

（四）防止误触发的措施

1. 触发电路受干扰原因分析

如果接线正确，干扰信号可能从以下几方面串入：①电源安排不当，变压器一、二次侧或几个二次线圈之间形成干扰。其他晶闸管触发时造成电源电压波形有缺口形成干扰。②触发电路中的放大器输入、输出及反馈引线太长，没有适当屏蔽。特别是触发电路中晶体管的基极回路最受干扰。③空间电场和磁场的干扰。④布线不合理，主回路与控制回路平行走线。⑤元件特性不稳定。

2. 防止误触发的措施

晶闸管装置在调试与使用中常会遇到各种电磁干扰，引起晶闸管误触发导通，这种误触发大都是干扰信号侵入门极回路引起的，为此可采取以下措施：①门极电路采用金属屏蔽线，并将金属屏蔽层可靠接“地”。②控制线与大电流线应分开走线，触发控制部分用金属外壳单独屏蔽，脉冲变压器应尽量靠近晶闸管门极，装置的接零与接壳分开。③在晶闸管门阴极间并接0.01～0.1μF的小电容可有效吸收高频干扰，要求高的场合可在门阴极间设置反向偏压。④采用触发电流大，即不灵敏的晶闸管。⑤元件要进行老化处理，剔除不合格产品。

二、单结晶体管触发电路

由单结晶体管组成的触发电路，具有简单、可靠、触发脉冲前沿陡、抗干扰能力强以及温度补偿性能好等优点，在单相与要求不高的三相晶闸管装置中得到广泛应用。

（一）单结晶体管的结构

单结晶体管又称双基极管，它是一种只有一个PN结和两个电阻接触电极的半导体器件，它的基片为条状的高阻N型硅片，两端分别用欧姆接触引出两个基极 b_1（第一基极）和 b_2（第二基极）。在硅片中间略偏 b_2 一侧用合金法制作一个P区作为发射极e。发射极所接的P区与N型硅棒形成的PN结等效为二极管VD；N型硅棒因掺杂浓度很低而呈现高电阻，二极管阴极与基极 b_2 之间的等效电阻为 r_{b2}，二极管阴极与基极 b_1 之间的等效电阻为 r_{b1}；由于 r_{b1} 的阻值受e— b_1 间电压的控制，所以等效为可变电阻。单结晶体管结构、符号和等效电路如图3-25所示。

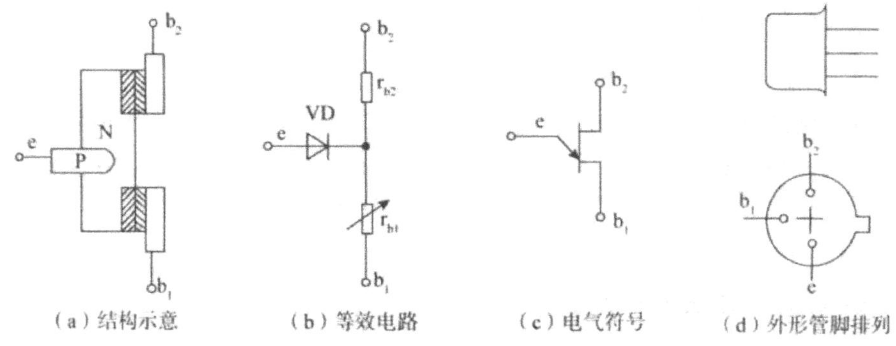

图3-25　单结晶体管

触发电路常用的单结晶体管型号有BT33和BT35两种。B表示半导体，T表示特种管，第一个数字3表示有三个电极，第二个数字3（或5）表示耗散功率300mW（或500mW）。

（二）单结晶体管的测量

根据单结晶体管的结构，单结晶体管e极和 b_1 极或 b_2 极和e极之间的正向电阻小于反向电阻，一般 $r_{b1} > r_{b2}$，而 b_1 极和 b_2 极之间的正、反向电阻相等，约为3～10kΩ。

1. 用万用表判别单结晶体管的管脚极性

判断单结晶体管发射极e的方法是：把万用表置于R×100档或R×1k档，黑表笔接假设的发射极，红表笔接另外两极，当出现两次低电阻时，黑表笔接的就是单结晶体管的发射极。

单结晶体管 b_1 和 b_2 的判断方法是：把万用表置于R×100档或R×1k档，用黑表笔接发射极，红表笔分别接另外两极，两次测量中，电阻大的一次，红表笔接的

就是 b_1 极。

上述判别单结晶体管管脚极性的方法，不一定对所有的单结晶体管都适用，有个别管子的 e—b_1 间的正向电阻值较小。不过准确地判断哪一个极是 b_1，哪一个极是 b_2，在实际使用中并不特别重要。即使 b_1、b_2 用颠倒了，也不会使管子损坏，只影响输出脉冲的幅度（单结晶体管多作脉冲发生器使用），当发现输出的脉冲幅度偏小时，只要将原来假定的 b_1、b_2 对调过来就可以了。

2. 用万用表判别单结晶体管性能的好坏

单结晶体管性能的好坏可以通过测量其各极间的电阻值是否正常来判断。用万用表 R×1k 档，将黑表笔接发射极 e，红表笔依次接两个基极（b_1 和 b_2），正常时均应有几千欧至十几千欧的电阻值。再将红表笔接发射极 e，黑表笔依次接两个基极，正常时阻值为无穷大。

单结晶体管两个基极（b_1 和 b_2）之间的正、反向电阻值均为 3 ～ 10kΩ 范围内，若测得某两极之间的电阻值与上述正常值相差较大时，则说明该二极管已损坏。

（三）单结晶体管的伏安特性

单结晶体管的伏安特性是指两个基极 b_2 和 b_1 之间加某一固定直流电压 U_{bb} 时，发射极电流 i_e 与发射极正向电压 u_e 之间的关系。其试验电路及伏安特性如图 3-26 所示。

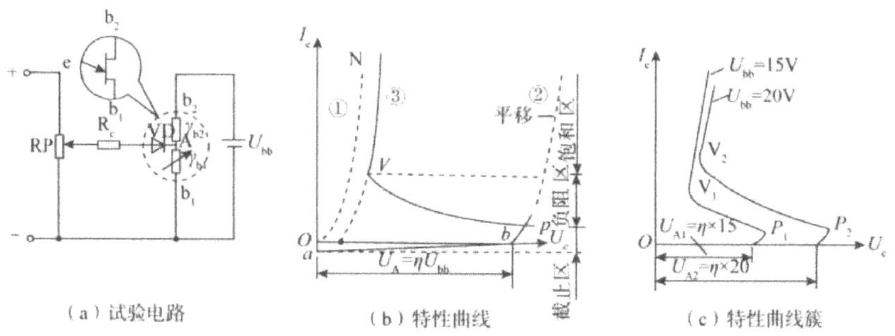

（a）试验电路　（b）特性曲线　（c）特性曲线簇

图 3-26　单结晶体管的伏安特性

从图 3-26 可以看出，两基极 b_1 和 b_2 之间的电阻（$r_{bb}=r_{b1}+r_{b2}$）称为基极电阻，r_{b1} 的数值随发射极电流 i_e 而变化，r_{b2} 的数值与 i_e 无关；若在两个基极 b_2 和 b_1 之间加上正电压 U_{bb}，则 A 点电压为：

$$U_A=\frac{r_{b1}}{r_{b1}+r_{b2}}U_{bt}=\eta U_{bb} \tag{3-25}$$

式中：η ——称为分压比，其值一般在 0.3 ～ 0.85 之间，如果发射极电压 u_e 由零逐渐增加，就可测得单结晶体管的伏安特性。

1. 截止区aP段

当$0<u_e<\eta U_{bb}$时，发射结处于反向偏置，管子截止，发射极只有很小的反向漏电流。随着u_e的增大，反向漏电流逐渐减小。

当$u_e=\eta U_{bb}$时，发射结处于零偏，管子截止，电路此时工作在特性曲线与横坐标交点b处，$i_e=0$。

当$\eta U_{bb}<u_e<\eta U_{bb}+U_D$时，发射结处于正向偏置，管子截止，发射极只有很小的正向漏电流。随着u_e的增大，正向漏电流逐渐增大。

2. 负阻区PV段

当$u_e..\eta U_{bb}+U_D=U_P$时，发射结处于正向偏置，管子电流形成正反馈，特点是i_e显著增加，r_{bl}阻值迅速减小，u_e相应下降，这种电压随电流增加反而下降的特性，称为负阻特性。管子由截止区进入负阻区的临界P称为峰点，与其对应的发射极电压和电流，分别称为峰点电压U_P和峰点电流I_P。

随着发射极电流i_e不断上升，u_e不断下降，降到V点后，u_e不再降了，V点称为谷点，与其对应的发射极电压和电流，称为谷点电压U_v和谷点电流I_v。

3. 饱和区VN段

过了V点后，发射极与第一基极间半导体内的载流子达到了饱和状态，所以U_e继续增加时，i_e便缓慢地上升，显然U_v是维持单结晶体管导通的最小发射极电压，如果$U_e<U_v$，管子重新截止。

总结：

①峰点P是单结晶体管由截止到导通的临界点，要想使单结晶体管导通，在其发射极所施加的电压u_e必须大于或等于峰点P电压U_P。②谷点是特性曲线上对应单结晶体管稳定工作的最低点，要想使单结晶体管截止，在其发射极所施加的电压u_e必须小于谷点V电压Uv。

改变电压U_{bb}，等效电路中的U_A和特性曲线中的U_P也随之改变，从而可获得一簇单结晶体管特性曲线。总之，当基极b_1和b_2之间加上电压时，电流从b_2流向b_1，形成反偏电压。如果将一个信号加在发射极上，且此信号超过原反偏电压时，器件呈导电状态。一旦正偏状态出现，便有大量空穴注入基区，使发射极e和b_1之间的电阻减小，电流增大，电压降低，并保持导通状态，改变两个基极间的偏置或改变发射极信号才能使器件恢复原始状态。因此，这种器件显示出典型的负阻特性，特别适用于开关系统中的弛张振荡器，可用于定时电路和控制电路。

（四）单结晶体管自激振荡电路

所谓振荡，是指在没有输入信号的情况下，电路输出一定频率、一定幅值的电压或电流信号。利用单结晶体管的负阻特性和RC电路的充放电特性，可以组成自激振荡电路，产生脉冲，用以触发晶闸管。

设电源未接通时，电容C上的电压为零。电源U_{bb}接通后，电源电压通过R_2、R_1加在单结晶体管的b_2、b_1上，同时又通过电阻r、R对电容C充电。当电容

电压 u_C 达到单结晶体管的峰点电压 U_P 时，e—b_1 导通，单结晶体管进入负阻状态，电容 C 通过 r_{b1}、R_1 放电。因 R_1 很小，放电很快，放电电流在 R_1 上输出第一个脉冲去触发晶闸管。

当电容放电使 u_C 下降到 U_V 时，单结晶体管关断，输出电阻 R_1 的压降为零，完成一次振荡。放电一结束，电容器重新开始充电，重复上述过程，电容 C 由于 $\tau_{放}<\tau_{充}$ 而得到锯齿波电压，R_1 上得到一个周期性尖脉冲输出电压，如图 3-27（b）所示。

若忽略电容 C 的放电时间，振荡电路振荡频率近似为：

$$f=\frac{1}{T}=\frac{1}{(R+r)C\ln\left(\dfrac{1}{1-\eta}\right)} \tag{3-26}$$

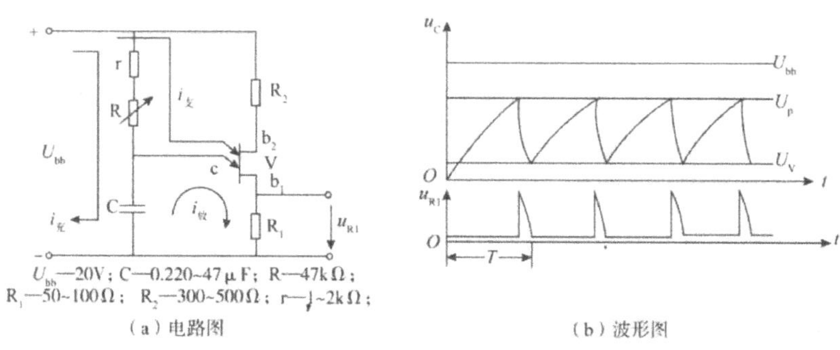

图 3-27　单结晶体管自激振荡电路

图 3-27（a）中的电子元件参数是经过实践验证的最佳参数，用户不需要再重新设计或选择元件参数，只需要按要求搭接电路，便可直接进行触发电路的调试，调试过程一般都非常顺利。下面对主要元件作用分析如下：

电阻 R 作用：电阻 R 起移相控制作用。因为改变电阻 R 的大小，就改变了电源 U 区对电容 C 的充电时间常数，改变了电容电压达到峰点电压的时间。

电阻 r 作用：电阻 r 起限流作用。它是为防止 R 调节到零时，充电电流 $i_充$ 过大而造成晶闸管一直导通无法关断而停振。

电阻 R_1 作用：R_1 是电路的输出电阻。它不能太小，如果 R_1 太小，放电电流 $i_放$ 在 R_1 上形成的压降就很小，产生脉冲的幅值就很小；它也不能太大，如果 R_1 太大，在 R_1 上形成的残压就大，对晶闸管门极产生干扰。

电阻 R_2 作用：R_2 是温度补偿电阻，在单结晶体管产生温升时，通过 R_2 使峰点电压 U_P 保持恒定。

（五）具有同步环节的单结晶体管触发电路

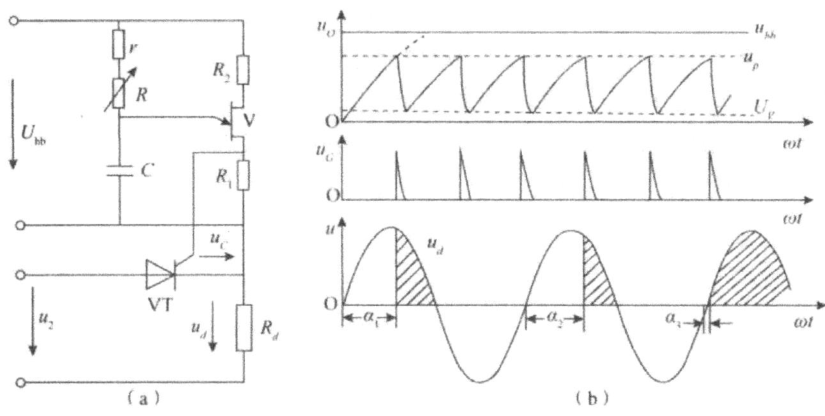

图 3-28　没有同步环节的单结管触发电路

如果采用上述的单结晶体管自激振荡电路来触发单相半波可控整流电路，如图 3-28（a）所示，根据晶闸管导通和关断条件，可画出 ud 波形，如图 3-28（b）所示。由图看出，晶闸管每个周期导通时间是不断变化的，使输出电压 u_d 波形是无规则，这是由于触发电路与主电路不同步的结果。从图中还可以看到造成不同步的原因：由于锯齿波每个周期的起始时间和主电路交流电压 u_2 每个周期的起始时间不一致。为此，就要设法让它们能够通过一定的方式联系，使步调一致起来。这种方式联系称为触发电路与主电路取得同步。

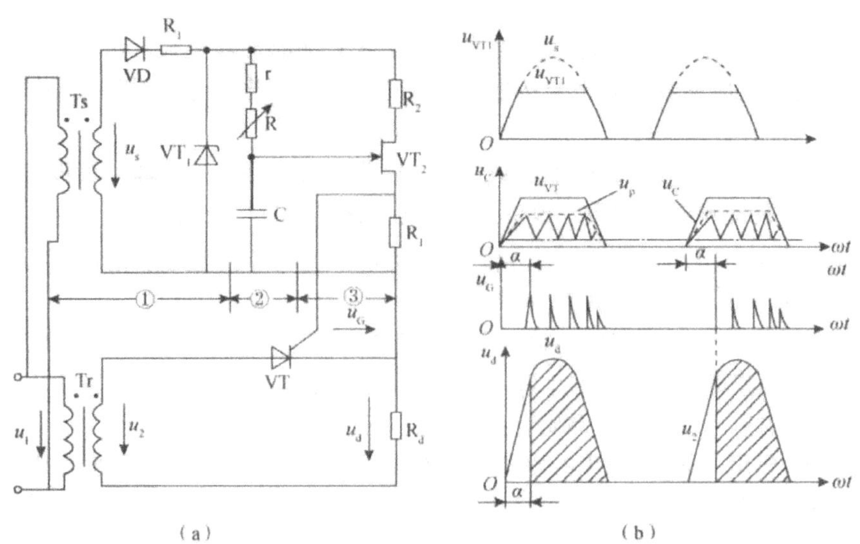

图 3-29　同步电压为梯形波的单结管触发电路

（a）电路图；（b）波形图

图 3-28（a）与图 3-29（a）相比，不同处就在于单结晶体管与电容 C 充电电源改为由主电路同一电源的同步变压器 Ts 二次电压 u_s，经单相半波整流后，再经稳压管 V_1 削波而得到的梯形波电压 U_{v1} 来供电。这样在梯形波过零点（即 $U_{bb}=0$）时，不管电容 C 此时有多少电荷都势必使单结晶体管导通而放完，就保证了电容 C 都能在主电路晶闸管开始承受正向电压从零开始充电。每周期产生的第一个有用的触发尖脉冲的时间都一样（即移相角 α 一样），触发电路与主电路取得了同步，致使 u_d 波形有规则地调节变化。

单相整流电路，对不同电路形式，不同性质负载下整流电路的工作原理进行了分析，通过画出电压和电流的波形，找出有关电量的基本数量关系，从而掌握各种电路的特点和适用范围，正确地选择相控整流电路及元器件参数，并可进行安装调试。研究晶闸管相控整流电路的工作原理时，所采用的基本方法是根据整流电路的工作条件和特点、负载的性质及各元器件的导通、关断的物理过程，分析得出有关电量与触发延迟角关系。

值得注意的是，晶闸管相控整流电路均采用触发控制相位滞后的方案，存在功率因数偏低，谐波较大等对电网不利的因素。据此，在使用中特别是在特大功率应用场合，有必要采取如滤波、无功补偿或用自关断器件组成相控整流电路等措施，以改善用电质量，减少对电网的公害。

思考题

1. 什么是电力电子技术？它的主要内容是什么？有哪些应用？

2. 晶闸管正常导通的条件是什么？导通后流过晶闸管的电流大小取决于什么？晶闸管的关断条件是什么？如何实现？关断后阳极电压又取决于什么？

3. 晶闸管的外形结构有哪几种？它们的区别和应用场合有什么不同？

4. 晶闸管元件在测量时应注意哪些问题？

5. 晶闸管的电压定额和电流定额的选用原则是什么？

第四章 变压器与交流电动机

导读：

电路中常常用到变压器和电动机这类电器设备，它们都是利用电磁感应原理进行工作的。变压器主要是用于传输电能或信号的器件，具有变压、变流、变阻抗和隔离的作用，它在电力系统和电子线路中广泛应用。电动机的作用是将电能转换为机械能，它在机械、电子电气和自动化领域广泛应用。

变压器种类很多，应用广泛，但基本结构和工作原理相同，同时变压器的工作原理是电动机工作原理的基础；电动机可按大类分为交流电动机和直流电动机，在生产上主要用的是交流电动机，特别是三相异步电动机。

学习目标：

1. 理解变压器变压、变流和变阻抗作用。
2. 了解三相异步电动机的转动原理和电路分析方法。
3. 掌握三相异步电动机的转矩和机械特性及起动、调速和制动方法。

第一节 变压器

变压器是根据电磁感应原理制成的能量变换装置，具有变换电压、变换电流和变换阻抗的作用，在各个领域有着广泛的应用。在电力系统输电方面，当输送功率 $P=UI\cos\varphi$ 及负载功率因数 $\cos\varphi$ 一定时，输电线电压 U 愈高，则线路电流 I 愈小，这在输电线截面积一定的情况下减小了线路的功率损耗，因此在输电时必须利用变压器将电压升高。在用户端，为了保证用电安全和降低用电设备的电压要求，还要利用变压器将电压降低；在实验室，经常用自耦变压器改变电源电压满足实验要求；

在 LC 振荡电路中，利用变压器改变相位，使电路具有正反馈，从而产生振荡；在测量电路中，利用变压器原理做的电压电流互感器扩大电压电流的测量范围；在功率放大电路中，为使负载上获得最大功率，也广泛采用变压器来实现阻抗匹配。

变压器的种类很多，按用途不同，变压器可分为电力变压器、整流变压器、电焊变压器、船用变压器、量测变压器以及电子技术中应用的电源变压器等；按相数不同，变压器又可分为单相变压器和三相变压器等；按每相绕组数不同，变压器又可分为自耦变压器（仅有一个绕组）、双绕组变压器和三绕组变压器等；按外形分，变压器又可分为 R 型变压器、EI 型变压器和环形变压器等；按冷却方式不同，变压器还可分为干式自冷式、油浸自冷式、油浸风冷式变压器等。不同的变压器，设计和制造工艺也有差异，但其工作原理是相同的。

一、变压器的基本结构

变压器由铁芯和绕在铁芯上的一个或多个线圈（又称绕组）组成。

铁芯的作用是构成变压器的磁路。为了减小涡流损耗和磁滞损耗，铁芯采用厚 0.35 mm 或 0.5 mm 的高导磁硅钢片交错叠装或卷绕而成，硅钢片的表层涂有绝缘漆，形成绝缘层，以限制涡流；绕组构成变压器的电路。接电源的绕组一般称为一次绕组（初级）或原边，接负载的绕组为二次绕组（次级）或副边，或工作电压高的绕组为高压绕组，工作电压低的绕组为低压绕组。

根据变压器外形的不同，变压器分为 EI 形、C 形、环形和 R 形等。

EI 形变压器是使用最为普遍的型号，安装方便、成本相对较低，且在运输过程中损坏率非常低，便于运输。

C 形变压器具有损耗低、效率高、节能等特点，主要用于高档音响设备和焊接设备、电抗、高压设备等高档电气设备。

环形变压器电效率高，铁芯无气隙，叠装系数可高达 95% 以上，铁芯磁导率可取 1.5 ~ 1.8 T（叠片式铁芯只能取 1.2 ~ 1.4 T），电效率高达 95% 以上，空载电流只有叠片式的 10%；其外形尺寸小，质量轻，比叠片式变压器重量可以减轻一半，只要保持铁芯截面积相等，环形变压器容易改变铁芯的长、宽、高的比例，设计出符合要求的外形尺寸；环形变压器铁芯没有气隙，绕组均匀地绕在环形的铁芯上，这种结构导致了振动噪声较小、漏磁小、电磁辐射也小，无须另加屏蔽就可以用到高灵敏度的电子设备上，例如应用在低电平放大器和医疗设备上。

R 形变压器比 EI 变压器小 30%，薄 40%，轻 40%；R 形变压器漏磁最小，比 EI 形变压器小 10 倍；R 形铁芯变压器产生的热量最少，比 EI 形变压器小 50%；R 形变压器不会产生噪声，这一特点远胜 EI 形变压器或铁芯有间隙的 C 形变压器；R 形变压器与环形变压器相比，工作性能更强，可靠性更高，绝缘性能强，安装简便；R 形变压器的构造比 EI 和 C 形变压器简单，但可靠性和品质都比它们高。

二、变压器的工作原理

（一）变压器的电压变换作用

变压器的一次绕组接上交流电压 u_1，二次侧开路，这种运行状态称为空载运行。图 4-1（a）所示为变压器空载运行的示意图。设一次绕组、二次绕组的匝数分别为 N_1，N_2，当一次绕组加上正弦交流电压 u_1 时，一次绕组就有电流 i_0 通过，并由此而产生磁通势 N_1i_0。该磁通势在铁芯中产生主磁通 Φ 通过闭合铁芯，既穿过一次绕组，也穿过二次绕组，于是在一、二次绕组中分别感应出电动势 e_1 和 e_2 。e_1, e_2 和 Φ 中的参考方向之间符合右手螺旋定则，由法拉第电磁感应定律可知

$$e_1=-N_1\frac{\mathrm{d}\Phi}{\mathrm{d}t}=-N_1\frac{\mathrm{d}\left(\Phi_\mathrm{m}\sin\omega t\right)}{\mathrm{d}t}=2\pi fN_1\Phi_m\sin\left(\omega t-90^\circ\right) \quad (4\text{-}1)$$

则 e_1 的有效值为

$$E_1=\frac{2\pi fN_1\Phi_m}{\sqrt{2}}=4.44fN_1\Phi_m \quad (4\text{-}2)$$

式中，ω 为交流电源的角频率；f 为交流电源的频率，$\omega=2\pi f$；Φ_m 为主磁通的最大值。

为分析方便，不考虑由于磁饱和性与磁滞性而产生的电流、电动势波形畸变的影响，略去漏磁通的影响，不考虑绕组上电阻的压降（理想变压器），则可认为绕组上电动势的有效值近似等于绕组上电压的有效值，即 $U_1\approx E_1$ 。

同理，对二次绕组电路的感应电动势 e_2 的有效值为

$$U_{20}\approx E_2=4.44fN_2\Phi_m \quad (4\text{-}3)$$

从式（4-2）和式（4-3）可见，由于一、二次绕组的匝数 N_1 和 N_2 不相等，故 E_1 和 E_2 的大小是不等的，因而输入电压 U_1（电源电压）输出电压 U_2（负载电压）的大小也是不等的。

一、二次绕组的电压之比为

$$\frac{U_1}{U_2}\approx\frac{E_1}{E_2}=\frac{N_1}{N_2}=K \quad (4\text{-}4)$$

式中，K 称为变压器的变比，亦即一、二绕组的匝数比。可见，当电源电压 U_1 一定时，只要改变匝数比，就可得出不同的输出电压 U_2。

当一、二次绕组匝数不同时，变压器就可以把某一数值的交流电压变换为同频率的另一数值的电压，这就是变压器的电压变换作用。当一次绕组匝数比二次绕组匝数多时，即 $N_1 > N_2, K > 1$，这种变压器称为降压变压器，反之，若二次绕组匝数比一次绕组匝数多时，即 $N_1 < N_2, K < 1$，这种变压器称为升压变压器。

在变压器的两个绕组之间，电路上没有连接。一次绕组外加交流电压后，依靠两个绕组之间的磁耦合和电磁感应作用，使二次绕组产生交流电压。也就是说，一次、二次绕组在电路上是相互隔离的，这就是变压器的隔离作用。

按照图 4-1（a）中绕组在铁芯上的绕向和 e_1, e_2 的参考方向，若在某一瞬时一次绕组中的感应电动势 e_1 为正值，则二次绕组中的感应电动势和 e_2 也为正值。在此瞬时绕组端点 X 与 x 的电位分别高于 A 与 a，或者说端点 X 与 x、A 与 a 的电位瞬时极性相同。工程上常把具有相同瞬时极性的端点称为同极性端，也称为同名端，通常用“ • ”作标记，如图 4-1（a）所示。

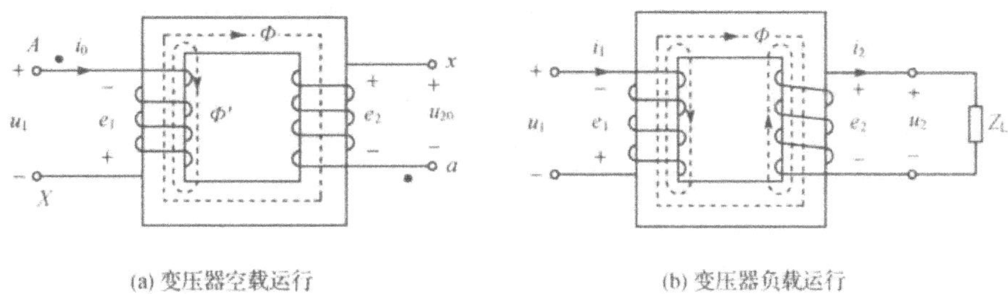

图 4-1　变压器的工作原理

（二）变压器的电流变换作用

如果变压器的二次绕组接上负载，则在二次绕组感应电动势 e_2 的作用下将产生二次绕组电流 I_2，这时一次绕组的电流由 I_0 增大为 I_1，如图 4-1（b）所示。二次侧的电流 I_2 越大，一次侧的电流 I_1 也越大。因为二次绕组有了电流 I_2 时，二次侧的磁通势 $N_2 i_2$ 也要在铁芯中产生磁通，即这时变压器铁芯中的主磁通是由一、二次绕组的磁通势共同产生的。

显然，I_2 的出现将有改变铁芯中原有主磁通的趋势。但是，由 $U_1 \approx E_1 = 4.44 f N_1 \Phi_m$ 可知，当电源电压 U_1 和频率 f 不变时，E_1 和 Φ_m 也都近于常数。这就是说，铁芯中主磁通的最大值在变压器空载或有负载时是差不多恒定的。这个结论对于分析交流电机、电器及变压器的工作原理是十分重要的。因此，有负载时产生主磁通的一、二次绕组的合成磁通势 $\left(N_1 i_1 + N_2 i_2\right)$ 应该和空载时产生主磁通的原绕组的磁通势 $N_1 i_0$ 差不多相等，即

$$N_1 i_1 + N_2 i_2 \approx N_1 i_0 \tag{4-5}$$

式（4-5）称为变压器的磁通势平衡方程式。

变压器的空载电流 i_0 是励磁用的，由于铁芯的磁导率高，空载电流很小，它的有效值 I_0 在原绕组额定电流 I_N 的 10% 以内。因此 $N_1 i_0$ 与 $N_1 i_1$ 相比，常可忽略。于是式（4-5）可写成

$$N_1\dot{I}_1 \approx -N_2\dot{I}_2 \tag{4-6}$$

由式（4-6）可知，一、二次绕组的电流关系为

$$\frac{I_1}{I_2} \approx \frac{N_2}{N_1} = \frac{1}{K} \tag{4-7}$$

式（4-7）表明，变压器一、二次绕组的电流之比近似等于它们的匝数比的倒数，即一次、二次侧电流与匝数成反比。可见，变压器中的电流虽然由负载的大小确定，但是一、二次绕组中电流的比值是差不多不变的；因为当负载增加时，I_2 和 $N_2 I_2$ 随着增大，而 I_1 和 $N_1 I_1$ 也必须相应增大，以抵消二次绕组的电流和磁通势对主磁通的影响，从而维持主磁通的最大值近似不变。改变一、二次绕组的匝数比可以改变一、二次绕组电流的比值，这就是变压器的电流变换作用。

（三）变压器的阻抗变换作用

变压器除了能起隔离、变换电压和变换电流的作用外，它还有变换负载阻抗的作用，以实现“匹配”。

在图 4-2（a）中，变压器原边接电源 U_1，负载阻抗模 $|Z|$ 接在变压器二次侧，图中的点划线框部分可以用一个阻抗模 $|Z'|$ 来等效代替。所谓等效，就是输入电路的电压、电流和功率不变。就是说，直接接在电源上的阻抗模 $|Z'|$，和接在变压器二次侧的负载阻抗模 $|Z|$ 是等效的。两者的关系可通过下面计算得出。

根据式（4-4）和式（4-7）可得出

$$\frac{U_1}{I_1} = \frac{\dfrac{N_1}{N_2}U_2}{\dfrac{N_2}{N_1}I_2} = \left(\frac{N_1}{N_2}\right)^2 \frac{U_2}{I_2} = K^2 \frac{U_2}{I_2}$$

由图 4-2 可知

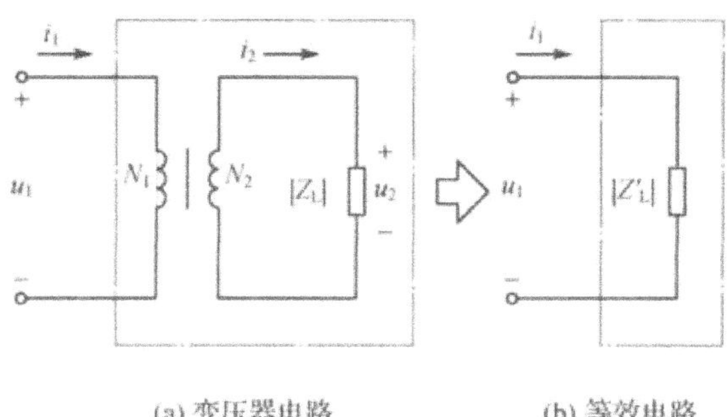

图 4-2　变压器的阻抗变换

$$\frac{U_1}{I_1}=\left|Z'\right|,\quad \frac{U_2}{I_2}=|Z|$$

代入则得

$$\left|Z'\right|=\left(\frac{N_1}{N_2}\right)^2|Z|=K^2|Z| \tag{4-8}$$

匝数比不同，负载阻抗模 $|Z|$ 折算到原边的等效阻抗模 $|Z'|$ 也不同，即变压器一次侧的等效阻抗模为二次侧所带负载的阻抗模的 K^2 倍。可以采用不同的匝数比把负载阻抗模变换为所需要的、比较合适的数值，这就是变压器的阻抗变换作用，这种做法通常称为阻抗匹配。在电子电路中，为了提高信号的传输功率，常用变压器将负载阻抗变换为适当的数值，来达到阻抗匹配的目的。

三、变压器的特性

（一）变压器的外特性

变压器运行时，当电源电压 U_1 和负载功率因数 $\cos\varphi_2$ 为常数时，U_2 和 I_2 的变化关系可用曲线 $U_2=f(I_2)$ 来表示，该曲线称为变压器的外特性曲线，如图 4-3 所示。图中表明，当负载为电阻性和电感性时，U_2 随 I_2 的增加而下降，且感性负载比阻性负载下降更明显；而对于容性负载，U_2 随 I_2 的增加而上升。

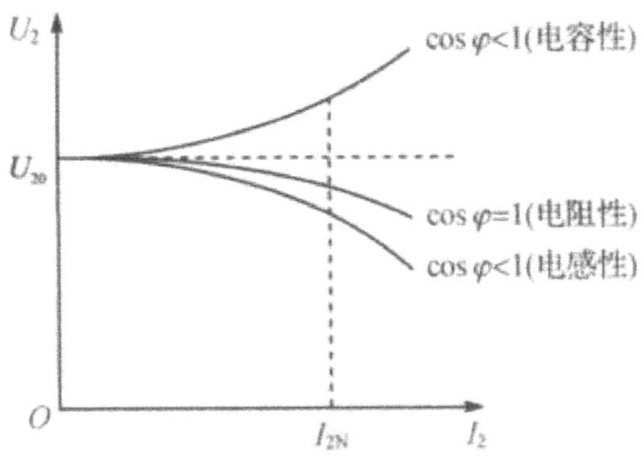

图 4-3　变压器的外特性曲线

二次绕组的电压 U_2 变化程度说明了变压器的性能，一般供电系统需要变压器的硬特性，即通常希望电压 U_2 的变动愈小愈好。从空载到额定负载，二次绕组电压的变化程度用电压变化率 ΔU 表示，即

$$\Delta U=\frac{U_{20}-U_2}{U_{20}}\times 100\% \tag{4-9}$$

在一般变压器中，由于其电阻和漏磁感抗均甚小，电压变化率不大，约为5%左右。

（二）变压器损耗和效率

变压器的功率损耗包括铁芯中的铁损 ΔP_{Fe} 和绕组上的铜损 ΔP_{Cu} 两部分。铁损包括由磁滞现象引起铁芯发热造成的磁滞损耗和由交变磁通在铁芯中产生的感应电流（涡流）造成的涡流损耗。为减少涡流损耗，铁芯一般由高磁导率硅钢片叠成。铁损的大小与铁芯内磁感应强度的最大值有关，与负载大小无关；而铜损是由绕组导线电阻的损耗引起的，其大小与负载大小（正比于电流平方）有关。变压器的效率常用以下确定

$$\eta=\frac{P_2}{P_1}=\frac{P_2}{P_2+\Delta P_{Fe}+\Delta P_{Cu}} \tag{4-10}$$

式中，P_2 为变压器的输出功率，P_1 为输入功率。

变压器的功率损耗很小，所以效率很高，通常在95%以上。在一般电力变压器中，当负载为额定负载的 50% ～ 75% 时，效率达到最大值。

四、几种常用变压器

（一）三相电力变压器

在电力系统中，用于变换三相交流电压且输送电能的变压器，称为三相电力变压器。如图 4-4 所示，它有三个芯柱，各套有一相的一、二次绕组。由于三相一次绕组所加的电压是对称的，因此三相磁通也是对称的，二次侧的电压也是对称的。为散去运行时由于本身的损耗所发出的热量，通常铁芯和绕组都浸在装有绝缘油的油箱中，通过油管将热量散发到大气中。考虑到油会热胀冷缩，故在变压器油箱上置一个储油柜和油位表，此外还装有一根防爆管，一旦发生故障（例如短路事故）产生大量气体时，高压气体将冲破防爆管前端的塑料薄片而释放，从而避免变压器发生爆炸。

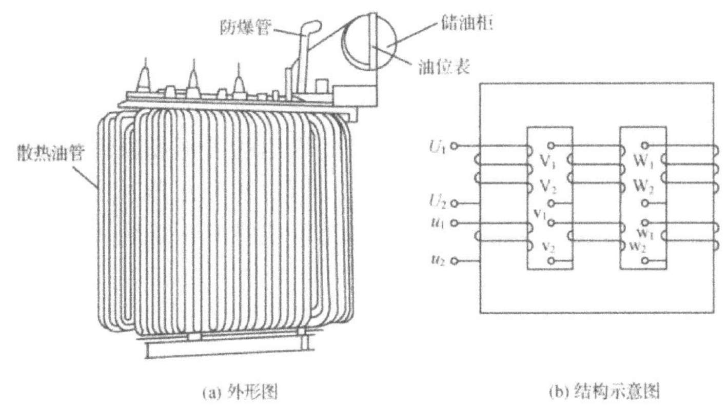

(a) 外形图　　(b) 结构示意图

图 4-4　三相电力变压器

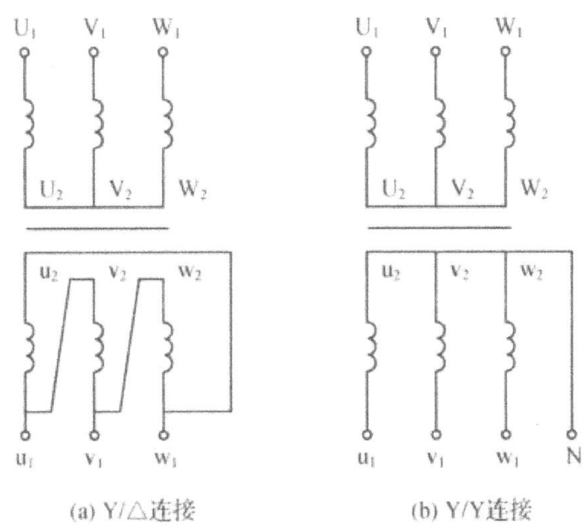

(a) Y/△连接　　(b) Y/Y连接

图 4-5　三相变压器的接法

三相变压器的一、二次绕组可以根据需要分别接成星形（Y）或三角形（□）。三相电力变压器的常见连接方式是$Y-Y$和$\mathrm{Y}-\Delta$，如图4-5所示。其中Y－Yn连接常用于车间配电变压器，Yn表示有中性线引出的星形连接，这种接法不仅给用户提供了三相电源，同时还提供了单相电源。通常使用的动力和照明混合供电的三相四线制系统，就是用这种连接方式的变压器供电的，Y－□连接的变压器主要用在变电站做降压或升压用。

（二）自耦变压器

图4-6所示的是一种自耦变压器，其结构特点是二次绕组是一次绕组的一部分。二次绕组电压之比和电流之比分别为

$$\frac{U_1}{U_2}=\frac{N_1}{N_2}=K,\quad \frac{I_1}{I_2}=\frac{N_2}{N_1}=\frac{1}{K}$$

实验室中常用的调压器就是一种可改变副绕组匝数的自耦变压器，它可以均匀地改变输出电压，图4-7所示就是单相自耦变压器的外形和原理电路图。除了单相自耦变压器之外，还有三相自耦变压器。但使用自耦变压器时应注意：输入端应接交流电源，输出端接负载，不能接错，否则有可能将变压器烧坏；使用完毕后，手柄应退回零位。

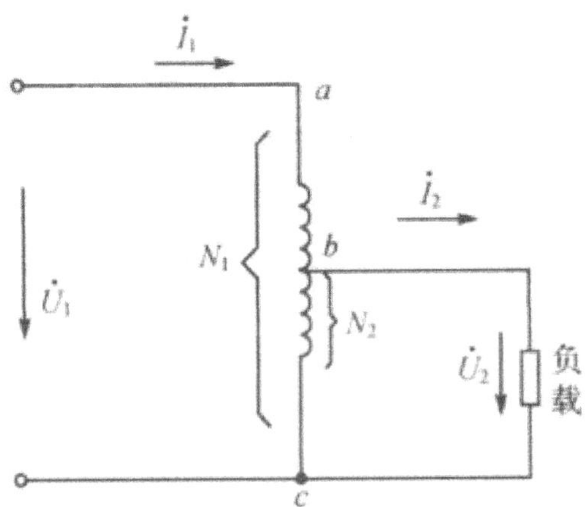

图4-6　自耦变压器

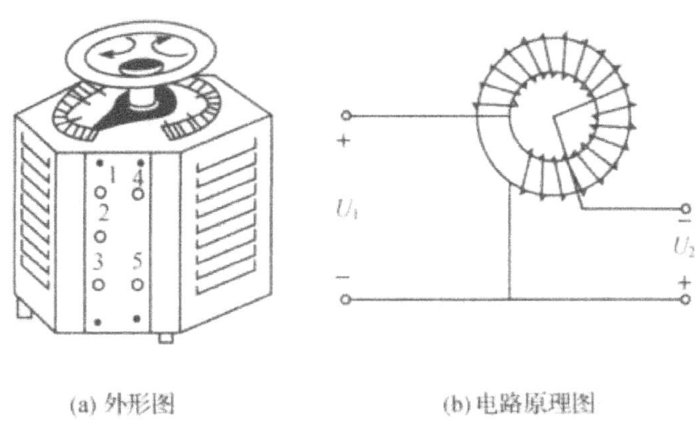

图 4-7　调压器的外形和电路

（三）互感器

互感器是配合测量仪表专用的小型变压器，使用互感器可以扩大仪表的测量范围，因为要测量交流电路的大电流或高电压时，电流表或电压表的量程是不够的。此外，为保证人身与设备的安全，通常使测量仪表与高压电路隔开。根据用途不同，互感器分为电压互感器和电流互感器两种。

电流互感器的外形及接线图如图 4-8 所示。一次绕组的匝数很少，一般只有一匝或几匝，用粗导线绕成，它串联在被测电路中。二次绕组的匝数较多，用细导线绕成，它与电流表或其他仪表及继电器的电流线圈相连接，其工作原理与双绕组变压器相同。

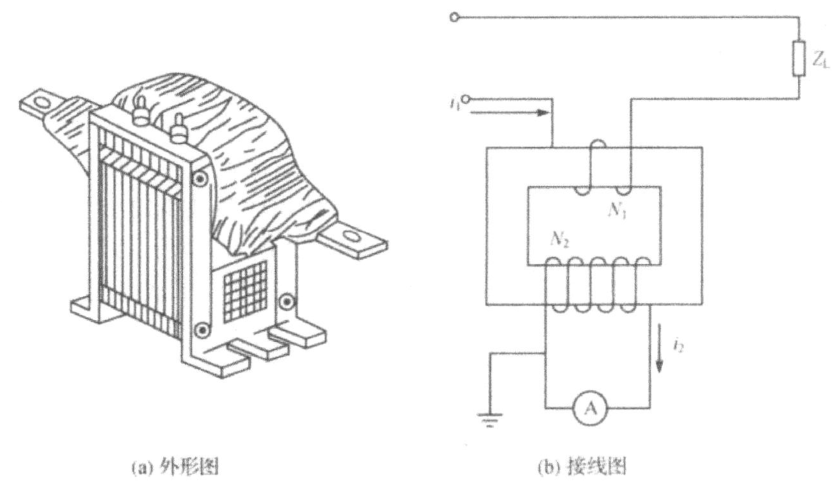

图 4-8　电流互感器的外形及接线图

根据变压器原理，可认为

$$\frac{I_1}{I_2}=\frac{N_2}{N_1}=K_{\rm i}$$

或

$$I_1=\frac{N_2}{N_1}I_2=K_1I_2 \tag{4-11}$$

式中，K_1 为电流互感器的变换系数。

由式（4-11）可知，利用电流互感器可将大电流变换为小电流。电流表的读数 I_2 乘以变换系数 K_1 即为被测的大电流 I_1。通常在使用时，为和仪表配套，电流互感器不管原边电流多大，通常副边电流的额定值为 1 A 或 5 A 。

电流互感器正常工作时，不允许二次绕组开路，否则会烧毁设备，危及操作人员安全。这是因为它的一次绕组是与负载串联的，其中电流的大小 I_1 是决定于负载的大小，不是决定于二次绕组电流 I_2。所以，当二次绕组电路断开时，二次绕组的电流和磁通势立即消失，但是一次绕组的电流 I_1 未变。这时铁芯内的磁通全由一次绕组的磁通势 N_1I_1 产生，结果造成铁芯内有很大的磁通（因为这时二次绕组的磁通势为零，不能对原绕组的磁通势起去磁作用了）。这一方面使铁损大大增加，从而使铁芯发热到不能允许的程度；另一方面又使二次绕组的感应电动势增高到危险的程度。此外，为安全起见，必须同时把铁壳和二次绕组的一端接地。

测流钳（钳形表）是电流互感器的一种变形，它是将电流互感器和电流表组装成一体的便携式仪表。它的铁芯是可以开合的，如同一钳，用弹簧压紧。测量时将钳压开而套进被测电流的导线，这时该导线就是一次绕组，二次绕组绕在铁芯上并与电流表接通，闭合铁芯后即可测出电流，使用非常方便，其量程一般为 5 ～ 100 A。利用测流钳可以随时随地测量线路中的电流，不必像普通电流互感器那样必须固定在一处或者在测量时要断开电路而将原绕组串接进去。测流钳的原理图如图 4-9 所示。

电压互感器是一种一次绕组匝数较多而二次绕组匝数较少的小型降压变压器，它的构造与普通双绕组变压器相同。其外形和接线如图 4-10 所示，一次侧与被测电压的负载并联，而二次侧与电压表相接。电压互感器一次与二次电压关系为

$$U_1=\frac{N_1}{N_2}U_2=K_iU_2 \tag{4-12}$$

由式（4-12）可知，它先将被测电网或电气设备的高压降为低压，然后用仪表测出二次绕组的低压 U_2，把其乘以变换系数 K_1，就可以间接测出一次侧高压值 U_1。实际使用时，为使与电压互感器配套使用的仪表标准化，不管一次侧高压多大，通常二次侧低压额定值均为 100 V，以便统一使用 100 V 标准的电压表。

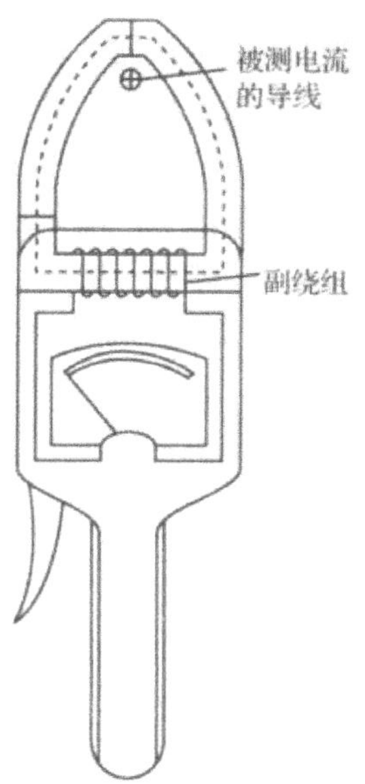

图 4-9　测流钳原理图

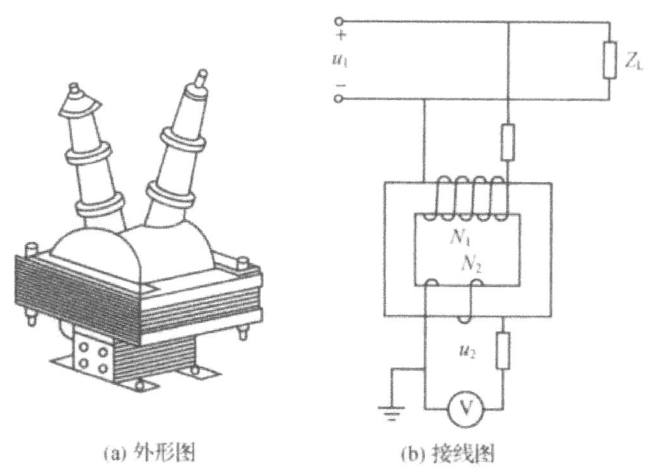

图 4-10　电压互感器的外形及接线图

为确保安全，使用电压互感器，正常运行时二次绕组不应短路，否则将会烧坏互感器。同时为了保证人员安全，高压电路与仪表之间应有良好的绝缘材料隔开，而且，必须把铁壳和二次侧的一端安全接地，以免绕组间绝缘击穿而引起触电。

（四）电焊变压器

电焊变压器的工作原理与普通变压器相同，但它们的性能却有很大差别。电焊变压器的一、二次绕组分别装在两个铁芯柱上，两个绕组漏抗都很大。电焊变压器与可变电抗器组成交流电焊机，如图 4-11（a）所示。电焊机具有如图 4-11（b）所示的陡降外特性，空载时，I_2 =0，I_1 很小，漏磁通很小，电抗无压降，有足够的电弧点火电压，其值约为 60 ～ 75 V；焊接开始时，交流电焊机的输出端被短路，但由于漏抗和交流电抗器的感抗作用，短路电流虽然较大但并不会剧烈增大。

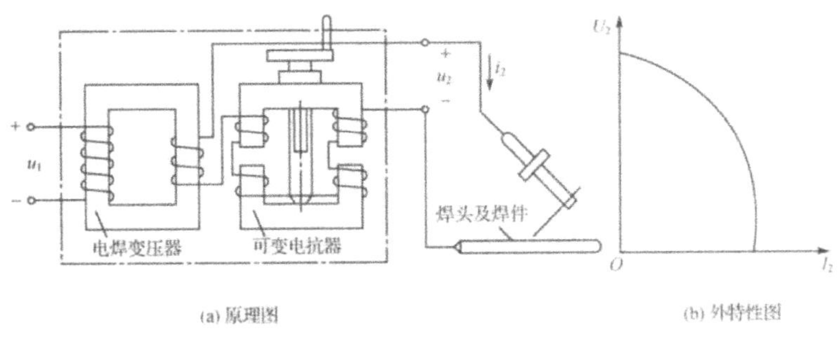

(a) 原理图　　(b) 外特性图

图 4-11　电焊变压器的工作原理

焊接时，焊条与焊件之间的电弧相当于一个电阻，电阻上的压降约为 30 V 左右。当焊件与焊条之间的距离发生变化时，相当于电阻的阻值发生了变化，但由于电路的电抗比电弧的阻值大很多，所以焊接时电流变化不明显，保证了电弧的稳定燃烧。

五、变压器主要技术参数

为了正确使用变压器，应了解和掌握变压器的一些技术参数。制造厂通常将常用技术参数标在变压器的铭牌上。下面介绍变压器一些主要技术参数的意义：

（一）额定电压

额定电压是根据变压器的绝缘强度和允许温升而规定的电压值，以 V 或 KV 为单位。额定电压 U_{1N} 是指变压器一次侧（输入端）应加的电压，U_{2N} 是指输入端加上额定电压时二次侧的空载电压。在三相变压器中额定电压都是指线电压。在供电系统中，变压器二次侧的空载电压要略高于负载的额定电压。

（二）额定电流

变压器额定电流是指在额定电压和额定环境温度下，使一、二次绕组长期允许通过的线电流，单位为 A 或 kA。变压器的额定电流有一次侧额定电流 I_{1N} 和二次侧额定电流 I_{2N}。在三相变压器中 I_{1N} 和 I_{2N} 都是指其线电流。

（三）额定容量

额定容量 S_N 为额定视在功率，表示变压器输出电功率的能力，单位为 V·A 或 kV·A。

第二节　三相异步电动机的构造

三相异步电动机由定子（固定部分）和转子（旋转部分）两个基本部分组成，定子与转子之间有一个很窄的气隙。

一、定子

三相异步电动机的定子主要由机座、定子铁芯和定子绕组等构成。机座用铸钢或铸铁制成，只作为支撑电动机各部件之用，并不是磁路和电路的一部分；定子铁芯作为电动机磁通的通路，一般用厚 0.35 ～ 0.5 mm 且涂有绝缘漆的硅钢片叠成，并固定在机座中，以减少磁滞涡流、铁芯损耗。在定子铁芯的内圆周上有均匀分布的槽用来放置三相定子绕组，一般大、中型电动机定子铁芯沿轴线长度上每隔一定距离有一条通风沟，以利于散热；定子绕组作为电动机的电路部分，由嵌置在定子铁芯槽中彼此独立的绝缘导线绕制而成。三相异步电动机具有三相对称的定子绕组，称为三相绕组，在定子绕组上通以三相交流电就能产生合成旋转磁场。

三相定子绕组引出 U_1U_2, V_1V_2, W_1W_2（或 AX，BY，CZ）六个出线端，其中 $U_1(A), V_1(B), W_1(C)$ 为开始端，$U_2(X), V_2(Y), W_2(Z)$ 为末端，如图 4-12（a）所示。使用时可以连接成星形或三角形两种方式。高压大、中型异步电动机定子绕组常用 Y 形连接，只有三条引线。而低压中、小容量电动机通常把定子三相绕组六个出线端都有引出来，根据供电电压情况接成 Y 形或△形，具体采用何种接法，可从机壳铭牌上清楚地了解到。如果电源的线电压等于电动机每相绕组的额定电压，那么三相定子线组应采用三角形连接方式，如图 4-12（b）所示。如果电源线电压等于电动机每相绕组额定电压的 $\sqrt{3}$ 倍，那么三相定子绕组应采用星形连接，如图 4-12（c）所示。

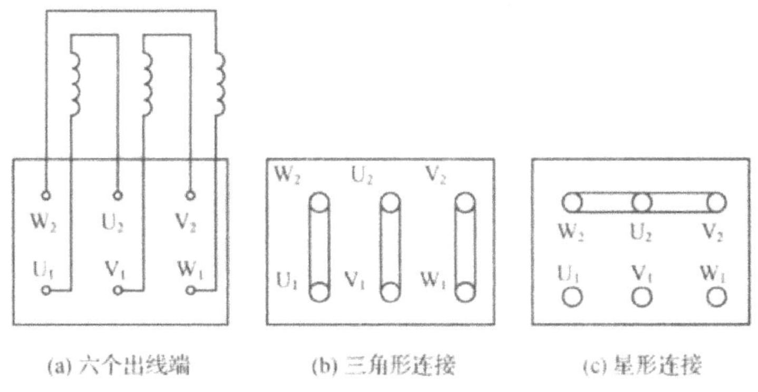

图 4-12　定子绕组的接线方式

二、转子

三相异步电动机转子包括转子铁芯、转子绕组、转轴等。转子铁芯装在转轴上，是电动机磁路的一部分，一般厚度用 0.35 ～ 0.5 mm 的优质绝缘的硅钢片叠压而成的圆柱体，圆柱体外圆均匀地冲槽，用来放置转子绕组；转子的转轴固定在铁芯中央，支撑在端盖与轴承座上，用于加机械负载；转子绕组根据构造的不同可分为两种，一种是鼠笼式绕组，另一种为绕线式绕组。它们只是在转子结构不同，但工作原理基本一样。

此外，定子与转子之间有间隙，这个间隙称为三相异步电动机的气隙。气隙的大小直接影响异步电动机的性能，气隙大则磁阻大，电动机的功率因数会降低；气隙小，可降低电动机的空载电流，提高功率因数。当然，气隙的大小还影响装配问题和运行的可靠性等问题。异步电动机气隙的数值一般很小，仅 0.2 ～ 0.5 mm。

鼠笼式三相电动机的转子绕组是由嵌放在转子铁芯槽内的裸铜或裸铝条组成的。在转子铁芯的两端槽的出口处各有一个导电铜环，并把所有的铜条或铝条连接起来，形成一个短路回路。因此，如果去掉转子铁芯，剩下的转子绕组很像一个鼠笼子（见图 4-13），所以称为鼠笼式转子。笼式异步电动机的“鼠笼”是它的构造特点，易于识别。目前，很多中小型（100 kW 以下）鼠笼式电动机的鼠笼式转子绕组普遍采用铸铝制成，并在端环上铸出多片风叶作为冷却用的风扇（见图 4-14），这样的转子由于是一次浇铸成形的，不仅制造简单而且坚固耐用。

绕线式三相异步电动机的转子结构比笼式要复杂得多，但绕线转子异步电动机能获得较好的启动与调速性能，在需要大启动转矩时，如起重机械往往采用绕线转子异步电动机。绕线式异步电动机的转子绕组同定子绕组一样也是三相的，它连接成星形。每相绕组的始端连接在三个铜制的滑环上，滑环固定在转轴上和转子一起旋转。环与环，环与转轴之间都是互相绝缘的，在环上用弹簧压着碳质电刷。通过电刷将转子绕组与外部电路相连，在启动和调速时可在转子电路中串入附加电阻，以改善启动性能或调节电动机的转速。人们通常是根据绕线式异步电动机具有三个滑环的构造特点来辨认它的。

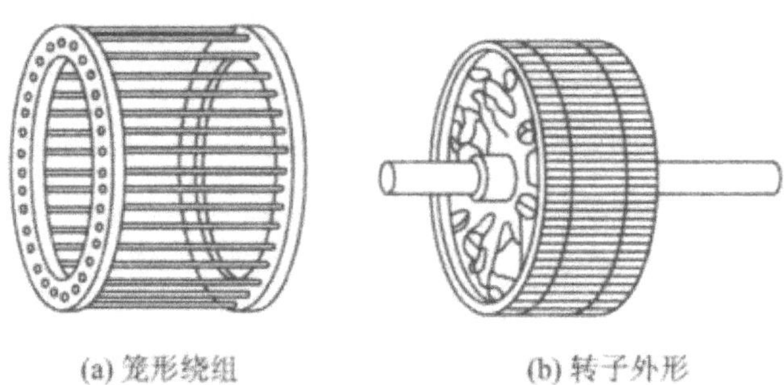

(a) 笼形绕组　　(b) 转子外形

图 4-13　笼式转子

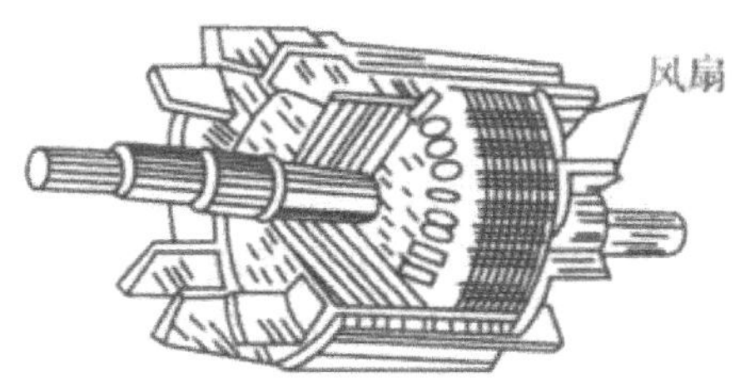

图 4-14　铸铝的笼式转子

鼠笼式三相异步电动机由于构造简单、价格低廉、工作可靠、使用方便而成为应用最广的一种电动机，但是，其不能人为改变电动机的机械特性。绕线式三相异步电动机结构复杂、价格较贵、维护工作量大，但是，其转子外加电阻可人为改变电动机的机械特性。

第三节　三相异步电动机的转动原理

三相异步电动机接上电源就会转动，这是什么原理呢？为了说明这个转动原理，我们先来回忆高中时做过的演示实验。

如图 4-15 所示，装有手柄的蹄形磁铁极间放有一个可以自由转动的鼠笼转子。磁极和转子之间没有机械联系。当用力摇动磁极时，发现转子跟着磁极一起转动，手摇得快，转子也转得快。摇得慢，转子转动的也慢，如果用手反向摇动磁极，转子马上就反转。

从这个演示实验中可以得出两点启示：①转子若要转动起来，需有一个旋转磁场；②转子转动的方向和磁场旋转的方向相同。三相异步电动机转子转动的原理是与上述演示相似的，因此，在三相异步电动机中，只要有一个旋转磁场和一个可以自由转动的转子就可以了。那么，在三相异步电动机中，磁场从何而来，又怎么还会旋转呢？下面就先来讨论这个问题。

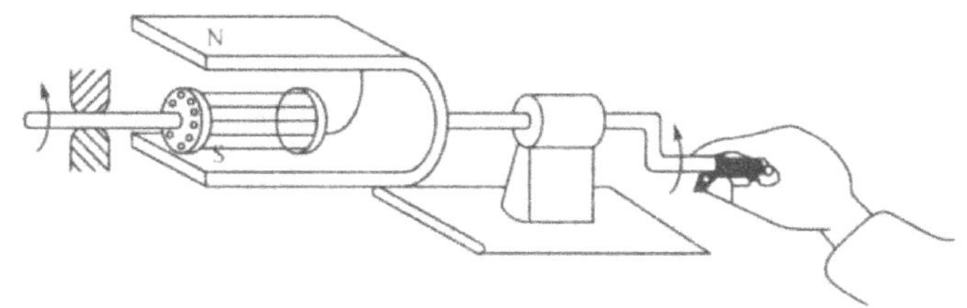

图 4-15　异步电动机模型

一、旋转磁场

（一）旋转磁场的产生

三相异步电动机的定子绕组嵌放在定子铁芯槽内。按一定规律连接成三相对称结构。三相绕组 U_1U_2, V_1V_2, W_1W_2，在空间上互成 120°，它可连接成星形，也可连接成三角形。当三相绕组连接成星形，接在三相电源上，见图 4-16（a），绕组中便通入三相对称电流

$$i_A = I_m \sin \omega t,\quad i_B = I_m \sin\left(\omega t - 120^\circ\right),\quad i_C = I_m \sin\left(\omega t + 120^\circ\right)$$

其波形如图 4-16（b）所示。取绕组始端到末端的方向作为电流的参考方向，在电流的正半周时，其值为正，其实际方向与参考方向一致；在负半周时，其值为负，其实际方向与参考方向相反，如图 4-16（c）所示。

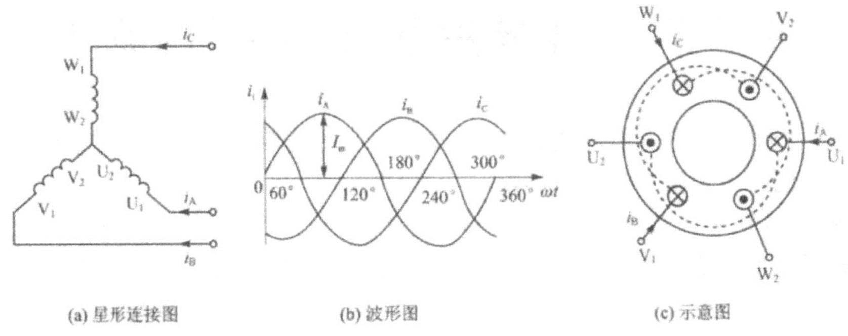

图 4-16　三相对称电流

当 ωt=0° 时，定子绕组中的电流方向如图 4-17（a）所示。这时 i_A 为零，i_B 为是负的，i_c 是正的。此时 U 相绕组电流为零；V 相绕组电流为负值，i_B 的实际方向与参考方向相反，即电流自 V_2 流向 V_1；W 相绕组电流为正值，i_C 的实际方向与参考方向相同，即电流自 W_1 流向 W_2。按右手螺旋定则可得到各个导体中电流所产生的磁场，将每相电流所产生的磁场相加，便得出三相电流的合成磁场。在 4-17（a）中，合成磁场是一个两极磁场，且磁场轴线的方向是自右向左。

当 ωt=60° 时，定子绕组中的电流方向如图 4-17（b）所示。这时 i_A 是正的，i_B 是负的，i_C 为零。此时的合成磁场如图 4-17（b）所示，合成磁场也是一个两极磁场，且磁场轴线方向是自右下方向左上方的，从图中可以看出，这个两极磁场的空间位置和 ωt=0° 时相比，已按顺时针方向转了 60°。

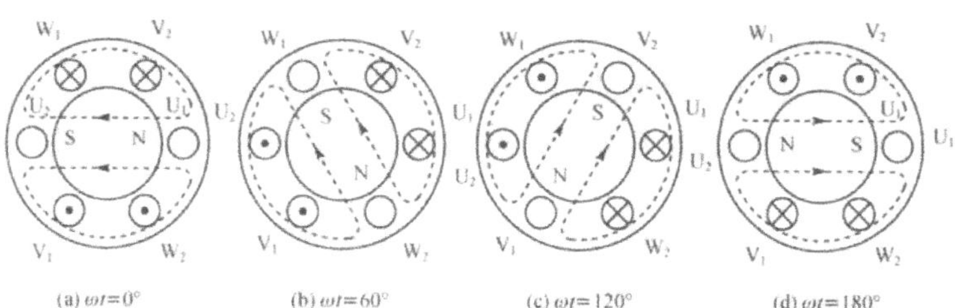

图 4-17　三相对称电流产生的旋转磁场

同理可得在 $\omega t=120^{\circ}$ 和 $\omega t=180^{\circ}$ 时三相电流的合成磁场，如图 4-17（c）和 4-17（d）所示，由图可以明显看出，它们与 $\omega t=0^{\circ}$ 时的合成磁场相比，又分别在空间上转过了 120° 和 180° 。按上面的分析，可以证明：当三相电流不断地随时间变化时，所建立的合成磁场也不断地在空间旋转。

由此可以得出结论：三相正弦交流电流通过电机的三相对称绕组，在电机中所建立的合成磁场是随电流的交变而在空间不断地旋转的，即该磁场是旋转磁场。这个旋转磁场和磁极在空间旋转所产生的作用是一样的。

（二）旋转磁场的转向

旋转磁场的旋转方向与绕组中电流 i_A,i_B,i_C 的顺序有关，也称相序，相序 U,V,W 顺时针排列，绕组中电流到达正最大值的顺序也为 $U\rightarrow V\rightarrow W$，合成旋转磁场的轴线也与这一顺序一致，即磁场顺时针方向旋转。由此可得出：旋转磁场的转向与各相绕组通入电流的相序相关，它总是从电流领先的一相绕组向电流滞后的一相绕组的方向转动。

若在电源三相端子相序不变的情况下，将与电源连接的三根导线中任意两根的首端对调位置，这样定子绕组通入电流的相序就得到改变。例如将 B 相电流通入 W 相绕组中，C 相电流通入 V 相绕组中，则电流按 $U\rightarrow W\rightarrow V$ 顺序出现最大值，相序变为：$U\rightarrow W\rightarrow V$。采用与前面相同的分析方法，可推出磁场必然逆时针方向旋转，如图 4-18 所示。利用这一特性可很方便地改变三相异步电动机的旋转方向。

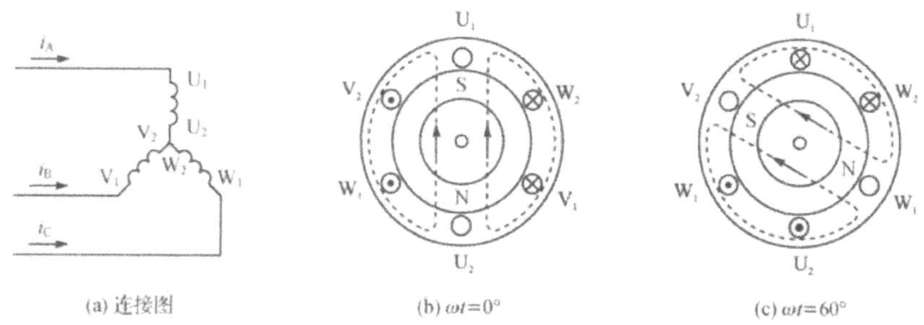

图 4-18　旋转磁场的反转

（三）旋转磁场的极数

旋转磁场的磁极对数与定子绕组的结构安排有关，磁极对数用 p 来表示。通过适当的安排，可产生多磁极对数的旋转磁场。旋转磁场的磁极对数决定了旋转磁场的极数，三相异步电动机的极数就是旋转磁场的极数，它同样也是由三相绕组的结构安排所决定的。

由于旋转磁场的转子转速与交流电的变化速度（频率）有关，当每相绕组只有一个线圈时，绕组的始端之间相差 120° 空间角，则产生的旋转磁场具有一对磁极，即 $p=1$。当交流电流变化一周（即电流变化 360°），旋转磁场也转过一圈。如将定子绕组安排得如图 4-19（a），（b）那样，即每相绕组是由两个线圈串联而成，绕组的始端之间相差 60° 空间角，则产生的旋转磁场具有两对极，即 $p=2$，如图 4-19（c）所示。

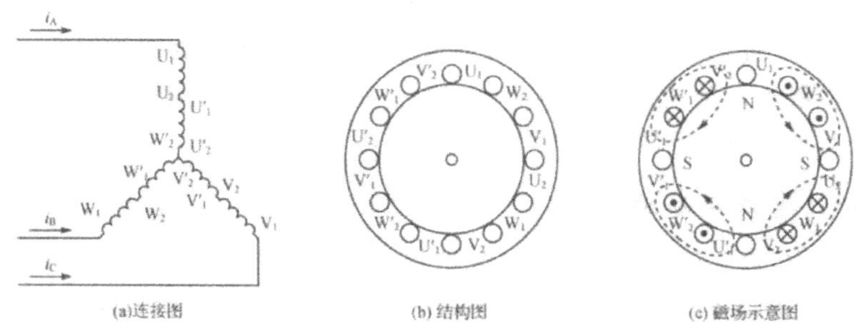

图 4-19　产生四极旋转磁场的定子绕组（$p=2$）

二、电动机的转动原理和转差率

（一）转动原理

三相异步电动机工作原理如图 4-20 所示。当三相定子绕组接至三相电源后，三相绕组内将流过三相电流并在电机内建立旋转磁场，当 $p=1$ 时，图中用一对旋转的磁铁来模拟该两极旋转磁场，它以恒定同步转速（旋转磁场的转速）逆时针方向旋转。在该旋转磁场的作用下，转子导体（铜或铝）顺时针方向切割磁通而产生感应电动势。感应电动势的方向可由右手定则确定，根据右手定则可知，在 N 极下的转子导体的感应电动势的方向是垂直于纸面向里的，而在 S 极下的转子导体的感应电动势方向是垂直于纸面向外的。在这里应用右手定则时，是假设磁极不动，而转子导体向顺时针方向旋转切割磁力线，这与实际上磁极逆时针方向旋转时磁力线切割转子导体是相当的。

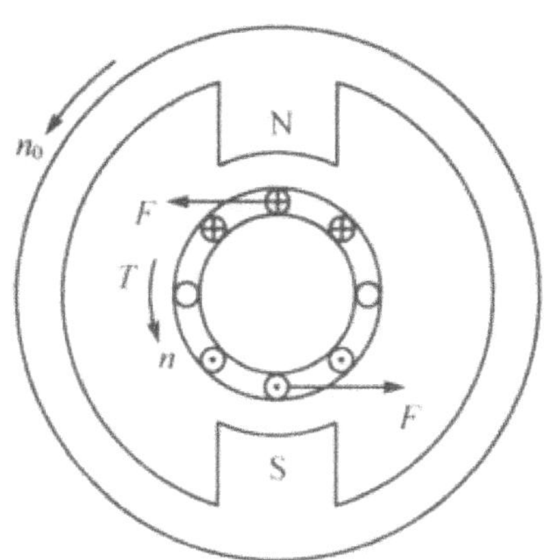

图 4-20 异步电动机工作原理示意图

由于转子绕组是短接的，所以在感应电动势的作用下，将在转子绕组中产生感应电流，即转子电流。由于异步电动机的转子电流是由电磁感应而产生的，因此这种电动机又称为感应电动机。这个电流又与旋转磁场相互作用，而使转子导条受到电磁力 F，电磁力的方向可应用左手定则来确定。根据左手定则可知，在 N 极下的转子导体的受力方向是向左的，而在 S 极下的转子导体的受力方向是向右的。各个载流导体在旋转磁场作用下受到的电磁力对于转子转轴所形成的转矩称为电磁转矩 T，在 T 的作用下，电动机的转子就转动起来。转子导体所受电磁力形成的电磁转矩与旋转磁场的转向一致，故转子旋转的方向与旋转磁场的方向相同，这就是中转子跟着磁场转动的原因。任意调换电源的两根进线，使旋转磁场反转时，电动机也跟着反转。

（二）转差率

一般情况下，电动机转速 n 接近而略小于旋转磁场的同步转速 n_0。由前面分析可知，电动机转子转动方向与磁场旋转的方向一致，如果转子转速达到 n_0，那么转子与旋转磁场之间就没有相对运动，转子导体将不切割磁通，于是转子导体中不会产生感应电动势和转子电流，也不可能产生电磁转矩，所以电动机转子不可能维持在转速 n_0 状态下运行，即转子的转速 n 与旋转磁场的同步转速 n_0 之间必须要有差别，因此这种电动机称为异步电动机。

异步电动机的转子转速 n 与旋转磁场的同步转速 n_0 之差是保证异步电动机工作的必要因素，这两个转速之差称为转差。通常把转差与同步转速之比再乘以 100% 称为转差率，用 s 表示。即

$$s=\frac{n_0-n}{n_0}\times 100\% \tag{4-13}$$

式（4-13）也可写为

$$n=(1-s)n_0 \tag{4-14}$$

转差率是异步电动机的一个重要的物理量。转子转速越接近磁场转速，则转差率越小。由于异步电动机的转速$n<n_0$且$n_0>0$，故转差率在0～1的范围内，即$0\leqslant s\leqslant 1$。对于常用的三相异步电动机，在额定负载时的额定转速n很接近同步转速n_0，所以它的额定转差率S很小，约为1%～7%。当n=0时（启动初始瞬间），S=1，这时转差率最大。

第四节　三相异步电动机的电路分析

三相交流异步电动机每一相的等效电路类似于单相变压器，和单相变压器相比，三相异步电动机定子绕组相当于变压器的一次绕组，短接的转子绕组相当于变压器的二次绕组（变压器的二次绕组一般不允许短接），其电磁关系也同变压器类似，两者电路的电压方程也是相当的，当定子绕组接三相电源电压u_1时，则有三相电流i_1通过。定子三相电流产生旋转磁场，其磁通通过定子和转子铁芯而闭合。旋转磁场在定子绕组和转子绕组分别感应产生电动势e_1和e_2。此外，漏磁通产生的漏磁电动势分别为$e_{\sigma1}$和$e_{\sigma2}$。分析方便，设定子和转子每相绕组的匝数分别为N_1和N_2。

一、定子电路

（一）旋转磁场的磁通

定子每相电路的电压方程和变压器原绕组电路一样，若忽略定子每相绕组的电阻和漏磁感抗，和变压器一样，也可得出

$$U_1\approx E_1$$

$$E_1=4.44f_1N_1\Phi\approx U_1 \tag{4-15}$$

式中，Φ是通过每相绕组的磁通最大值，在数值上它等于旋转磁场的每级磁通；f_1是e_1的频率。由式（4-15）可推出

$$\Phi\approx\frac{U_1}{4.44f_1N_1} \tag{4-16}$$

由式（4-16）可以看出旋转磁场的磁通 Φ 与电源电压 U_1 成正比。

（二）定子感应电动势的频率 f_1

定子感应电动势的频率 f_1 与磁场和导体间的相对速度有关，因为旋转磁场与定子导体间的相对速度为 n_0，所以

$$f_1 = \frac{pn_0}{60} \tag{4-17}$$

即等于电源或定子电流的频率。

二、转子电路

（一）转子频率 f_2

因定子导体与旋转磁场间的相对速度固定，而转子导体与旋转磁场间的相对速度随转子的转速不同而变化，所以旋转磁场切割定子导体和转子导体的速度不同，故定子感应电势频率 f_1 就和转子感应电势频率 f_2 不同，这一点和变压器有显著的不同。转子频率取决于转子和旋转磁场的相对速度，因为旋转磁场和转子间的相对转速为（$n_0 - n$），所以转子频率

$$f_2 = \frac{p\left(n_0 - n\right)}{60} = \frac{n_0 - n}{n_0} \times \frac{pn_0}{60} = sf_1 \tag{4-18}$$

由式（4-18）可见，转子频率 f_2 与转差率 s 成正比，转差率 s 大，转子频率 f_2 随之增加，也就是转子频率 f_2 与转子转速 n 有关。

当三相异步电动机初始启动时（$n = 0, s = 1$），转差率 s 最大，转子与旋转磁场间的相对转速最大，转子导体被旋转磁通切割得也最快，所以 f_2 最高，即 $f_2 = f_1$。三相异步电动机在额定负载时，$s = 1\% \sim 7\%$，则 $f_2 = 0.5 \sim 3.5\text{Hz}\left(f_1 = 50\text{Hz}\right)$。

（二）转子电动势 E_2

和定子绕组电动势 e_1 的有效值的计算公式相类似，转子在转动时的电动势 e_2 的有效值为

$$E_2 = 4.44 f_2 N_2 \Phi = 4.44 s f_1 N_2 \Phi \tag{4-19}$$

在 $n = 0, s = 1$ 时，f_2 最高，且转子电动势 E_2 最大，转子在静止时电动势为

$$E_{20} = 4.44 f_1 N_2 \Phi \tag{4-20}$$

由式（4-19）和式（4-20）可得

$$E_2 = sE_{20} \tag{4-21}$$

由式（4-21）可见转子电动势 E_2 与转差率 s 成正比，转差率 s 越大，转子电动势 E_2 越大。

（三）转子感抗 $\mathbf{X}_2$

由感抗的定义可知，转子感抗 $\mathbf{X}_2$ 与转子频率 f_2 有关，即

$$X_2=2\pi f_2 L_{\sigma 2}=2\pi s f_1 \mathrm{L}_{\sigma 2} \tag{4-22}$$

在 $n=0, s=1$ 时，转子感抗为

$$X_{20}=2\pi f_1 \mathrm{L}_{\sigma 2} \tag{4-23}$$

由式（4-22）和（4-23）可得出

$$X_2 = sX_{20} \tag{4-24}$$

可见转子感抗 X_2 与转差率 s 有关。转差率 s 越大，转子感抗 X_2 越大，且 $n=0, s=1$ 时，转子感抗取最大值。

第五节　三相异步电动机的机械特性

三相异步电动机主要用于驱动各类机械设备，因此三相异步电动机在正常运行时，主要分析考虑其电磁转矩 T 和它的机械运行特性。

一、异步电动机的电磁转矩

三相异步电动机的电磁转矩 T 是由旋转磁场的每极磁通 Φ 与转子电流 I_2 相互作用而产生的，它是转子中各载流导体在旋转磁场的作用下，受到的电磁力对转轴所形成的转距之总和，是反映电动机做功能量的一个量。可以证明三相异步电动机的电磁转矩为

$$T = K_{\mathrm{T}} \Phi I_2 \cos\varphi_2 \tag{4-25}$$

式中：K_T 是与电动机结构有关的常数，Φ 是旋转磁场的每极磁通，I_2 是转子

电流，$\cos\varphi_2$ 是转子电路的功率因数，电磁转矩 T 的单位为牛［顿］米（N·m）。

可得

$$T = K_{\mathrm{T}} \times \frac{U_1}{4.44 f_1 N_1} \times \frac{s(4.44 f_1 N_2 \Phi)}{\sqrt{R_2^2 + (sX_{20})^2}} \times \frac{R_2}{\sqrt{R_2^2 + (sX_{20})^2}}$$

经过化简可得电磁转矩的另一公式

$$T = K \frac{sR_2}{R_2^2 + (sX_{20})^2} \times U_1^2 \tag{4-26}$$

式（4-26）中，$K = K_T N_2 / 4.44 f_1 N_1^2$ 是把电动机所有常数确定后的比例常数，这就是三相异步电动机的转矩公式。

由式（4-26）可知：转矩 T 与定子每相绕组电压 U_1 的平方成正比，所以当电源电压有所变动时，对电磁转矩的影响很大，即当电源电压 U_1 下降很少时，电磁转矩会下降很多，这也是当电源电压低于额定电压时，电动机不能长期正常工作的原因。

二、机械特性曲线

在一定的电源电压 U_1 和转子电阻 R_2 之下，电动机产生的电磁转矩 T 与转差率 S 之间的关系曲线 $T = f(s)$ 或转子转速 n 与电磁转矩 T 之间的关系曲线 $n = f(T)$，称为电动机的机械特性曲线。由式(4-26)可以绘出如图 4-21(a)所示的 $T = f(s)$ 曲线，将 $T = f(s)$ 曲线的 s 轴变成 n 轴，再把 T 轴平行移到 $n = 0$，即 s =1 处，并将其换轴后的坐标轴顺时针方向旋转 90°，就得到如图 4-21（b）所示 $n = f(T)$ 曲线。

研究机械特性的目的是为了分析电动机的运行性能。在机械特性曲线上，应关注机械特性曲线上的三个特殊转矩及运行特性，如图 4-21 所示。

（一）额定转矩

三相异步电动机在额定电压 U_1 和额定负载下，以额定转速 n_{N} 运行，输出额定功率 P_{N} 时，电动机转轴上输出的电磁转矩称为额定转矩 T_{N}。如图 4-21（b）所示曲线中的 C 点是额定转矩 T_{N} 和额定转速 n_{N} 所对应的点，称为额定工作点。异步电动机若运行在该点或附近，其效率及功率因数均较高。下面推导 T_{N} 的计算公式。

在电动机匀速转动时，其转矩 T 与阻转矩 T_{c} 相等，而阻转矩 T_{c} 主要是由机械负载转矩 T_2 和空载损耗转矩（主要是机械损耗转矩）T_0 构成，由于 T_0 很小，常可忽略，所以

$$T \approx T_2 = \frac{P_2}{\omega} = \frac{P_2}{2\pi n / 60} \tag{4-27}$$

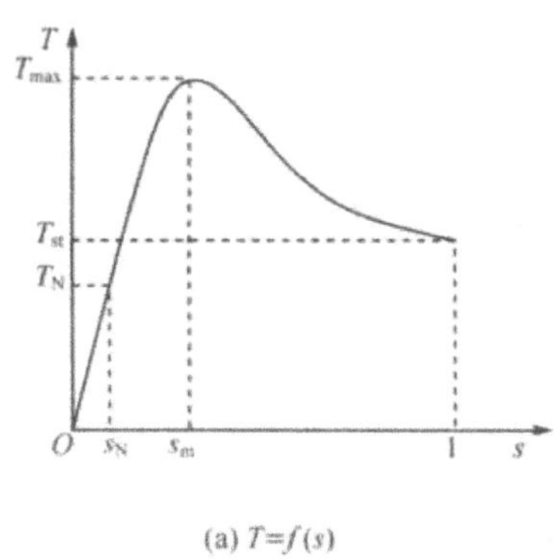

(a) $T=f(s)$

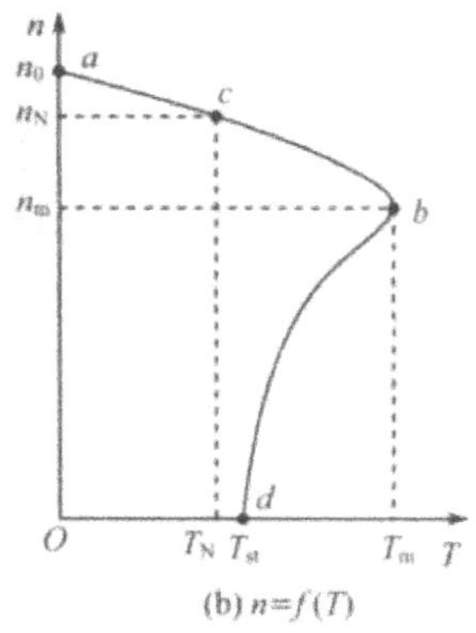

(b) $n=f(T)$

图 4-21　三相异步电动机的机械特性曲线

式（4-27）中，P_2 是电动机轴上输出的机械功率，单位是瓦（W）；角速度 ω 的单位是 rad/s；转矩的单位是牛·米（N·m）；转速的单位是转每分（r/min）。如果功率用千瓦为单位，则得

$$T = 9550\frac{P_2}{n} \tag{4-28}$$

若电机处于额定状态，则可从电机的铭牌上查到额定功率和额定转速的大小，由式（4-28）可得额定转矩的计算公式

$$T_N = 9550\frac{P_N}{n_N} \tag{4-29}$$

式（4-29）中，P_N 是电动机额定输出功率（kW）；n_N 是电动机额定转速（r/min）；T_N 是电动机额定转矩（N·m）。

（二）最大转矩

从三相异步电动机机械特性曲线上看，其转矩有一个最大值，称为最大转矩 T_{max} 或临界转矩。该值的大小可以通过式（4-29）求出。设对应于最大转矩的转差率为临界转差率 S_m，根据方程极值的定义，对式（4-29）进行求导并令其等于零可得

$$\frac{\mathrm{d}T}{\mathrm{d}s} = \frac{\mathrm{d}}{\mathrm{d}s}\left(K\frac{sR_2}{R_2^2+\left(sX_{20}\right)^2}\times U_1^2\right) = K\frac{\left[R_2^2+\left(sX_{20}\right)^2\right]-s\left(2sX_{20}^2\right)}{\left[R_2^2+\left(sX_{20}\right)^2\right]^2}R_2U_1^2 = 0 \tag{4-30}$$

解式（4-30）可得

$$s = s_m = \pm \frac{R_2}{X_{20}} \tag{4-31}$$

因 s_m 为负值无意义，故取

$$s_m = \frac{R_2}{X_{20}} \tag{4-32}$$

再将式（4-32）代入式（4-26），可得

$$T_{max} = K\frac{U_1^2}{2X_{20}} \tag{4-33}$$

由式（4-32）、（4-33）可以看出，T_{max} 与 U_1^2 成正比，所以最大转矩 T_{max} 对电压的波动很敏感，使用时要注意电压的变化；T_{max} 与转子电阻 R_2 无关，即当 U_1 一定时，T_{max} 为定值；s_m 与 R_2 有关，R_2 愈大，S_m 也愈大，转子转速 n 愈小，这是绕线式电机改变转子附加电阻 R_2' 可实现调速的原理。

当负载转矩超过最大转矩时，电动机就带不动负载了，发生所谓堵转（闷车）现象。堵转后，转子转速 $n=0, s=1$，I_2 迅速上升，从而导致 I_2 也迅速上升，此时，电动机的电流马上比额定负载升高了 6～7 倍，电动机严重过热，以致烧坏。

一般情况下，允许电动机的负载转矩在较短的时间内超过其额定转矩，但不能超过最大转矩，因此最大转矩也表示电动机短时允许的过载能力。电动机的额定转矩 T_N 比 T_{max} 要小，两者之比称为过载系数 λ，即

$$\lambda = \frac{T_{max}}{T_N} \tag{4-34}$$

一般三相异步电动机的过载系数为 1.8～2.3，特殊用途电动机的 λ 可达 3 或更大。在选用电动机时，必须考虑可能出现的最大负载转矩，而后根据所选电动机的过载系数算出电动机的最大转矩。

第六节 三相异步电动机的使用

要正确使用电动机，除了要了解电动机的运行特性外，还必须了解电动机的启动、制动和调速过程，和看懂电动机的铭牌数据，从而根据负载特性来正确选择合适的电动机。

一、异步电动机的启动

将一台三相异步电动机接上三相交流电，使之从静止状态开始旋转直至稳定运行，这个过程称之为启动。研究电动机启动就是研究接通电源后，怎样使电动机转速从零加速到稳定转速（额定转速）的稳定工作状态。在启动初始瞬间，$n=0,s=1$。我们从启动时的电流和转矩来分析电动机的启动性能。

（一）启动电流

在电动机启动瞬间，由于旋转磁场与转子之间相对速度很大，磁通切割转子导体的速度很快，转子电路中的感应电动势及电流都很大。和变压器的原理一样，转子电流的增大，将会引起定子电流的增大，因此在启动时，一般中小型笼式电动机的定子启动电流（指线电流）与额定电流之比值大约为 5 ～ 7 倍。这样大的启动电流会使供电线路在短时间内产生过大的电压降，这不仅可能使电动机本身启动时转矩减小，还会影响接在同一电网上其他负载的正常工作。比如在炎热的夏季，当大功率空调启动（大功率电动机）时，我们会看到照明灯突然变暗或荧光灯熄灭等。因此，一般要求电动机启动电流在电网上的电压降落不得超过 10%，偶尔启动时不得超过 15%。

电动机启动电流虽大，但启动时间一般很短，小型电动机只有 1 ～ 3 s，并且电动机一经启动后，转速很快升高，电流便很快减小了，因此只要不是频繁启动。从发热角度来考虑，启动电流对电动机本身影响不大。但当启动频繁时，由于热量的积累。可以使电动机过热。因此，在实际操作时应尽可能不让电动机频繁启动。例如，在切削加工时，一般只是用离合器将主轴与电机轴脱开，而不是将电动机停下来。

（二）启动转矩

在刚启动时，虽然转子启动电流很大，但转子电流频率最高（$f_1=f_2$），所以转子感抗也很大，转子的功率因数 $\cos\varphi_2$ 很低。启动转矩实际上是不大的，它与额定转矩之比值约为 1.0 ～ 2.3。如果启动转矩过小，电动机就不能在满载下启动，应设法提高；但启动转矩如果过大，会使电动机的传动机构受到过大的冲击而损坏，所以又应设法减小。一般机床的主电动机都是空载启动的，对启动转矩没有什么要求，但对起重用的电动机应采用启动转矩较大一点的。

由以上分析可知，启动电流大是异步电动机的主要缺点。因此必须采用适当的启动方法，以减少启动电流（有时也为了提高或减小启动转矩）；同时考虑到启动设备要简单、价格低廉、便于操作及维护。因此，三相异步鼠笼式电动机常用的启动方法有：直接启动、降压启动等。而一般绕线式电动机采用转子串电阻的方法启动。

（三）直接启动（全压启动）

利用断路器或接触器将电动机直接接到具有额定电压的电源上，这种启动方法称为直接启动或全压启动。直接启动的优点是启动设备和操作简单、方便、经济和启动过程快，缺点是启动电流大。为了利用直接启动的优点，现代设计的笼式异步电动机是按直接启动时的电磁力和发热来考虑它的机械强度和热稳定性的，因此，从电动机本身来说，笼式异步电动机都允许直接启动的，而且，当电源容量相对于电动机的功率足够大时，应尽量采用这种方法。直接启动方法的应用主要受电网容量的限制，一般情况下，如果用电单位有独立的变压器，则在电动机启动频繁时，电动机容量小于变压器容量的20%时允许直接启动；如果电动机不经常启动，它的容量小于变压器容量的30%时允许直接启动。如果没有独立的变压器（与照明共用），电动机直接启动时所产生的电压降不应超过5%。一般规定异步电动机的功率小于7.5 kW时且电动机容量小于本地电网容量20%可以直接启动，如果功率大于7.5 kW，而电网容量较大，能符合下式的电动机也可直接启动，即

$$\frac{I_{st}}{I_N} \leqslant \frac{3}{4} + \frac{S_N}{4P_N} \tag{4-35}$$

式中：I_{st}表示启动电流；I_N表示电动机额定电流；S_N表示电源变压器容量（kV•A）；P_N表示电动机功率（kW）。

（四）降压启动

如果电动机直接启动时所引起的线路电压降较大，则不允许直接启动，因此，对容量较大的鼠笼式电动机，常采用降压启动的方法，即启动时先降低加在定子绕组上的电压，以减小启动电流，当电动机转速接近额定转速时，再加上额定电压运行。但由于减少了启动电压，电动机的启动转矩会同时减少。所以降压启动只适合于轻载、空载启动或对启动转矩要求不高的场合。鼠笼式三相异步电动机降压启动方法主要有星形－三角形启动、自耦变压器降压启动等多种。

（五）绕线式电动机的启动

绕线式三相异步电动机的启动，可以在转子电路中接入大小适当的启动电阻R_{st}来达到减小启动电流的目的，如图4-22所示。当在转子电路中串入启动电阻R_{st}后，转子电流将减少，定子电流也随之减小；同时，由图4-22可见，启动转矩T_{st}也提高了。所以采用这种启动方法既减小了启动电流，又增大了启动转矩，因而，要求启动转矩较大或启动频繁的生产机械（如起重设备、卷扬机、锻压机等）常采用这种方法。启动后，随着转速的升高，逐渐减小启动电阻的阻值，直到将启动电阻全部切除，使转子绕组短接。

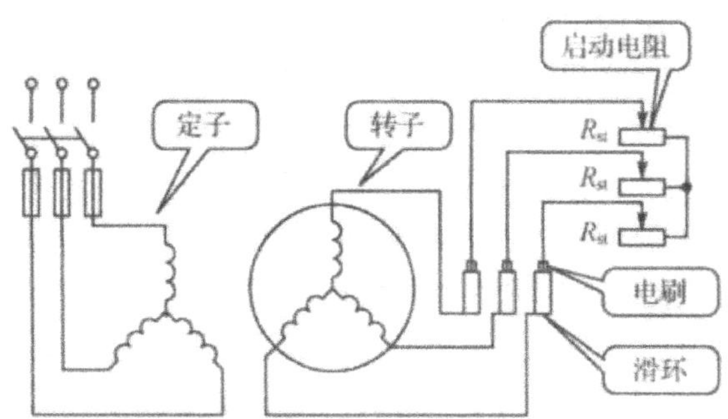

图 4-22　绕线型电动机启动接线图

二、异步电动机的制动

因为电动机的转动部分惯性较大，所以当电动机的电源被切断后，电动机转子的转速不可能立即下降，即电动机还会继续转动一定时间后停止。为了保证工作安全和提高生产效率，往往要求电动机能够迅速停车和反转，这就需要对电动机制动。因此，电动机的制动问题实际上是研究怎样使稳定运行的异步电动机在断电后，在最短的时间内克服电动机的转动部分及其拖动的生产机械的惯性而迅速停车，以达到静止状态或反转状态。对电动机制动，也就是要求它的转矩与转子的原转动方向相反。这时的转矩称为制动转矩。

三相异步电动机的制动方式有机械制动和电气制动两大类。其中机械制动通常采用电磁铁制成的电磁抱闸来实现制动；电气制动是利用在电动机转子导体内产生的反向电磁转矩来制动。常用的电气制动方法主要有：电磁抱闸制动能耗制动、反接制动和发电反馈制动等。

（一）电磁抱闸制动

电磁抱闸的工作原理是：当电动机启动时，电磁抱闸的线圈同时通电，电磁铁吸合，闸瓦离开电动机的制动轮（制动轮与电动机同轴连接），电动机正常运行；当电动机停电时，电磁抱闸线圈失电，电磁铁释放，在弹簧作用下，闸瓦把电动机的制动轮紧紧抱住，从而实现电动机的制动。由于电磁抱闸的制动转矩很大，它足以使电动机迅速停下，所以起重设备常采用这种制动方法，它不但提高了生产效率，还可以防止在工作中因突然停电使重物下滑而造成的事故。

（二）能耗制动

能耗制动的电路及原理如图 4-23 所示。在断开电动机三相电源的同时把开关 QA 投至“制动”，给电动机任意两相定子绕组通入直流电流，定子绕组中流过的直流电流在电动机内部产生一个不旋转的恒定直流磁场；同时，断电后，电动机转子由于惯性作用继续按原方向转动，从而切割直流磁场产生感应电动势和感应电流，其方向用右手定则确定，转子电流与直流磁场相互作用，使转子导体受力 F，F 的方向用左手定则确定。由图 4-23 可以看出，F 所产生的转矩方向与电动机原旋转方向相反，因而起制动作用，使转子迅速停止转动。制动转矩的大小与通入的直流电源的电流大小有关，该电流一般可通过调节电位器 R_P 来控制，使其为电动机额定电流的 0.5 ～ 1 倍。

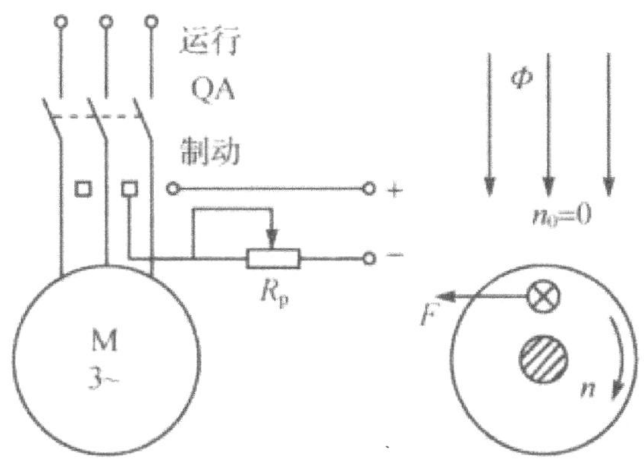

图 4-23　电动机能耗制动原理图

因为这种方法是用消耗转子的动能（转换为电能并最终变成热能消耗在转子回路的电阻上）来进行制动的，所以称为能耗制动。其特点是制动平稳、准确、能耗低，但需配备电流电源。目前一些金属切削机床中常采用这种制动方法。在一些重型机床中还将能耗制动与电磁抱闸配合使用，先进行能耗制动，待转速降至某一值时，令电磁抱闸动作，可以有效地实现准确快速停车。

（三）反接制动

电动机反接制动电路及原理如图 4-24 所示。当电动机需要停车时，通过 QA_2 将接到电源的三根导线中的任意两根对调，改变电动机的三相电源相序，从而导致电动机的定子旋转磁场反向，而转子由于惯性仍按原方向转动，这时的转矩方向与电动机的转动方向相反，使转子产生一个与原转向相反的制动力矩，迫使转子迅速停转。当转速接近零时，必须立即断开 QA_1，否则电动机将在反向磁场的作用下反转。

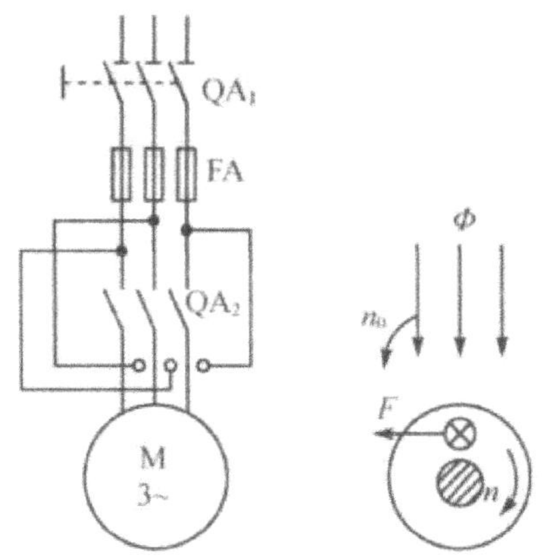

图 4-24　电动机反接制动原理图

由于在反接制动时，旋转磁场的同步转速 n_0 与转子的转速 n 之间的转速差（n_0-n）很大（转差率 $s>1$），即转子切割磁力线的速度很大因而造成转子电流增大，因此定子绕组电流也很大。为了限制电流及调整制动转矩的大小，确保运行安全，不致于因电流大导致电动机过热损坏，常在定子电路（鼠笼式）或转子电路（绕线式）中串入适当的限流电阻。

反接制动不需要另备直流电源，具有制动方法简单、制动力矩较大，停车迅速，制动效果好等特点。但能耗大、机械冲击大。在启停不频繁、功率较小的电力拖动中常用这种制动方式。

（四）发电反馈制动

电动机发电反馈制动的原理：当电动机转子的转速大于旋转磁场的转速时，转子绕组切割磁场的方向和原来相反，转子绕组中感应电动势和感应电流的方向，以及所产生的电磁转矩的方向都和原来相反，旋转磁场产生的电磁转距由驱动转距变为制动转距，电动机进入制动状态，同时将外力作用于转子的能量转换成电能回送给电网，即电动机处于发电机状态，所以称为发电反馈制动。由于旋转磁场所产生的转矩和转子旋转的方向相反，能够促使电动机的转速迅速地降下来，故也称为再生制动状态。

当多速电动机从高速调到低速的过程中，由于惯性电动机转子的转速会超过旋转磁场的同步转速，这时也自然会发生发电反馈制动。当起重机快速下放重物时，电动机已转入发电机运行，将重物的位能转换为电能而反馈到电网里去，自然也发生了发电反馈制动。

三、异步电动机的调速

电动机的调速是在同一负载下得到不同的转速，以满足生产过程的要求，如各种切削机床的主轴运动随着工件与刀具的材料、工件直径、加工工艺的要求及吃刀量的大小不同，要求电动机有不同的转速，以获得最高的生产效率和保证加工质量。因此，如何提高三相异步电动机的调速性能一直是人们追求的目标。三相异步电动机的调速常用的有机械调速和电气调速两种，机械调速是通过齿轮齿数的变比来实现的，这属于机械领域的问题，这里只讨论电气调速。

若电动机采用电气调速，则可以大大简化机械变速机构。由于三相异步电动机没有换向器，克服了直流电动机结构上的一些缺点，但同时调速性能也变差了。不过随着电力电子技术、微电子技术、计算机技术以及电机理论和自动控制理论的发展，影响三相异步电动机调速发展的问题逐渐得到了解决，目前三相异步电动机的调速性能已达到了直流调速的水平。

由电动机的转速公式

$$n=(1-s)n_0=(1-s)\frac{60f_1}{p} \tag{4-36}$$

可知，改变电动机转速的方法有三种，即改变极对数 p，改变转差率 S 和改变电源频率 f_1。变极调速是一种使用多速电动机的有级调速方法，变频调速和变转差率调速是一种无级调速；变转差率调速是绕线型电动机的调速方法，其他两种是笼型电动机的调速方法。具体分析如下。

（一）变极调速

变极调速就是通过改变旋转磁场的磁极对数来实现对三相异步电动机的调速。由式（4-36）可知，三相异步电动机的同步转速与电动机的磁极对数成反比，改变笼式三相异步电动机定子绕组的磁极对数，就可以改变电动机同步转速。根据异步电动机的结构和工作原理，它的磁极对数 p 由定子绕组的布置和连接方法决定，因此可以通过改变每相定子绕组的连接方法来改变磁极对数。由于旋转磁场的磁极对数 p 只能成倍改变，因此这种调速方法是有级调速。

变极调速电动机定子每相绕组由两个绕组组成，如果改变两个绕组的接法就可得到不同的磁极对数，如图 4-25 所示为三相异步电动机定子绕组两种不同的连接方法而得到不同磁极对数的原理示意图。为表达清楚，只画出了三相绕组中的某一相。图 4-25（a）中该相绕组的两个等效线圈正向串联，即两个线圈的首端和尾端接在一起，通电后根据电流方向可以判断出它们产生两对磁极的旋转磁场，即 $p=2$，三相合成后旋转磁场仍然是二对磁极。当这二组线圈并联连接时，则产生的定子旋转磁场为一对磁极，即 $p=1$。定子其他两相绕组也如此连接，则三相绕组的合成磁动势也是二极，电动机的同步转速升高一倍。

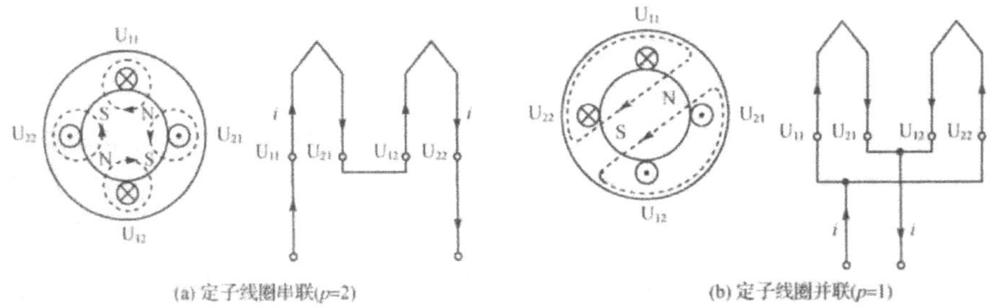

图 4-25 变极调速原理图

一般异步电动机制造出来后，其磁极对数是不能随意改变的。可以改变磁极对数的鼠笼式三相异步电动机是专门制造的，有双速或多速电动机的单独产品系列。由于这种调速方法简单，调速时其转速呈跳跃性变化，因而只用在对调速性能要求不高的场合。

（二）变转差率调速

改变转差率调速是在不改变同步转速 n_0 条件下的调速，这种调速常用于绕线式电动机，通过在转子电路中串入调速电阻（和串入电阻启动电阻相同）来实现调速的，改变电阻的大小，就可得到平滑调速。比如增大调速电阻时，转差率 s 上升，而转速 n 下降，虽然最大转矩 T_{max} 不变，但是启动转矩 T_{st} 减小了，这种调速方法的优点是设备简单、投资少。但能量损耗较大，这种调速方法常用于起重设备中。

另外，还用一种通过改变电源电压的方法来改变转差率，进而改变电动机转速的调速方法。由于电动机安全运行必须工作于额定电压以下，三相异步电动机变压调速只能是降压调速。而且普通三相异步电动机降压调速范围小，没有实用价值，因此，这种方法适用于高转差率三相异步电动机，主要用于对调速精度和调速范围要求不高的生产机械，如低速电梯、简单的起重机械设备、风机、泵类等生产机械。

（三）变频调速

变频器在驱动三相异步电动机变频调速时，常将这两种调速方式结合起来使用。工作频率范围一般在几赫兹到几百赫兹之间，在基频以下工作时，特别是工作在几赫兹频率下，电动机转速很小，本身自带冷却风扇基本不起冷却作用，电动机将过热，专用变频电动机配备有一个独立电源冷却风机，这是普通三相异步电动机与变频电动机的结构区别。

三相异步电动机变频调速具有很好的调速性能，高性能的三相异步电动机变频调速系统的调速性能可与直流调速系统相媲美，但变频调速需要一套性能优良的变频装置，目前，普遍采用由功率半导体器件晶闸管（可控硅）及其触发电路构成的静止变频器，由于国内逆变器中的开关元件（可关断晶闸管、大功率晶体管和功率场效应管等）的制造水平不断提高，笼型电动机的变频调速技术的应用也就日益广泛，现在变频调速已在冶金、化工、机械制造等产业得到广泛应用。至于变频调速的原理电路，可以参考相关教材。

四、异步电动机的选择

三相交流异步电动机的选用，主要从选用的电动机的种类、转速、额定功率、工作电压、型式以及正确地选择它的保护电器和控制电器考虑。在选择时应根据实用、经济、安全等原则，优先选用高效率和高功率因数的电动机。

（一）种类的选择

选择电动机的种类是从交流或直流、机械特性、调速与启动性能、维护及价格等方面来考虑的，具体选择哪一种电动机，主要应根据生产机械对电动机的机械特性（硬特性还是软特性）、调速性能和启动性能等方面的要求来选择。

因为通常生产场所用的都是三相交流电源，如果没有特殊要求，一般都应采用交流电动机。在交流电动机中，由于三相鼠笼式异步电动机结构简单，坚固耐用，工作可靠，价格低廉，维护方便，其主要缺点是调速困难，功率因数较低，启动性能较差。因此，在要求机械特性较硬而无特殊调速要求的一般生产机械的拖动应优先选用鼠笼式三相异步电动机，无法满足要求时才考虑选用其他电动机。例如在功率不大的水泵和通风机、运输机、传送带上以及机床的辅助运动机构大多采用鼠笼式异步电动机。另外，在一些小型机床上也采用它作为主轴电动机。

绕线型电动机的基本性能与笼式相同。其特点是启动性能较好，并可在不大的范围内平滑调速，但是它的价格较鼠笼式电动机贵，维护也较不方便。因此，只有在某些必须采用绕线式电动机而不能采用鼠笼式异步电动机的场合，如起重机、卷扬机、锻压机及重型机床的横梁移动等场合，才采用绕线式电动机。

（二）功率的选择

选用电动机的功率大小是根据生产机械的需要所确定的，因此，应根据生产机械所需要的功率和电动机的工作方式来选择电动机的额定功率，使其温度不超过而又接近或等于额定值。

如果电动机的功率选大了，虽然能保证正常运行，但是不经济。因为这不仅使设备投资增加和电动机未被充分利用，而且由于电动机经常不是在满载下运行，它的效率和功率因数也都不高。如果电动机的功率选小了，就不能保证电动机和生产机械的正常运行，不能充分发挥生产机械的效能，并使电动机由于过载而过早地损坏，所以电动机的功率选择是由生产机械所需的功率确定的。

对连续运行的电动机，应先算出生产机械的功率，所选电动机的额定功率等于或稍大于生产机械的功率即可；对短时运行电动机，如闸门电动机、机床中的夹紧电动机、尾座和横梁移动电动机以及刀架快速移动电动机等，如果没有合适的专为短时运行设计的电动机供选择，可选用连续运行的电动机。由于发热惯性，短时运行电动机的功率可以允许适当过载，工作时间愈短，则过载可以愈大，但电动机的过载是受到限制的。

（三）电压的选择

电动机电压等级的选择，要根据电动机类型、功率以及使用地点的电源电压来决定。Y 系列笼型电动机的额定电压只有 380 V 一个等级。只有大功率异步电动机才采用 3 000 V 和 6 000 V。

（四）转速的选择

根据生产机械的转速和传动方式来选择电动机的额定转速。通常转速不低于 500 r/min 因为当功率一定时，电动机的转速越低，则其尺寸越大，价格越贵，而且效率也较低，因此一般尽量采用高转速的电动机。异步电动机通常采用 4 个极的，即同步转速 n_0 =1 500 r/min。

（五）结构形式的选择

在不同的工作环境，应采用不同结构形式的电动机，以保证安全可靠地运行。如果电动机在潮湿或含有酸性气体的环境中工作，则绕组的绝缘很快受到侵蚀。如果在灰尘很多的环境中工作，则电动机很容易脏污，致使散热条件恶化。因此，有必要生产各种结构形式的电动机，以保证在不同的工作环境中能安全可靠地运行。按照这些要求，电动机常制成开启式、防护式、封闭式、密封式和防爆式等几种结构形式。

1. 开启式

在构造上无特殊防护装置，用于干燥无灰尘的场所，通风非常良好。

2. 防护式

代号为 IP23，电动机的机座或端盖下面有通风罩，以防止铁屑等杂物掉入，也有将外壳做成挡板状，以防止在一定角度内有水滴溅入其中，但潮气和灰尘仍可进入。

3. 封闭式

代号为 IP44，电动机的机座和端盖上均无通风孔，完全是封闭的，电动机靠自身风扇或外部风扇冷却，并在外壳带有散热片。外部的潮气和灰尘不易进入电动机，多用于灰尘多、潮湿、有腐蚀性气体、易引起火灾等恶劣环境中。

4. 密封式

代号为 IP68，电动机的密封程度高，外部的气体和液体都不能进入电动机内部，可以浸在液体中使用，如潜水泵电动机。

5. 防爆式

电动机不但有严密的封闭结构，外壳又有足够的机械强度。一旦少量爆炸性气体侵入电动机内部发生爆炸时，电动机的外壳能承受爆炸时的压力，火花不会窜到外面以致引起外界气体再爆炸。适用于有易燃、易爆气体的场所，如矿井、油库和煤气站等。

（六）安装形式的选择

按电动机的安装方式选择电动机的安装形式。各种生产机械因整体设计和传动方式的不同，而在安装结构上对电动机也会有不同的要求。国产电动机的几种主要安装结构形式如图4-26所示。图4-26(a)为机座带底脚，端盖无凸缘(B_3)；图4-26(b)为机座不带底脚，端盖有凸缘（B_5）；图4-26（c）为机座带底脚，端盖有凸缘（B_{35}）。

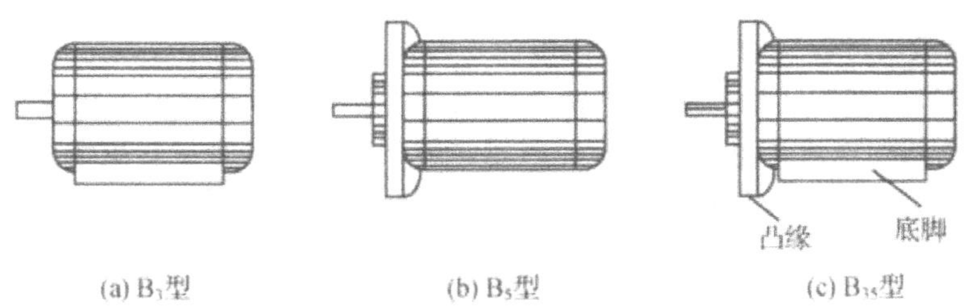

图4-26　电动机的三种主要安装结构形式

第七节　单相异步电动机

采用单相交流电源的异步电动机称为单相异步电动机。单相异步电动机的效率、功率因数和过载能力都较低，因此容量一般在1 kw以下。这种电动机广泛应用于功率不大电动工具（如电钻、搅拌器等）、家用电器（如洗衣机、电风扇、电冰箱、抽排油烟机等）、医用机械和自动化控制系统中。

单相异步电动机定子为单相绕组，由单相电源供电，其构造也是由定子和转子两部分组成。转子大多是鼠笼式，但定子有所不同。由于单相异步电动机定子铁芯上只有单相绕组，绕组中通的单相交流电所产生的磁通是交变脉动磁通，它的轴线在空间上是固定不变的，这样的磁通不可能使转子启动旋转。当定子绕组产生的合成磁场增加时，根据右手螺旋定则和左手定则，可知转子导体左、右受力大小相等方向相反，所以没有启动转矩。当我们用外力使电动机向某一方向旋转时（如顺时针方向旋转），这时转子与顺时针旋转方向的旋转磁场间的切割磁力线运动变小，转子与逆时针旋转方向的旋转磁场间的切割磁力线运动变大，这样平衡就打破了，转子所产生的总的电磁转矩将不再是零，转子将顺着推动方向旋转起来。因此，为使单相异步电动机产生启动转矩，必须采取另外的启动措施来产生两相电流，进而产生两相旋转磁场，使电动机的转子转动起来，当转速接近额定转速时，启动绕组自动切除。

产生两相电流常用的方法有电容分相式和罩极式两种，下面分别介绍这两种方法的原理。

一、电容分相式异步电动机

图 4-27 所示的是电容分相式异步电动机原理示意图。从图 4-27 可以看出，电容分相式单相异步电动机的定子绕组有两个绕组，一个是工作绕组，一个是启动绕组。工作绕组 A 和启动绕组 B 在空间上相差 90°。启动绕组串联一个电容后再与工作绕组并连接入电源，由于工作绕组为感性电路，而启动绕组因串联电容器 C 后成为容性电路。这样接在同一电流上的两个绕组上的电流在相量图上却不同，若适当选择电容 C 的容量，可以使两个绕组中的电流在时间和空间上相位差均近于 90°，这就是分相。这样，在空间相差 90° 的两个绕组中，分别通有在相位上相差 90°（或接近 90°）的两相电流，也能产生旋转磁场。转子导体在这个旋转磁场的作用下产生感应电流，电动机就有了启动转矩，使电动机转起来。

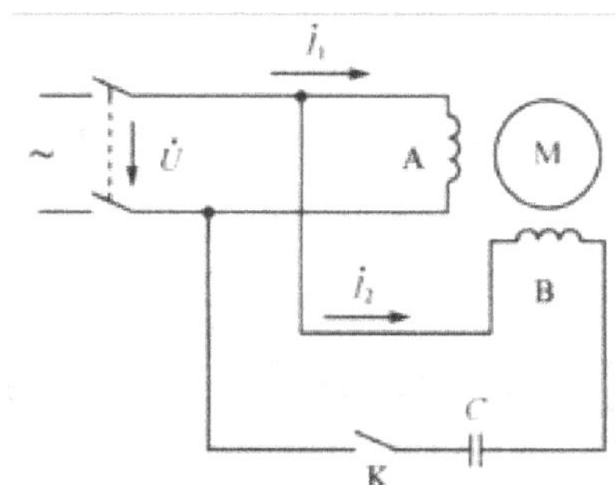

图 4-27 电容分相式异步电动机原理示意图

设两相电流为

$$i_A = I_{Am}\sin\omega t,\quad i_B = I_{Bm}\sin\left(\omega t + 90^\circ\right)$$

它们的正弦曲线如图 4-28 所示。参照三相异步电动机旋转磁场形成的分析方法，可得出 ωt 分别为 0°、45°、90° 几种特殊情况下单相异步电动机的合成磁场。由图 4-29 可见，这个磁场在空间上是旋转的，绕组中通入电流的电角度变化 90°，旋转磁场在空间上也转过 90°，在这旋转磁场的作用下，电动机的转子就转动起来。

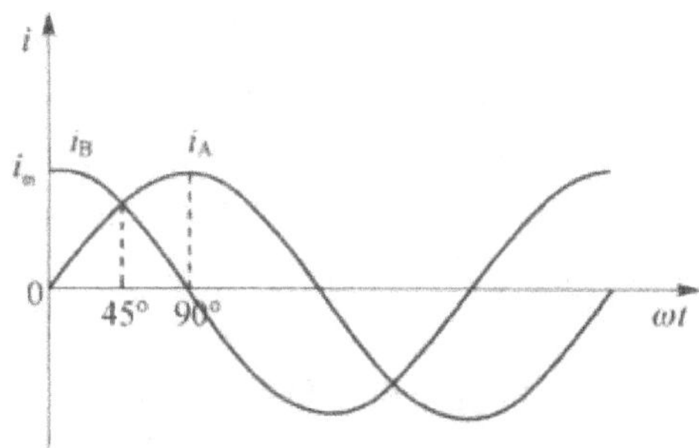

图 4-28 两相电流

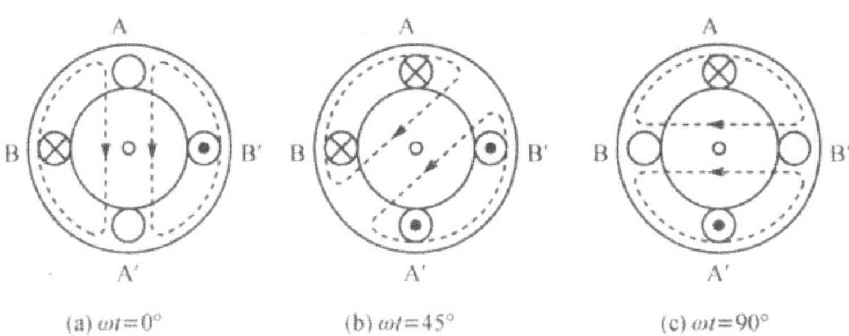

图 4-29　旋转磁场的产生

在电动机转速接近同步转速的 75% ～ 80% 时，有的借助离心力的作用把开关断开，以切断启动绕组。有的采用启动继电器把它的吸引线圈串接在工作绕组的电路中。在启动时由于电流较大，继电器动作，其常开触点闭合，将启动绕组与电源接通。随着转速的升高，工作绕组中电流减小，当减小到一定值时，继电器复位，切断启动绕组。若想提高电动机的功率因数和增大转矩，可选择不断开启动绕组。

有的单相异步电动机不采用电容分相，而是采用在启动绕组中串入电感和电阻的方法，使得两相绕组中的电流在相位上存在一定的角度，这样也可以产生旋转磁场，这种电动机的工作绕组电阻小，匝数多（电感大），启动绕组的电阻大，匝数少，以达到分相的目的。

二、罩极式异步电动机

在单相异步电动机中，产生旋转磁场的另一种方法称为罩极法，又称单相罩极式异步电动机。此种电动机的转子为笼式，定子铁芯做成凸极式磁极，有两极和四极两种，定子绕组套装在这个磁极上，并在每个磁极表面约 1/3 处开有一个凹槽，将磁极分成大小两部分，在较小的磁极上套一个短路铜环，称为罩极，所以叫罩极式电动机。由于罩极上的铜环是固定的，而磁场总是从未罩部分向罩极移动，故磁场的转动方向是不变的，可见罩极式单相异步电动机不能改变转向。罩极式单相异步电动机结构简单，工作可靠，但启动转矩较电容分相式单相异步电动机的启动转矩小，一般用在空载或轻载启动的电风扇、台扇、吹风机、排风机等设备中。

三、三相异步电动机的单向运行

三相异步电动机若在运行过程中，三根导线中由于某种原因有一相和电源断开，则变成单相电动机运行，和单相异步电动机一样，电动机仍会按原来方向运转，但若负载不变，电流势必超过额定电流，导致电机过热，时间一长，会使电动机烧坏，由于这种情况往往不易察觉（特别在无过载保护的情况下），使用中要特别注意这种现象；三相异步电动机若在启动前有一相断电，和单相电机一样将不能启动，此时只能听到嗡嗡声，这时电流很大，长时间启动不了，也会过热，必须赶快排除故障，否则电机也会被烧坏。因此，在使用三相异步电动机时，一般都会在电动机的绕组上串热继电器，起到保护电动机的作用。

思考题

1. 变压器能否用来变换直流电压？如果将变压器接到与额定电压相同的直流电源上，会有输出吗？会产生什么后果？

2. 已知某单相变压器的一次绕组电压为 3000 V，二次绕组电压为 220 V，负载是一台 220 V、25 kW 的电阻炉，试求一、二次绕组的电流各为多少？

3. 某台单相变压器，一次侧的额定电压为 220 V，额定电流为 4.55A，二次侧的额定电压为 36 V，试求二次侧可接 36 V、60 W 的照明灯多少盏？

4. 一自耦变压器，一次绕组的匝数 N_1=1 000，接到 220 V 交流电源上，二次绕组的匝数 N_2=500，接到 R=4 Ω、XL=3 Ω 的感性负载上。忽略漏阻抗的电压降。试求：①二次电压 U_2；②输出电流 I_2；③输出的有功功率 P_2 。

5. 某电流互感器的额定电流为 100 A/5 A，现由电流表测得二次电流为 4A，问一次侧被测电流是多少？

第五章 PLC 基础及其应用

导读：

随着科学技术的不断进步，许多行业逐渐实现现代化，特别是在工业生产中，流水线是比较常用的一种自动化生产方式，在实际生产中，经常要对流水线上的产品进行分拣，以前的电气控制系统大多采用继电器和接触器，这种操作方式存在劳动强度大、能耗高等缺点。随着工业现代化的迅猛发展，继电器控制系统已无法达到相应的控制要求。因此，采用 PLC 控制是非常重要的。

可编程序逻辑控制器，即 PLC，其英文全名为 Programmable Logic Controller，是一种新型的控制器件。它集微电子技术、计算机技术于一体，在取代继电器控制系统、实现多种设备的自动控制的过程中，体现出诸多优点，受到广大用户的欢迎和重视。

学习目标：

1. 熟练完成三相异步电动机长动电气控制线路设计及工作原理分析。
2. 对电气控制系统和 PLC 控制系统进行分析比较。
3. 能简单分析 PLC 的工作过程及原理。
4. 掌握 PLC 的硬件构成和软件构成。
5. 熟练安装编程软件。
6. 能熟练应用编程软件进行梯形图程序的输入、编辑、传送、调试等操作。

第一节 PLC 理论概述

一、PLC 的概念及发展

（一）电气控制和 PLC 控制对比

图 5-1 是继电 - 接触器控制原理图，图 5-2 是 PLC 的控制系统图，两个电路均能实现对电动机的单方向运转的控制。但继电 - 接触器控制电路是通过按钮、接触器的触点和它们之间的连线实现的，控制功能包含在固定的线路之中，功能专一，不能改变接线方式和控制功能。而在 PLC 控制系统中，虽然仍采用图 5-1 中的元件，但元件之间的串并联逻辑关系交给一个专用的装置来完成，同样可以实现对电动机的控制功能，这个装置就是 PLC。在 PLC 控制系统中，所有按钮和触点输入及接触器线圈均接到 PLC 上，从接线方面来看要简单得多，其控制功能由 PLC 内部程序决定，通过更换程序可以更改相应的控制功能。

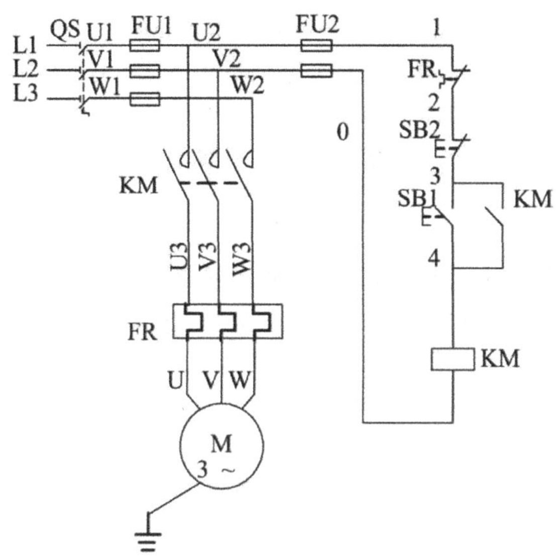

图 5-1 继电 - 接触器控制电路

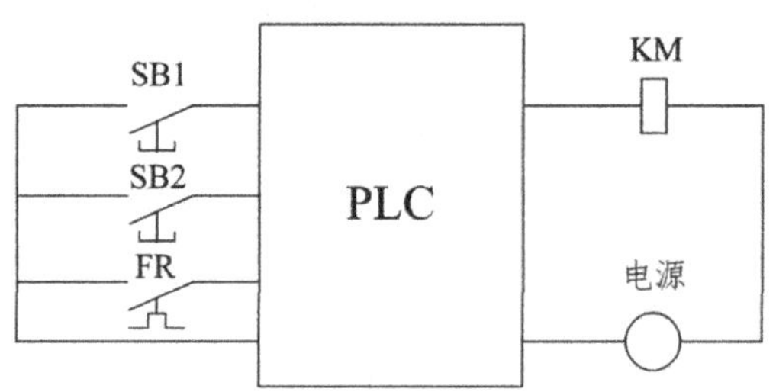

图 5-2　PLC 控制系统

总之，从上面两种控制过程可以看到，用 PLC 控制系统可以完全取代继电 - 接触器控制电路，并且可以通过修改 PLC 内部程序来实现新的逻辑控制关系。

PLC是作为传统继电-接触器控制系统的替代产品出现的。国际电工委员会（IEC）给 PLC 作了如下定义：可编程序逻辑控制器是一种数字运算操作的电子系统，专为工业环境下的应用而设计。它采用了可编程序的存储器，用于存储执行逻辑运算、顺序控制、定时、计数和算术运算等操作指令，并通过数字式、模拟式的输入和输出，控制各种机械或生产过程。可编程序逻辑控制器及其有关设备，都应按“易于与工业控制系统联成一个整体、易于扩充其功能”的原则设计。由此可见，可编程序逻辑控制器是一种专为工业环境应用而设计制造的计算机，它将传统的继电器控制技术和现代的计算机信息处理技术的优点有机地结合起来，是工业自动化领域中最重要、应用最广泛的控制设备，成为现代工业生产自动化三大支柱（PLC、CAD/CAM、机器人）之一，并且具有较强的负载驱动能力。

（二）PLC 的产生及发展

1. 早期的 PLC（20 世纪 60 年代末 -70 年代中期）

早期的 PLC 一般称为可编程序逻辑控制器。这时的 PLC 多少有点继电器控制装置替代物的含义，其主要功能只是执行原先由继电器完成的顺序控制、定时等。它在硬件上以准计算机的形式出现，在 I/O 接口电路上做了改进以适应工业控制现场的要求。装置中的器件主要采用分立元件和中小规模集成电路，存储器采用磁芯存储器。另外还采取了一些措施，以提高其抗干扰的能力。在软件编程上，采用广大电气工程技术人员所熟悉的继电器控制线路的方式（梯形图）。因此，早期的 PLC 的性能要优于继电器控制装置，其优点包括简单易懂、便于安装、体积小、能耗低、有故障指示、能重复使用等。其中 PLC 特有的编程语言（梯形图）一直沿用至今。

2. 中期的 PLC（20 世纪 70 年代中期 -80 年代中后期）

20 世纪 70 年代微处理器的出现使 PLC 发生了巨大的变化。美国、日本、德国等国家的一些厂家先后开始采用微处理器作为 PLC 的中央处理单元（CPU），这样使得 PLC 的功能大大增强。在软件方面，除了保持其原有的逻辑运算、计时、计数等功能以外，还增加了算术运算、数据处理和传送、通信、自诊断等功能。在硬件方面，除了保持其原有的开关模块以外，还增加了模拟量模块、远程 I/O 模块以及各种特殊功能模块，扩大了存储器的容量，使各种逻辑线圈的数量增加，另外提供了一定数量的数据寄存器，使 PLC 的应用范围得以扩大。

3. 现在的 PLC（20 世纪 80 年代中后期至今）

进入 80 年代中后期，由于超大规模集成电路技术的迅速发展，微处理器的市场价格大幅度下跌，使得各种类型的 PLC 所采用的微处理器的档次普遍提高。而且，为了进一步提高 PLC 的处理速度，各制造厂商还纷纷研制并开发了专用逻辑处理芯片。这样使得 PLC 的软、硬件功能发生了巨大变化。

随着可编程序控制器的推广、应用，PLC 已成为工业自动化控制领域中占主导地位的控制装置。为了占领市场，赢得尽可能大的市场份额，各大公司都在原有 PLC 产品的基础上，努力地开发新产品，由此推进了 PLC 的发展。这些发展主要侧重于两个方面：一是向着网络化、高可靠性、多功能方向发展；二是向着小型化、低成本、简单易用、控制与管理一体化，以及编程语言高级化的方向发展。

二、PLC 的主要特点

PLC 技术之所以能高速发展，除了工业自动化的客观需要外，主要是因为它具有许多独特的优点，较好地解决了工业领域中普遍关心的可靠性、安全性、灵活性、方便性、经济性等问题。PLC 主要有以下特点：

（一）可靠性高、抗干扰能力强

可靠性高、抗干扰能力强是 PLC 最重要的特点之一。一方面，PLC 控制系统用软件代替传统的继电 - 接触器控制系统中复杂的硬件线路，使得采用 PLC 的控制系统故障明显低于传统继电 - 接触器的控制系统。另一方面，PLC 本身采用了抗干扰能力强的微处理器作为 CPU，电源采用多级滤波并采用集成稳压块电源，同时还采用了静电屏蔽、光电隔离、故障诊断和自动恢复等措施，使可编程序控制器具有很强的抗干扰能力，从而提高了整个系统的可靠性。

（二）配套齐全、功能完善、适用性强

PLC 发展到今天，已经形成了大、中、小各种规模的系列化产品，可以用于各种规模的工业控制场合。除了逻辑处理功能以外，现代 PLC 大多具有完善的数据运算能力，可用于各种数字控制领域。近年来，PLC 的功能单元大量涌现，使 PLC 渗透到位置控制、温度控制、CNC（计算机数控加工）等各种工业控制中。加上 PLC 通信能力的增强及人机界面的不断完善，使得用 PLC 组成各种控制系统变得非常容易。

（三）编程简单易学

梯形图是使用得最多的可编程序控制器的编程语言，其电路符号和表达方式与继电器电路原理图相似，梯形图语言形象直观、易学易懂，熟悉继电器电路图的电气技术人员只需要花费很少时间就可以熟悉梯形图语言，并用其编制用户程序。对使用者来说不需要具备计算机编程的专门知识，因此很容易被一般工程技术人员所

理解和掌握。

（四）使用维护方便

可编程序控制器产品已经标准化、系列化、模块化，配备有各种硬件装置供用户选用。用户能灵活方便地进行系统配置，组成不同功能、不同规模的系统。而且，PLC 不需要专门的机房就可以在各种工业环境下直接运行。PLC 使用时只需将现场的各种设备与 PLC 相应的 I/O 端相连接即可投入运行。PLC 各种模块上均有运行和故障指示装置，便于用户了解运行情况和查找故障，一旦某模块发生故障，用户可以通过更换模块的方法使系统迅速恢复运行。更重要的是，PLC 使同一设备仅通过改变程序就能改变生产过程成为可能。

（五）体积小、重量轻、功耗低

PLC 采用了集成电路，其结构紧凑、坚固，体积小，易于装入机械设备内部，是实现机电一体化的理想控制设备。

三、PLC 的应用领域

目前，在国内外 PLC 已广泛应用于冶金、石油、化工、电力、建材、机械制造、汽车、轻工、交通运输、环保及文化娱乐等各个行业，随着 PLC 性价比的不断提高，其应用领域也不断扩大。从应用类型看，PLC 的应用大致可归纳为以下几个方面：

（一）开关量的逻辑控制

利用 PLC 最基本的逻辑运算、定时、计数等功能实现逻辑控制，这是 PLC 最基本、最广泛的应用领域，它取代传统的继电器电路实现逻辑控制、顺序控制，既可用于单台设备的控制，也可用于多机群控及自动化流水线，如注塑机、印刷机、订书机械、组合机床、磨床、包装生产线等。

（二）模拟量控制

在工业生产过程当中，有许多连续变化的量，如温度、压力、流量和速度等都是模拟量。为了使可编程序控制器处理模拟量，必须实现模拟量（Analog）和数字量（Digital）之间的 A/D 转换和 D/A 转换。PLC 厂家都生产配套了 A/D 和 D/A 转换模块，使可编程序控制器用于模拟量控制。

（三）运动控制

PLC 可以用于圆周运动或直线运动的控制。从控制机构配置来说，早期 PLC 直接用于开关量 I/O 模块连接位置传感器和执行机构，现在一般使用专用的运动控制模块，如可驱动步进电机或伺服电机的单轴或多轴位置控制模块。世界上各主要 PLC 厂家的产品几乎都有运动控制功能，广泛用于各种机械、机床、机器人、电梯等应用场合。

（四）过程控制

过程控制是指对温度、压力、流量等模拟量的闭环控制。作为工业控制计算机，PLC 能编制各种各样的控制程序，完成闭环控制。PID（比例、积分、微分）调节是一般闭环控制系统中用得较多的调节方法。大中型 PLC 都有 PID 模块，目前许多小型 PLC 也具有此功能模块。PID 处理一般是运行专用的 PID 子程序。过程控制在冶金、化工、热处理、锅炉控制等场合有非常广泛的应用。

（五）数据处理

现代PLC具有数学运算(含矩阵运算、函数运算、逻辑运算)、数据传送、数据转换、排序、查表、位操作等功能，可以完成数据的采集、分析及处理。这些数据可以与存储在存储器中的参考值比较，完成一定的控制操作，也可以利用通信功能传送到别的智能装置，或将它们打印制表。数据处理一般用于大型控制系统，如无人控制的柔性制造系统；也可用于过程控制系统，如造纸、冶金、食品工业中的一些大型控制系统。

（六）通信及联网

PLC 通信包含 PLC 与 PLC、PLC 与上位计算机、PLC 与其他智能设备之间的通信，PLC 系统与通用计算机可直接或间接（通过通信处理单元、通信转换单元相连构成网络）实现信息的交换，并可构成“集中管理、分散控制”的多级分散式控制系统，满足工厂自动化（FA）系统发展的需要。

四、PLC 的分类

PLC 产品种类繁多，其规格性能也各不相同。通常可根据其结构形式的不同、功能的差异和 I/O 点数的多少等进行大致分类。

（一）按结构形式分类

根据 PLC 结构形式的不同，可分为整体式（一体式）和模块式两类。

1. 整体式结构

整体式结构的特点是将 PLC 的基本部件，如 CPU 板、输入板、输出板、电源板等紧凑地安装在一个标准的机壳内，构成一个整体，组成 PLC 的一个基本单元（主机）或扩展单元。整体式结构的 PLC 结构紧凑、体积小，重量轻、价格低、安装方便。微型和小型 PLC 一般为整体式结构。

2. 模块式结构

模块式结构的PLC是由一些模块单元构成，这些标准模块如CPU模块、输入模块、输出模块、电源模块和各种功能模块等，将这些模块插在框架上和基板上即可工作。各个模块的功能是独立的，外形尺寸是统一的，可根据需要灵活配置。模块式结构的 PLC 的特点是组装灵活、便于拓展、维修方便，可根据要求配置不同模块以构成不同的控制系统。

（二）按 I/O 点数分类

一般而言，PLC 的输入输出点数（I/O）越多，控制关系就越复杂，用户要求的程序存储器容量就越大，要求 PLC 指令及其他功能也比较多，指令执行的过程也比较快。按 PLC 的输入、输出点数和内存容量的大小，可将 PLC 分为小型机、中型机、大型机等类型。

（1）I/O 点数在 256 以下为小型 PLC。

（2）I/O 点数在 256 ～ 2048 为中型 PLC。

（3）I/O 点数大于 2048 为大型 PLC。

需要注意的是，I/O 点数的划分方式不是固定不变的。不同的厂家也有自己的分类方法。

（三）按实现的功能分类

按照 PLC 所能实现的功能不同，可以把 PLC 大致分为低档 PLC、中档 PLC 和高档 PLC 三类。

低档 PLC 具有逻辑运算、计时、计数、移位、自诊断、监控等基本功能，还可有少量模拟量输入 / 输出、算术运算、数据传送和比较、通信等功能。主要用于逻辑控制、顺序控制或少量模拟量控制的单机控制系统。中档 PLC 除了具有低档 PLC 的功能外，还具有较强的模拟量输入 / 输出、算术运算、数据传送和比较、数制转换、远程 I/O、子程序、通信联网等功能，有些还可增设中断控制、PID 控制等功能，适用于复杂控制系统。高档 PLC 除具有中档机的功能外，还增加了带符号算术运算、矩阵运算、位逻辑运算、平方根运算及其他特殊功能函数的运算，制表及表格传送功能等。高档 PLC 机具有更强的通信联网功能，可用于大规模过程控制或构成分布式网络控制系统，实现工厂自动化。

五、PLC 的主要技术指标

尽管各 PLC 生产厂家产品的型号、规格和性能各不相同，但通常可以按照以下七种性能指标来进行综合描述。

（一）存储容量

存储容量是指 PLC 中用户程序存储器的容量。一般以 PLC 所能存放用户程序的多少来衡量内存容量。在 PLC 中程序指令是按“步”存放的。1“步”占 1 个地址单元，1 个地址单元一般占 2 个字节，所以 1“步”就是 1 个字。例如，一个内存容量为 1 000 步的 PLC，其内存容量为 2 KB。

（二）输入 / 输出点数

输入 / 输出点数（I/O 点数）是指 PLC 输入信号和输出信号的数量，也就是输入、输出端子数的总和。这是一项很重要的技术指标，因为在选用 PLC 时，要根据控制对象的 I/O 点数来确定机型。I/O 点数越多，说明需要控制的器件和设备就多。

（三）扫描时间

扫描时间是指 CPU 内部根据用户程序，按照逻辑顺序，从开始到结束一次扫描所需时间。PLC 用户手册一般给出执行指令所用的时间。所以可以通过比较各种 PLC 执行相同的操作所用的时间，来衡量扫描速度的快慢。

（四）编程语言与指令系统

PLC 的编程语言一般有梯形图、语句表和高级语言等。PLC 的编程语言越多，用户的选择性就越大。PLC 中指令功能的强弱、数量的多少是衡量 PLC 软件性能强弱的重要指标。编程指令的功能越强，数量越多，PLC 的处理能力和控制能力也就越强，用户编程也就越简单，越容易完成复杂的控制任务。

（五）内部寄存器的种类和数量

内部寄存器主要包括定时器、计时器、中间继电器、数据寄存器和特殊寄存器等。它们主要用来完成计时、计数、中间数据存储和其他一些功能。内部寄存器的种类和数量越多，PLC 的功能就越强大。

（六）扩展能力

PLC 的可扩展能力主要包括 I/O 点数的扩展、存储容量的扩展、联网功能的扩展和各种功能模块的扩展等。在选择 PLC 时，需要考虑 PLC 的可扩展性。

（七）功能模块

PLC 除了主控模块外，还可以配接各种功能模块。主控模块可以实现基本控制功能，功能模块的配置则可实现一些特殊的专门功能。功能模块的配置反映了 PLC 的功能强弱，是衡量 PLC 产品档次高低的一个重要标志。常用的功能模块主要有：A/D 和 D/A 转换模块、高速计数模块、位置控制模块、速度控制模块、远程通信模块等。

第二节　PLC 的结构原理

一、PLC 的硬件组成

PLC 的硬件主要由 CPU、存储器、输入单元、输出单元、通信接口、扩展接口和电源等部位组成。其中 CPU 是 PLC 的核心，输入 / 输出单元是连接现场输入 / 输出设备与 CPU 之间的接口电路，通信接口用于与编程器、上位计算机等外部设备连接。对于整体式 PLC 而言，所有部件都装在同一机壳内，其硬件系统结构如图 5-3 所示。

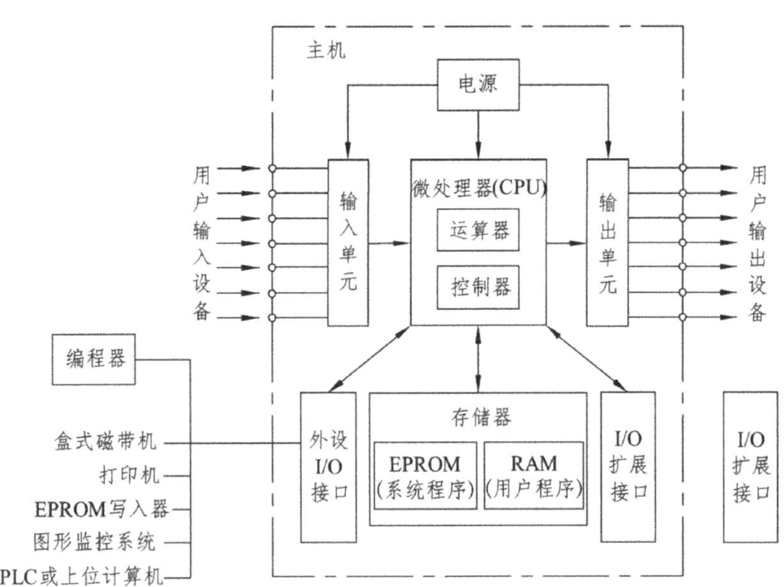

图 5-3　PLC 硬件系统结构图

无论是哪种结构类型的 PLC，都可根据用户需要进行配置与组合。尽管整体式 PLC 与模块式 PLC 的结构不太一样，但各部分的功能作用基本上是相同的，下面对 PLC 的主要组成部分进行简单介绍。

（一）中央处理器 CPU

CPU 是 PLC 的核心，PLC 中所配置的 CPU 随机型不同而不同。常用有 3 类：通用微处理器（如 Z80、8086、80286 等）、单片微处理器（如 8031、8096 等）和位片式微处理器（如 AMD2900 等）小型 PLC 大多采用 8 位通用微处理器和单片微处理器；中型 PLC 大多采用 16 位通用微处理器或单片微处理器；大型 PLC 大多采用高速位片式微处理器。

目前，小型 PLC 为单 CPU 系统，而中、大型 PLC 则大多为双 CPU 系统，甚至有些 PLC 中多达 8 个 CPU。对于双 CPU 系统，其中一个 CPU 为字处理器采用 8 位或 16 位处理器；另一个 CPU 为位处理器，采用各厂家设计制造的专用芯片。字处理器为主处理器，用于执行编程器接口功能，监视内部定时器，监视扫描时间，处理字节指令，以及对系统总线和项位处理器进行控制等。位处理器为从处理器，主要用于处理位操作指令和实现 PLC 编程语言向机器语言的转换。位处理器的采用，提高了 PLC 的速度，使 PLC 能更好地满足实时控制的要求。

在 PLC 中，CPU 按系统程序赋予的功能，指挥 PLC 有条不紊地进行工作，归纳起来主要有以下几个方面：

（1）接收从编程器输入的用户程序和数据。

（2）诊断电源、PLC 内部电路的工作故障和编程中的语法错误等。

（3）通过输入接口接收现场的状态或数据，并存入输入映象存储器或数据寄存器中。

（4）从存储器逐条读取用户程序，经解释后执行。

（5）根据执行的结果，更新有关标志位的状态和输出映象寄存器的内容，通过输出单元实现输出控制。有些 PLC 还具有制表打印或数据通信等功能。

（二）存储器

PLC 的存储器用于存储程序和数据，可分为系统程序存储器和用户程序存储器。系统程序存储器用于存储系统程序，一般采用只读存储器（ROM）或可擦可编程只读存储器（EPROM）。PLC 出厂时，系统程序已经固化在存储器中，用户不能修改；用户程序存储器用于存储用户的应用程序，用户根据实际控制的需要，用 PLC 的编程语言编制应用程序，通过编程器输入 PLC 的用户程序存储器。中小型 PLC 的用户程序存储器一般采用 EPROM，电可擦可编程只读存储器（EEPROM）或加后备电池的随机存储器（RAM），其容量一般不超过 8KB。用户程序是随 PLC 的控制对象而定的，由用户根据对象生产工艺的控制要求而编制的应用程序。为了便于读出、检查和修改，用户程序一般存于 CMOS 静态 RAM 中，用锂电池作为后备电源，以保证掉电时不会丢失信息。为了防止干扰对 RAM 中程序的破坏，当用户程序经过运行后功能正常，不需要改变，可将其固化在只读存储器（ROM）中。现在也有许多 PLC 直接采用 EEPROM 作为用户存储器。

由于系统程序及工作数据与用户无直接联系，所以在 PLC 产品样本或使用手册中所列存储器的形式及容量是指用户程序存储器。若 PLC 提供的用户存储器容量不够用，许多 PLC 还提供存储器扩展功能。

（三）输入／输出接口（I/O）

输入／输出接口通常也称 I/O 接口或 I/O 模块，是 PLC 与被控对象联系的桥梁。现场信号经输入接口传送给 CPU，CPU 的运算结果、发出的命令经输出接口送到有关设备或现场。输入／输出信号分为开关量、模拟量两种，这里仅对开关量进行介绍。

1. 输入接口电路

输入接口电路一般由光电耦合电路和微处理器输入接口电路组成。输入接口对输入信号进行滤波、隔离、电平转换等，把输入信号的逻辑安全可靠地输入到 PLC 的内部。采用光电

耦合电路实现了现场输入信号与 CPU 电路的电气隔离，增强了 PLC 内部电路与外部不同电压之间的电气安全性，同时通过电阻分压及 RC 滤波电路，可滤掉输入信号的抖动和降低干扰噪声，提高了 PLC 输入信号的抗干扰能力，如图 5-4 所示。

常用输入接口按其使用的电源不同分为 3 种类型：直流（12 ～ 24V）输入接口、交流（100 ～ 120 V、200 ～ 240 V）输入接口和交／直流（12 ～ 24 V）输入接口。直流输入电路的延迟时间比较短，可以直接与接近开关、光电开关等电子输入装置连接；交流输入电路适用于在有油雾、粉尘等恶劣环境下使用。

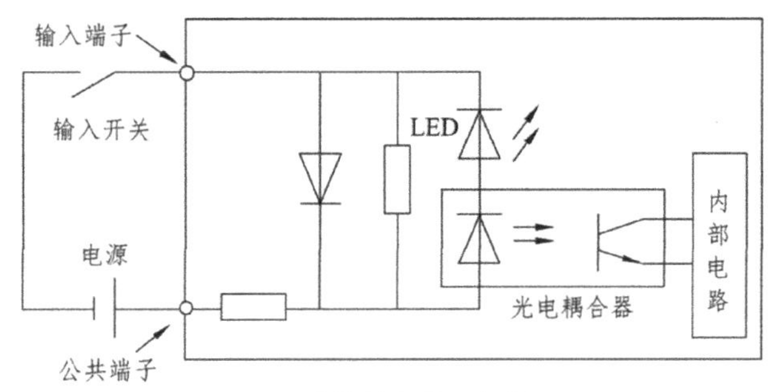

（a）直流输入接口电路

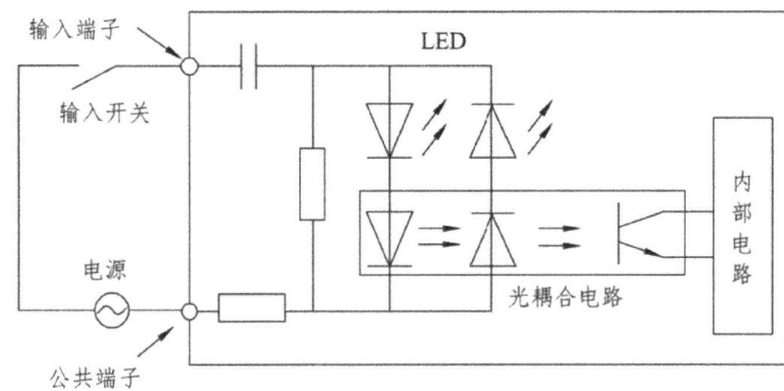

（b）交流输入接口电路

图 5-4　输入接口电路

2. 输出接口电路

输出接口是把程序执行的结果输出到 PLC 的外部，输出接口具有隔离 PLC 内部电路和外部执行元件的作用，还具有功率放大的作用，以驱动各种负载。输出接口电路一般由 CPU 输出电路和功率放大器组成。CPU 输出接口电路同样采用了光电耦合电路，使 PLC 内部电路在电气上完全与外部控制设备隔离，有效地防止了现场的强电干扰，以保证 PLC 能在恶劣的环境下可靠地工作。PLC 的输出电路一般分为 3 种类型：继电器输出型、晶体管输出型和晶闸管输出型，分别如图 5-5 所示。继电器输出型为有触点输出方式，可用于接通和断开频率较低的大功率直流负载或交流负载回路，负载电流可达 2A。在继电器输出接口电路中，对继电器触点的使用寿命有限制，而且继电器输出的响应时间也比较慢（10 ms 左右），因此，在要求快速响应的场合不适合使用此种类型的电路输出形式。晶体管输出型和晶闸管输出型为无触点输出方式，开关动作快，寿命长，可用于接通和断开频率较高的负载回路。其中晶闸管输出接口电路常用于带交流电源的大功率负载，晶体管输出型则用于带直流电源的小功率负载。

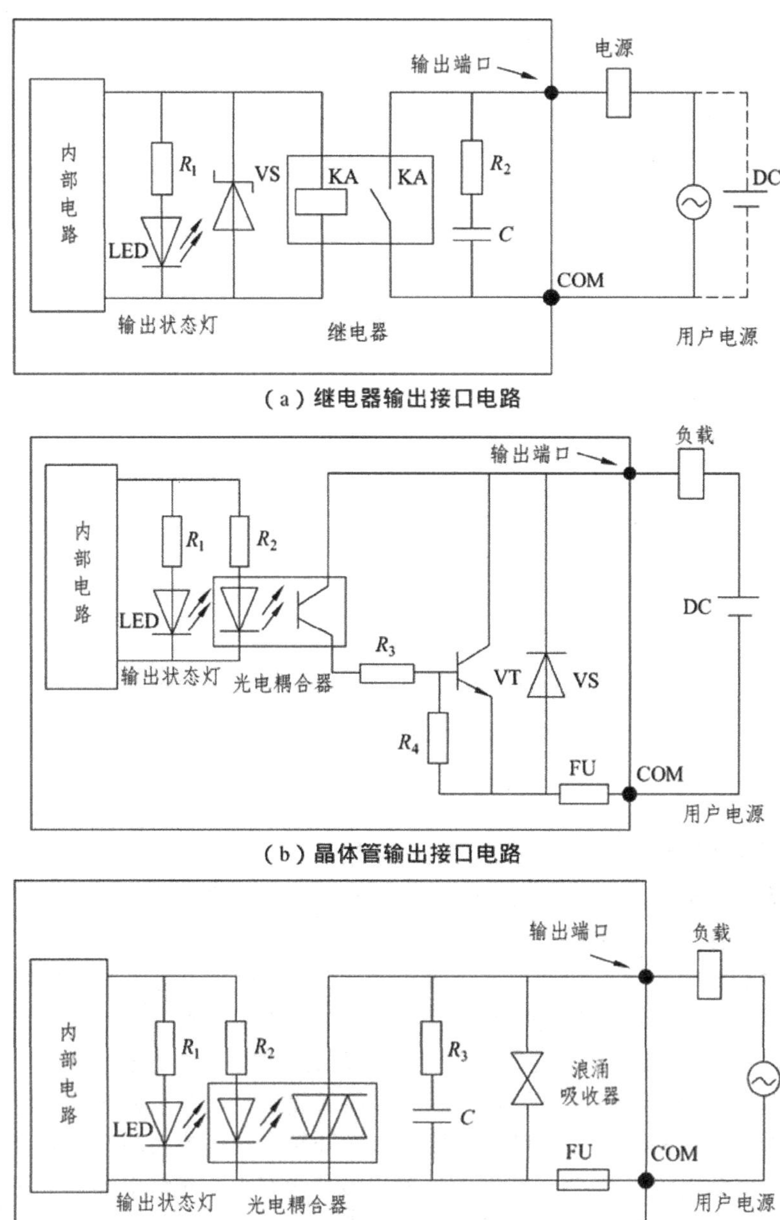

（a）继电器输出接口电路

（b）晶体管输出接口电路

（c）晶闸管输出接口电路

图 5-5　输出接口电路

（四）电源

PLC 配有开关电源，以供内部电路使用。与普通电源相比，PLC 电源的稳定性好、抗干扰能力强。对电网提供的电源稳定度要求不高，一般允许电源电压在其额定值 ±15% 的范围内波动。许多 PLC 还向外提供直流 24 V 稳压电源，用于对外部传感器供电。

（五）编程器

编程器是 PLC 开发应用、监测运行、检查维护不可缺少的器件。它是 PLC 的外部设备，是人机交互的窗口。可用于编程，对系统做一些设定，监控 PLC 及 PLC 所控制的系统的工作状况，但它不直接参与现场控制运行。编程器可以是专用编程器，也可以是配有编程软件包的通用计算机系统。专用编程器由 PLC 生产厂家提供，专供该厂家的某些 PLC 产品使用，使用范围有限，价格较高。目前，多使用以个人计算机为基础的编程器，用户只要购买 PLC 厂家提供的编程软件和相应的硬件接口装置，就可以得到高性能的 PLC 程序开发系统。

（六）其他接口电路

PLC 配有各种通信接口，这些通信接口一般都带有通信处理器。PLC 通过这些通信接口可与监视器、打印机、其他 PLC、计算机等设备实现通信。PLC 与打印机连接，可将过程信息、系统参数等输出打印；与监视器连接，可将控制过程图像显示出来；与其他 PLC 连接，可组成多机系统或连成网络，实现更大规模控制；与计算机连接，可组成多级分布式控制系统，实现控制与管理的结合。

智能接口模块是一个独立的计算机系统，它有自己的 CPU、系统程序、存储器，以及与 PLC 系统总线相连的接口。它作为 PLC 系统的一个模块，通过总线与 PLC 相连，进行数据交换，并在 PLC 的协调管理下独立地进行工作。PLC 的智能接口模块种类很多，如高速计数模块、闭环控制模块、运动控制模块、中断控制模块等。

二、PLC 的基本工作原理

（一）PLC 的工作方式

在分析 PLC 的工作方式与扫描周期之前，有必要了解 PLC 与普通计算机工作方式的相同点与不同点。两者之间的共同点：都是在硬件的支持下，执行反映控制要求的用户程序；不同点是：计算机一般采用“等待命令”的工作方式，如常见的键盘扫描或 I/O 扫描方式，当键盘按下时或 I/O 口有信号时，产生中断，转入相应子程序；而 PLC 采用“循环扫描”的工作方式，系统工作任务管理及用户程序的执行都通过循环扫描的方式来完成。PLC 加电后，在系统程序的监控下，一直周而复始地进行循环扫描，执行由系统软件规定的任务，即用户程序的执行不是从头到尾只执行一次，而是执行一次以后，又返回去执行第二次、第三次……直至停机。因此，PLC 可以简单地看成一种在系统程序监控下的扫描设备。其扫描工作过程除了执行用户程序外，还要完成内部处理、通信服务等工作。

整个扫描工作过程包括内部处理、通信服务、输入采样、程序执行、输出刷新 5 个阶段，如图 5-6 所示。整个过程扫描执行一遍所需的时间称为扫描周期。扫描周期的长短主要取决于以下几个因素：一是 CPU 执行指令的速度；二是执行每条指令占用的时间；三是程序中指令条数的多少。

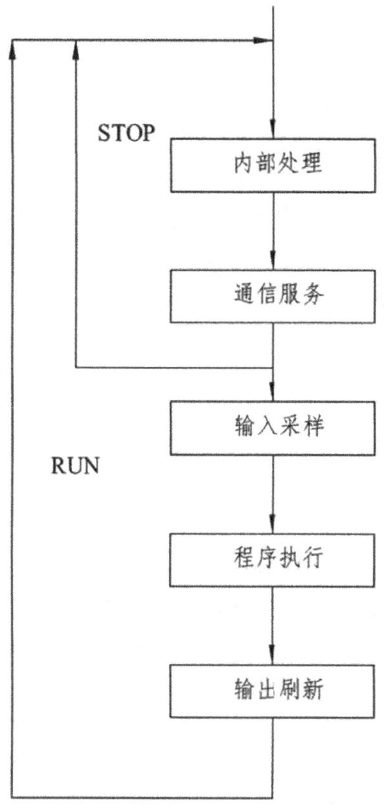

图 5-6 PLC 循环扫描过程示意图

在内部处理阶段，PLC 进行自检，检查内部硬件是否正常，对监视定时器（WDT）进行复位，以及完成其他一些内部处理工作。在通信服务阶段，PLC 与其他的带微处理器的智能装置通信，响应编程器键入的命令，更新编程器的显示内容等。

PLC 基本工作模式分为运行模式和停止模式。当 PLC 处于停止（STOP）模式时，只完成内部处理和通信服务工作。当 PLC 处于运行（RUN）模式时，除完成内部处理和通信服务工作外，还要完成输入采样、程序执行、输出刷新工作。PLC 的扫描工作方式简单直观，便于程序的设计，并为可靠运行提供了保障。当 PLC 扫描到的指令被执行后，其结果马上就被后面将要扫描到的指令所利用，而且还可通过 CPU 内部设置的监视定时器来监视每次扫描是否超过规定时间，避免由于 CPU 内部故障使程序执行进入死循环。

（二）PLC 的程序执行过程

PLC 程序执行的过程分为三个阶段，即输入采样阶段、程序处理阶段、输出刷新阶段，如图 5-7 所示。

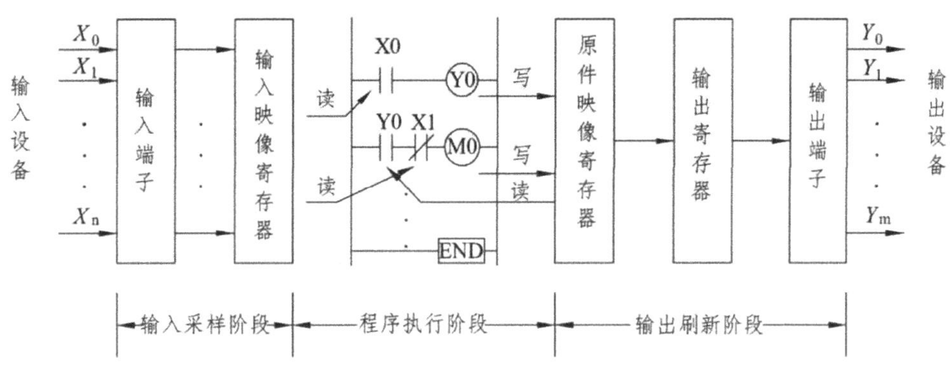

图 5-7　PLC 执行程序过程示意图

1. 输入采样阶段

输入采样也叫输入处理，在输入采样阶段，PLC 以扫描工作方式按顺序对所有输入端的输入状态进行采样，并存入输入映像寄存器中，此时输入映像寄存器被刷新。接着进入程序处理阶段，在程序执行阶段或其他阶段，即使输入状态发生变化，输入映象寄存器的内容也不会改变，输入状态的变化在下一个扫描周期的输入处理阶段才能被采样到。

2. 程序执行阶段

在程序执行阶段，PLC 程序按先上后下、先左后右的顺序，对梯形图程序进行逐句扫描。当遇到程序跳转指令时，则根据是否满足跳转条件来决定程序是否跳转。当指令中涉及输入、输出状态时，PLC 从输入映像寄存器和元件映象寄存器中读出数据，并根据采样到的输入映像寄存器中的结果进行逻辑运算，运算结果再存入有关映像寄存器中。对于元件映象寄存器来说，其内容会随程序执行的过程而变化。

3. 输出刷新阶段

当所有程序执行完毕后，进入输出处理阶段。在这一阶段里，PLC 将输出映象寄存器中与输出有关的状态（输出继电器状态）转存到输出锁存器中，并通过一定方式输出，驱动外部负载。

因此，PLC 在一个扫描周期内，对输入状态的采样只在输入采样阶段进行。当 PLC 进入程序执行阶段后，输入端将被封锁，直到下一个扫描周期的输入采样阶段才对输入状态进行重新采样。这方式称为集中采样，即在一个扫描周期内，集中一段时间对输入状态进行采样。在用户程序中，如果对输出结果多次赋值，则仅最后一次赋值有效。在一个扫描周期内，只在输出刷新阶段才将输出状态从输出映象寄存器中输出，对输出接口进行刷新。在其他阶段，输出状态一直保存在输出映象寄存器中。这种方式称为集中输出。

对于小型 PLC，其 I/O 点数较少，用户程序较短，一般采用集中采样、集中输出的工作方式。这种工作方式虽然在一定程度上降低了系统的响应速度，但使 PLC

工作时大多数时间与外部输入/输出设备隔离，从根本上提高了系统的抗干扰能力，增强了系统的可靠性。而对于大中型 PLC，其 I/O 点数较多，控制功能强，用户程序较长，为提高系统响应速度，可以采用定期采样、定期输出方式，或中断输入、输出方式，以及采用智能 I/O 接口等多种方式。

从上述分析可知，从 PLC 输入端的输入信号发生变化到 PLC 输出端对该输入变化做出反应，需要一段时间，这种现象称为 PLC 输入/输出响应滞后。对一般的工业控制，这种滞后是完全允许的。应该注意的是，这种响应滞后不仅是由于 PLC 扫描工作方式造成，也有一个重要的原因是 PLC 输入接口的滤波环节带来的输入延迟，以及输出接口中驱动器件的动作时间带来输出延迟，同时还与程序设计有关。滞后时间是设计 PLC 应用系统时应注意把握的一个参数。

第三节 FX 系列 PLC 的软元件认识

PLC 的软件由系统程序和用户程序组成。系统程序由 PLC 制造厂商设计编写，并存入 PLC 的系统存储器中，用户不能直接读写与更改。PLC 的用户程序是用户利用 PLC 的编程语言，根据控制要求编制的程序。在 PLC 的应用中，最重要的就是用 PLC 的编程语言来编写用户程序，以实现控制目的。

一、PLC 的编程语言

PLC 是一种工业控制计算机，不仅有硬件，软件也是必不可少的。在 PLC 中软件分为两大部分，即系统程序和用户程序。

系统程序由 PLC 制造厂商设计编写，并存入 PLC 的系统存储器中，用户不能直接读写与更改。系统程序一般包括系统诊断程序、输入处理程序、编译程序、信息传送程序、监控程序等。PLC 的用户程序是用户利用 PLC 的编程语言，根据控制要求编制的程序。在 PLC 的应用中，最重要的就是用 PLC 的编程语言来编写用户程序，以实现控制目的。由于 PLC 是专门为工业控制而开发的装置，其主要使用者是广大电气技术人员，为了满足他们的传统习惯和掌握能力，PLC 的主要编程语言采用比计算机语言相对简单、易懂、形象的专用语言。PLC 编程语言是多种多样的，不同生产厂家、不同系列的 PLC 产品采用的编程语言也不尽相同。目前，PLC 为用户提供了多种编程语言，以适应编制用户程序的需要，PLC 提供的编程语言通常有以下几种：梯形图、指令表、顺序功能图和功能块图。

FX2N 系列 PLC 的编程方式主要有三种：梯形图编程、指令表编程和顺序功能图编程。以下简要介绍几种常见的 PLC 编程语言。

（一）梯形图编程

梯形图语言是在传统继电器控制系统中常用的接触器、继电器等图形表达符号的基础上演变而来的。它与电气控制线路图相似，继承了传统继电器控制逻辑中使用的框架结构、逻辑运算方式和输入输出形式，具有形象、直观、简单明了，易于理解的特点，特别适合开关量逻辑控制，是 PLC 最基本、最常用的编程语言。因此，这种编程语言为广大电气技术人员所熟知，是应用最广泛的 PLC 的编程语言，是 PLC 的第一编程语言。如图 5-8 所示是传统的电气控制线路图和 PLC 梯形图。

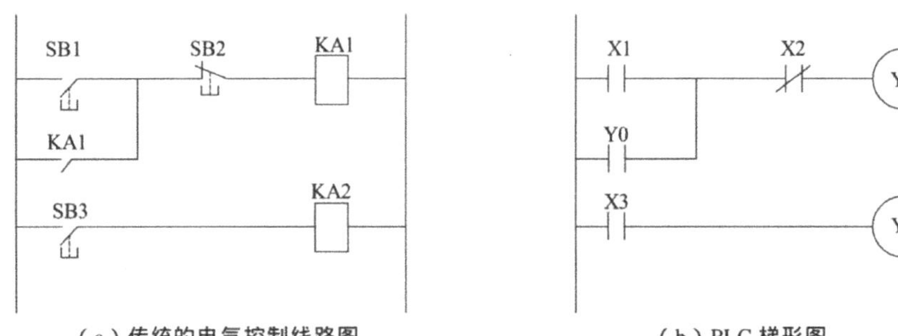

（a）传统的电气控制线路图　　（b）PLC 梯形图

图 5-8　两种图形比较

从图中可以看出，两种图形基本思路是一致的，具体表达方式有一定区别。PLC 的梯形图由触点符号、继电器线圈符号组成，在这些符号上标注操作数。每行梯形图以母线开始，以继电器线圈结尾，右边以地线终止。采用梯形图编程时，在编程软件的界面上有常开、常闭触点和继电器线圈符号，用鼠标直接单击这些符号，然后填写操作数就能进行编程。PLC 对梯形图语言的用户程序进行循环扫描，从第一条至最后一条，周而复始。

（二）语句表（指令表）编程

语句表是用助记符来表达 PLC 的各种功能。它类似计算机的汇编语言，但比汇编语言通俗易懂，也是应用较为广泛的一种编程语言。使用语句表编程时，编程设备简单，逻辑紧凑，系统化，连接范围不受限制，但比较抽象。一般可以与梯形图互相转化，互为补充。目前，大多数 PLC 都有语句表编程功能。虽然各个 PLC 生产厂家的语句表形式不尽相同，但基本功能相差无几。以下是与图 5-7 中 PLC 梯形图对应的语句表编写的程序。

步号	操作码（指令）	操作数（数据）
0	LD	X1
1	OR	Y0
2	ANI	X2
3	OUT	Y0
4	LD	X3
5	OUT	Y1

可以看出，语句是语句表程序的基本单元，每个语句由步号、操作码（指令）和操作数（数据）三部分组成。步号是用户程序中的序号，一般由编程器自动依次

给出。操作码就是PLC指令系统中的指令代码，指令助记符。它表示需要进行的工作。操作数则是操作对象，主要是继电器的类型和编号，每一个继电器都用一个字母开头，后缀数字，表示属于哪类继电器的第几号继电器。一条语句就是给CPU的一条指令，规定其对谁（操作数）做什么工作（操作码）。一个控制动作由一条或多条语句组成的应用程序来实现。PLC对语句表编写的用户程序同样进行循环扫描，从第一条至最后一条，周而复始。

（三）顺序功能图编程

顺序功能图编程（SFC编程）是一种较新的编程方法，又称状态转移图编程。它采用画工艺流程图的方法编程，如图5-9所示。只要在每个工艺方框的输入和输出端，标上特定的符号即可。它将一个完整的控制过程分为若干阶段，各阶段具有不同的动作，阶段间有一定的转换条件，转换条件满足就实现阶段转移，上一阶段动作结束，下一阶段动作开始。用功能表图的方式来表达控制过程，对于顺序控制系统特别适用。许多PLC都提供了用于SFC编程的指令，它是一种效果显著、深受欢迎的编程语言，目前国际电工委员会（IEC）也正在实施并发展这种语言的编程标准。

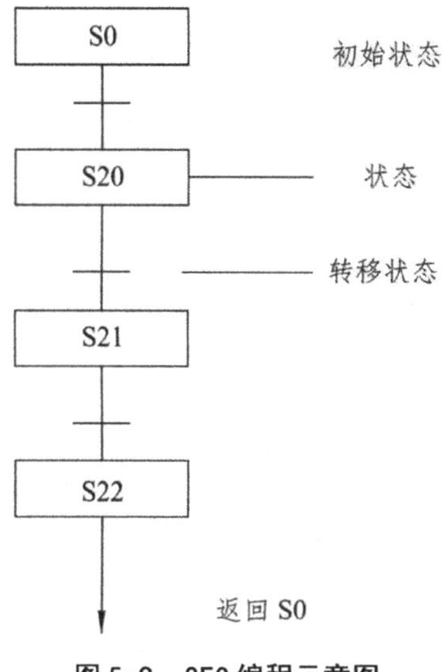

图5-9　SFC编程示意图

从上面的介绍可以看出，用梯形图或语句表编写的程序可进行转换，用SFC编写的顺序控制程序也能转换成梯形图或语句表，十分方便。用户可根据实际情况合理选用相应的编程方式。

二、PLC的软元件

在常用的电气控制电路中，采用电气开关、继电器、接触器等组成电路。PLC内部有许多具有不同功能的器件，实际上这些器件是由电子电路和存储器组成的。为了把它们与通常的硬器件区分开，通常把这些器件称为软元件，是等效概念抽象模拟的器件，并非实际的物理器件。在 PLC 控制系统中，采用内部存储单元（软元件）模拟各种常规电气控制元件。PLC 内部有大量由软元件组成的内部继电器，这些软元件按一定的规则进行编号。三菱 FX_{2N} 系列的 PLC 软元件的名称由字母和数子组成，它们分别表示软元件的类型和软元件号。如 X0、Y1、S0、D100 等。其中 X、Y、S、D 表示软元件的类型，0、1、0、100 表示软元件号。但是根据使用 PLC 的 CPU 不同，所使用的软元件也会不同。下面以 FX_{2N} 为例，介绍 PLC 内部的软元件，在 FX_{2N} 系列中用 X 表示输入继电器、Y 表示输出继电器、M 表示辅助继电器、D 表示数据寄存器、T 表示定时器、C 表示计数器、S 表示状态继电器。

（一）输入继电器 X

输入继电器是 PLC 用来接受用户输入设备发出的输入信号。输入继电器只能由外部信号所驱动，不能用程序内部的指令来驱动。因此，在程序中输入继电器只有触点（常开、常闭触点可以重复多次使用）。由前文所述，输入模块可等效输入继电器的输入线圈，其等效电路如图 5-10 所示。

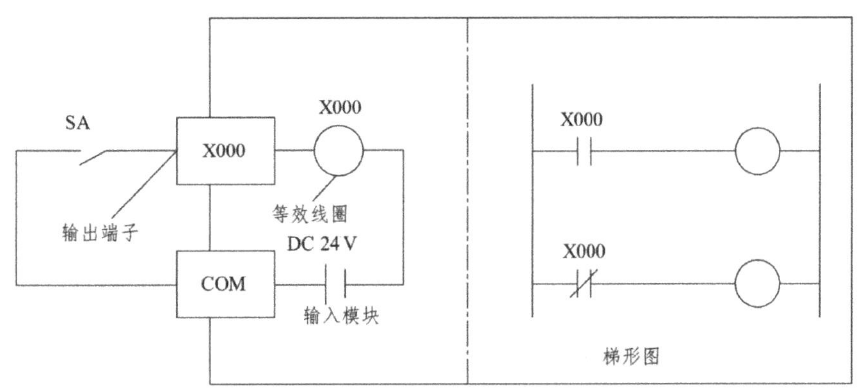

图 5-10　输入继电器等效电路图

（二）输出电器 Y

输出继电器是 PLC 用来将输出信号传送给负载的元件。输出继电器由内部程序驱动，其触点有两类：一类是由软件构成的内部触点（软触点，程序里可以多次重复使用）；另一类则是由输出模块构成的外部触点（硬触点），它具有一定的带负载能力。其等效电路如图 5-11 所示。

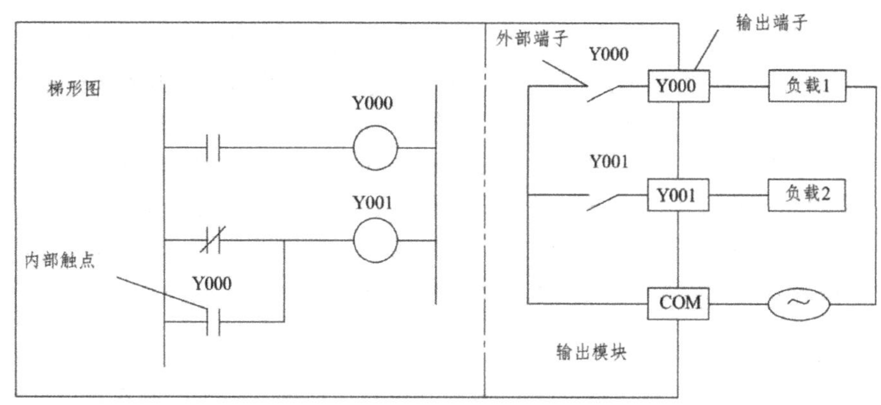

图 5-11　输出继电器等效电路图

从图 5-10 和图 5-11 中可看出，输入继电器或输出继电器都是由硬件（I/O 单元）和软件构成的。因此，由软件构成的内部触点可任意取用，不限数量，而由硬件构成的外部触点只能单一使用。

（三）辅助继电器 M

辅助继电器相当于电气控制中的中间继电器，是 PLC 中数量最多的一种继电器，它存储中间状态或其他信息。辅助继电器不能直接驱动外部负载，只能在程序中驱动输出继电器的线圈，负载只能由输出继电器的外部触点驱动。辅助继电器的常开与常闭触点在 PLC 内部编程时可无限次使用。辅助继电器的地址编号采用十进制，共分为三类：通用型辅助继电器、断电保持型辅助继电器和特殊用途辅助继电器。

1. 通用辅助继电器

通用辅助继电器 M0 ～ M499，共有 500 点。通用辅助继电器在 PLC 运行时，如果电源突然断电，则全部线圈均“OFF”。当电源再次接通时，除了因外部输入信号而变为“ON”的线圈外，其余的仍将保持“OFF”状态，它们没有断电保护功能。通用辅助继电器常在逻辑运算中用于辅助运算、状态暂存、移位等。根据需要可通过程序设定，将 M0-M499 变为断电保持辅助继电器。

2. 断电保持辅助继电器

断电保持辅助继电器 M500-M3071，共 2572 点。它与普通辅助继电器不同的是具有断电保护功能，即能记忆电源中断瞬时的状态，并在重新通电后再现其状态。它之所以能在电源断电时保持其原有的状态，是因为电源中断时用 PLC 中的锂电池保持它们在映象寄存器中的内容。其中 M500-M1023 可由软件将其设定为通用辅助继电器。

3. 特殊辅助继电器

PLC 内有大量的特殊辅助继电器，它们都有各自的特殊功能。FX2N 系列中 M8000-M8255，有 256 个特殊辅助继电器，可分成触点型和线圈型两大类：

（1）触点型

触点型的线圈由 PLC 自动驱动，用户只可使用其触点。例如：

M8000：运行监视器（在 PLC 运行中接通），M8001 与 M8000 逻辑相反。

M8002：初始脉冲（仅在运行开始时瞬间接通），M8003 与 M8002 逻辑相反。

M8011、M8012、M8013 和 M8014：分别为产生 10ms、100 ms、1 s 和 1 min 时钟脉冲的特殊辅助继电器。

（2）线圈型：

由用户程序驱动线圈后 PLC 执行特定的动作。例如：

M8033：若使其线圈得电，则 PLC 停止时保持输出映象存储器和数据寄存器的内容。

M8034：若使其线圈得电，则将 PLC 的输出全部禁止。

M8039：若使其线圈得电，则 PLC 按 D8039 中指定的扫描时间工作。

（四）状态继电器 S

状态继电器用来记录系统运行的状态，是编制顺序控制程序的重要编程元件，它与后述的步进指令 STL 配合使用，也可作为通用继电器使用。状态继电器有 5 种类型：初始状态继电器 S0 ～ S9 共 10 点；回零状态继电器 S10 ～ S19 共 10 点；通用状态继电器 S20 ～ S499 共 480 点；具有断电保持的状态继电器 S500 ～ S899 共 400 点；供报警用的状态继电器（可用作外部故障诊断输出）S900 ～ S999 共 100 点。

在使用状态继电器 S 时应注意：

（1）状态继电器与辅助继电器一样有无数的常开和常闭触点。

（2）状态继电器不与步进顺控指令 STL 配合使用时，可作为辅助继电器 M 使用。

（3）FX2N 系列 PLC 可通过程序设定将 S0 ～ S499 设置为有断电保持功能的状态继电器。

（五）定时器 T

PLC 中的定时器 T 相当于继电器控制系统中的通电延时型时间继电器。它可以提供无限对常开常闭延时触点。FX2N 系列中定时器时可分为通用型定时器、积算型定时器两种。它们是通过对一定周期的时钟脉冲进行累计而实现定时的，时钟脉冲周期有 1ms、10 ms、100 ms 三种，当所计脉冲数达到设定值时触点动作。设定值可用常数 K 或数据寄存器 D 的内容来设置。

（六）计数器 C

计数器是靠输入脉冲由低电平到高电平变化，进行累计计数的，结构类似于定时器。FX_{2N} 型计数器根据其目的和用途可以分为如下两种：

1. 内部计数器

内部计数器对内部信号计数，有 16 位和 32 位计数器，该计数器的应答频率通常在 10 Hz 以下。

2. 高速计数器

高速计数器响应频率较高，最高响应频率为 60 kHz，因此在频率较高时应采用高速计数器。FX_{2N} 编程控制器的内置高速计数器编号分配在输入 X000-X007，且不可重复使用。而不作为高速计数器使用的输入编号可在顺控程序中作为普通的输入继电器使用。此外，不作为高速计数器使用的高速计数器编号也可以作为 32 位数据寄存器使用。

（七）数据寄存器 D

数据寄存器是专门用来存放数据的软元件，用于数据传送、数据运算等操作。可编程序控制器中的寄存器用于存储模拟量控制、位置量控制、数据 I/O 所需的数据及工作参数。每一个数据寄存器都是 16 位，可以将两个数据寄存器合并起来存放 32 位数据。

1. 通用数据寄存器

通用数据寄存器 D0 ～ D199，200 点，默认为数据断电消失，通过参数设定可以变更为断电保持型数据寄存器。

2. 断电保持数据寄存器

断电保持数据寄存器 D200-D511，312 点，除非改写，否则原有数据不会丢失。无论电源接通与否，PLC 运行与否，其内容都不会变化，但通过参数设定可以变为非断电保持型数据寄存器。

3. 特殊数据寄存器

特殊数据寄存器 D8000 ～ D8195，196 点，这些数据寄存器用于监控 PLC 中各种元件的运行方式，其内容在电源接通（ON）时，写入初始化值（全部先清零，然后由系统 ROM 写入初始值）。

4. 文件寄存器

文件寄存器 D512 ～ D7999，7488 点，用于存储大量的数据，例如采集数据、统计计算数据、多组控制参数等。其数量由 CPU 的监控软件决定，但可以通过扩充存储卡的方法加以扩充。

（八）变址寄存器 V、Z

FX2N 系列 PLC 的变址寄存器 V0 ～ V7，Z0 ～ Z7，16 点，与普通的数据寄存器一样，是进行数值数据的读入、写出的 16 位数据寄存器。

（九）指针 P、I

分支用指针 P，中断用指针 I。在梯形图中，指针放在左侧母线的左边。

（十）嵌套层数 N

嵌套层数是专门指定嵌套层数的编程软件，和 MC、MCR 一起使用。在 PLC 中有 N0 ～ N7，8 个。

（十一）常数 K、H、E

常数是程序中必不可少的编程元件，分别用字母 K、H、E 来表示。十进制数 K 主要用于：①定时器和计数器的设定值；②辅助继电器、定时器、计数器、状态继电器等软元件编号；③指定应用指令操作数中的数值与指令动作。十六制数 H 同十进制数一样，用于指定应用指令操作数中的数值与指令动作。浮点数 E 主要用于指定操作数的数值。

应该说明的是，以上所讲的内容都是以 FX2N 系列为例。不同类型的 PLC，其元件地址编号分配都不相同，功能也各有特点，读者在使用时应仔细阅读相应的用户手册。

思考题

1. 简述 PLC 的主要功能。
2. 简述 PLC 的主要特点。
3. 简述 PLC 硬件系统的组成部分及其作用。
4. 简述 PLC 的工作过程。
5. 简述输入继电器和输出继电器的特点及应用。
6. 简述定时器的分类及应用。

第六章　步进顺控指令及其应用

导读：

梯形图编程方式比较形象直观，容易被广大电气技术人员所接受。但是对于一些复杂的控制系统，尤其是顺序控制系统，其内部存在复杂的联锁、互动等关系，这种编程方式在程序的设计、修改等方面会有很大的难度。所以近几年，新一代的PLC在梯形图语言之外还增加了符合IEC1131-3标准的顺序功能图编程语言。顺序功能图（SFC）是描述控制系统的控制过程、功能和特性的一种图形语言，专门用于编制顺序控制程序。

学习目标：

1. 掌握软元件S的名称、符号、功能及编号。
2. 掌握状态转移图的设计方法、要素及结构。
3. 掌握搬运机械手的结构及组成。
4. 掌握搬运机械手的气动回路与电气回路的工作原理。
5. 掌握物料传送及分拣机构的结构及组成。
6. 掌握交通灯的程序设计及外部接线。

第一节　顺序控制概述

所谓顺序控制，就是按照生产工艺的流程顺序，在输入信号及内部软元件的作用下，使各个执行机构自动有序地运行。使用状态转移图设计程序时，首先应根据系统的工艺流程，画出状态转移图，然后把状态转移图转换为对应的步进梯形图或指令表。

三菱和汇川系列的 PLC 在基本逻辑指令之外增加了 2 条简单的步进顺控指令，同时辅之以大量的状态继电器，用类似 SFC 语言的状态流程图来编写顺序控制程序。

首先，我们来分析一下 4 盏灯（4 盏广告灯）循环点亮的过程。要求如下：按下启动按钮，红灯点亮 1s →绿灯点亮 1s →黄灯点亮 1s →蓝灯点亮 1s →红灯点亮 1s →循环工作（先不考虑停止的问题）。这实际上就是一个顺序控制过程，整个过程可以分为 5 个阶段（也叫工序）：初始步、红灯亮、绿灯亮、黄灯亮、蓝灯亮。每个工序又分别完成以下工作（也叫动作）：初始步（在此暂无动作，一般有复位工作），亮红灯、延时，亮绿灯、延时，亮黄灯、延时，亮蓝灯、延时。各个工序之间只要延时时间到就可以过渡（也叫转移）到下一个工序（阶段）。因此，可以很容易画出其工作流程图，如图 6-1 所示。流程图对大家来说并不复杂，但要让 PLC 识别流程图，需要把流程图“翻译”成图 6-2 所示的状态转移图。

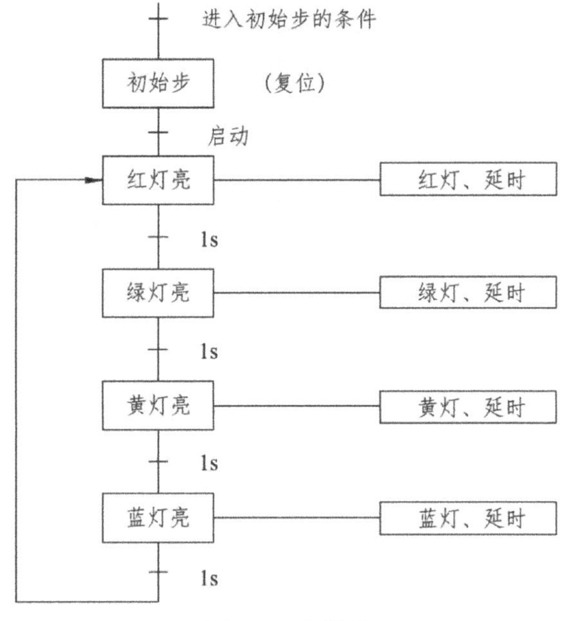

图 6-1　流程图

一、状态继电器 S

状态继电器是构成状态转移图的重要软元件，经常与步进梯形图指令 STL 结合使用。不用步进顺控指令时，状态继电器也可以作为辅助继电器在程序中使用。通常状态继电器有下面 5 种类型。

（1）初始状态继电器 S0 ～ S9 共 10 点。

（2）回零状态继电器 S10 ～ S19 共 10 点。

（3）通用状态继电器 S20 ～ S499 共 480 点。

（4）保持状态继电器 S500 ～ S899 共 400 点。

（5）报警用状态继电器 S900 ～ S999 共 100 点，这 100 个状态继电器可用作外部故障诊断。

二、状态转移图

状态转移图又称状态流程图，它是一种用状态继电器来表示的顺序功能图。在顺序控制中，每一个工序叫作一个状态，当一道工序完成后做下一道工序，可以表达成从一个状态转移到另一个状态。图 6-2 所示为 4 个广告灯的状态转移图，每个灯亮表示一个状态，用一个状态继电器 S。相应的负载和定时器连在状态继电器上，相邻两个状态器之间有一条短线，表示转移条件。当转移条件满足时，则会从上一个状态转移到下一个状态，而上一个状态自动复位。如要使输出负载保持，则应用 SET 指令来驱动负载（但是必须通过复位指令 RST 复位清零）。

每一个状态转移图应有一个初始状态继电器（S0 ～ S9）在最前面，初始步用双线框表示，初始状态继电器要通过外部条件或其他状态器来驱动，图 6-2 中初始步 S0 是通过 M8002 驱动。其他状态均称为普通状态，用单线框表示；垂直线段中间的短横线表示转移条件（例如：X0 动合触点为 S0 到 S20 的转移条件，若为动断触点，则在软元件的正上方加一短横线表示），状态方框右边的水平横线表示该状态驱动的负载。

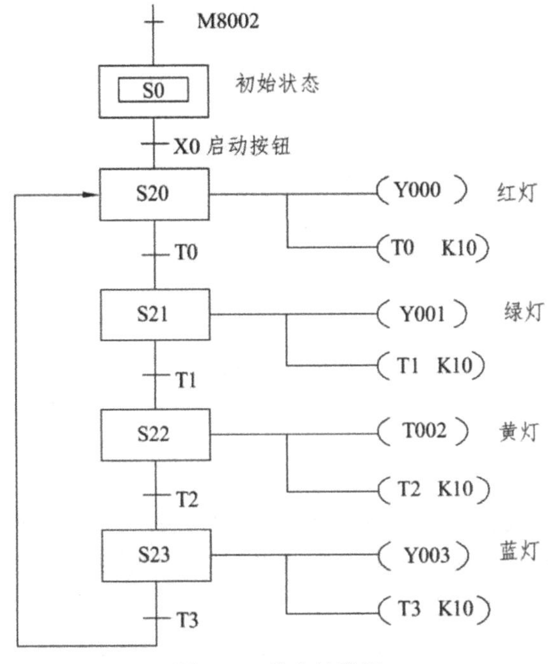

图 6-2　状态转移图

由此可见，状态转移图中的每个工步包含控制元件、驱动负载、转移条件、转移目标 4 个内容，如图 6-3 所示。状态转移图中的每个状态有驱动负载、指定转移方向和转移条件 3 个要素。其中转移条件和转移方向是必不可少的，驱动负载要视具体情况，也可能不进行实际负载的驱动。

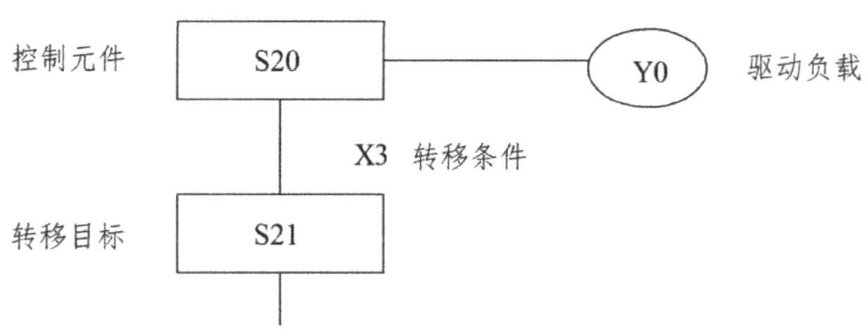

图 6-3　状态转移图基本结构

（一）设计状态转移图的方法和步骤

以之前的 4 盏广告灯控制系统（见图 6-1）为例：按下启动按钮 X0，红灯、绿灯、黄灯、蓝灯依次点亮 1 s。

（1）将整个控制过程按要求分解成若干道工序，其中的每一道工序对应一个状态（即“步”），并分配状态继电器。图 6-2 中，广告灯状态继电器分配如下：S0 →初始状态，S20 →红灯亮，S21 →绿灯亮，S22 →黄灯亮，S23 →蓝灯亮。

（2）搞清楚每个状态的功能。状态的功能是通过状态元件驱动各种负载（即线圈或功能指令）来完成的，负载可由状态元件直接驱动，也可由其他软触点的逻辑组合驱动。图 6-2 中广告灯控制系统的各状态功能如下：

S0：初始状态。

S20：红灯亮 1 s（驱动线圈 Y0、T0）。

S21：绿灯亮 1 s（驱动线圈 Y1、T1）。

S22：黄灯亮 1 s（驱动线圈 Y2、T2）。

S23：蓝灯亮 1 s（驱动线圈 Y3、T3）。

（3）找出每个状态的转移条件和方向，即在什么条件下将下一个状态“激活”。状态的转移条件可以是单一的一个触点，也可以是多个触点串、并联电路的组合。

S0：初始脉冲 M8002（一般情况下用 M8002 作为初始步的转移条件）。

S20：一方面启动按钮 X0，另一方面是从 S23 来的定时器 T3 的延时闭合触点。

S21：定时器 T0 的延时闭合触点。

S22：定时器 T1 的延时闭合触点。

S23：定时器 T2 的延时闭合触点。

（3）根据控制要求或工艺要求，画出状态转移图，如图 6-2 所示。

（二）状态转移和驱动的过程

当某一状态被“激活”而成为活动状态时，它右边的电路才被处理（即扫描），即该状态的负载才可以驱动。当该状态的转移条件满足时，就执行转移，即后续状态对应的状态继电器和负载被SET或OUT指令驱动，后续状态变为活动步，同时原活动步状态对应的状态继电器被自动复位，其右边的负载也复位（SET指令驱动的负载除外）。

图6-2所示的状态转移图的驱动过程如下：当PLC开始运行时，M8002产生一个初始脉冲使初始状态S0置1。当按下启动按钮X0时，状态转移到S20，使S20置1，同时S0在下一个扫描周期自动复位，S20马上驱动Y0、T0（红灯亮1 s），当T0延时1 s后，转移条件T0闭合，状态从S20转移到S21，使S21置1，同时驱动Y1、T1（绿灯亮1 s），而S20则在下一个扫描周期自动复位，Y0、T0线圈失电。当转移条件T1常开触点闭合，状态从S21转移到S22，使S22置1，同时驱动Y2、T2（黄灯亮1s），而S21则在下一个扫描周期自动复位，Y1、T1线圈失电。当转移条件T2常开触点闭合，状态从S22转移到S23，使S23置1，同时驱动Y3、T3（蓝灯亮1s），而S22则在下一个扫描周期自动复位，Y2、T2线圈失电。当转移条件T3闭合时，状态又从S23再次转移到状态S20，使S20置1，同时驱动Y0、T0（红灯亮1s），而S23则在下一个扫描周期自动复位，Y3、T3线圈失电，开始下一个工作循环。

（三）状态转移图的特点

状态转移图是由状态、状态转移条件及转移方向构成的流程图。具有以下特点：

（1）可以把复杂的控制任务或控制过程分解成若干个状态，有利于程序结构化设计。

（2）相对某一个具体的状态来说，控制任务简单了，给局部程序的编制带来了方便。

（3）整体程序是局部程序的综合，只要搞清楚各状态需要完成的工作、状态转移条件和转移的方向，就可以进行状态转移图的设计。

（4）这种流程图比较容易理解、直观，可读性很强，能方便地反映整个控制系统的流程。

三、状态转移图基本结构

（一）单流程

所谓单流程就是指状态转移只有一个流程，没有其他分支。如图6-2所示就是一个典型的单流程。由单流程构成的状态转移图就叫作单流程状态转移图。

（二）选择性流程

由2个及2个以上的分支流程组成，但是根据控制要求只能从中选择1个分支流程执行的程序，称为选择性流程程序。图 6-4 中有两路分支，X002、X004 是选择条件，当程序执行到 S20 时，X002 和 X004 谁先接通就执行相应的分支，另一路分支则不能执行（转移条件 X002 和 X004 不能同时接通）。汇合状态 S26 可由 S22、S32 中的任意一个驱动。

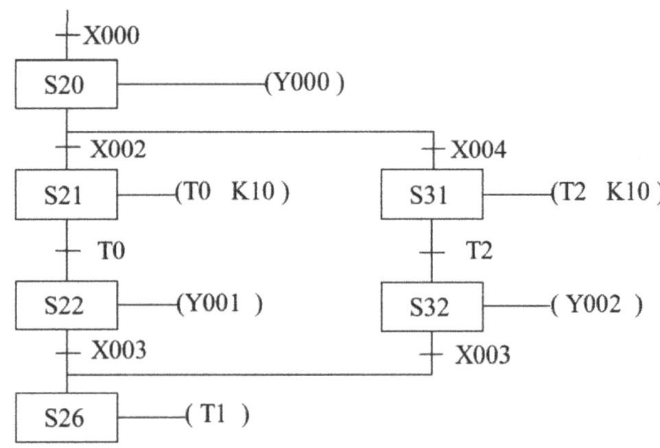

图 6-4 选择性分支程序的结构形式

选择性分支的编程与一般状态的编程一样，先进行驱动处理，然后进行转移处理，所有的转移处理按顺序执行，简称先驱动后转移。因此，首先对 S20 进行驱动处理（OUT Y000），然后按 S21、S31 的顺序进行转移处理。

选择性汇合的编程是先进行汇合前状态的驱动处理，然后向汇合状态进行转移处理。因此，首先分别对第一分支（S21 和 S22）、第二分支（S31 和 S32）进行驱动处理，然后按 S22、S32 的顺序向 S26 转移。

（三）并行性流程

由 2 个及 2 个以上的分支流程组成，但必须同时执行各分支的程序，称为并行性流程程序。图 6-5 中有两路分支，当程序执行到 S20 时，如果 X002 接通，则把状态同时传给 S21 和 S31，两路分支同时执行，当两路分支都执行完以后，S22、S32 接通，当 X003 接通后，则把状态传给 S26。所以并行性分支要把所有的分支都执行完以后才可以往下执行。

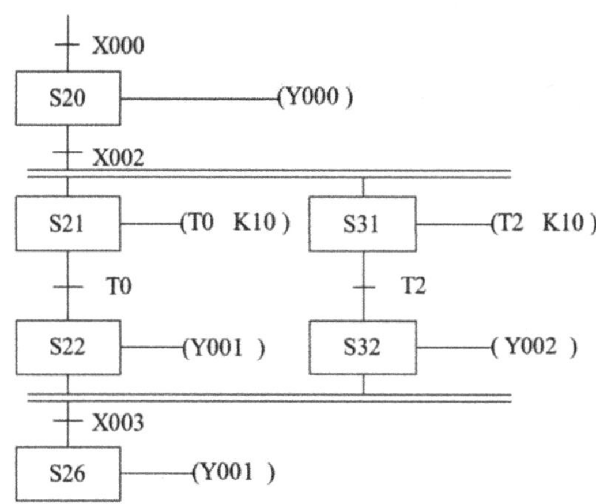

图 6-5　并行性分支程序的结构形式

并行性分支的编程与选择性分支的编程一样，先进行驱动处理，然后进行转移处理，所有的转移处理按顺序执行。根据并行性分支的编程方法，首先对 S20 进行驱动处理（OUT Y000），然后按第一分支（S21、S22），第二分支（S31、S32）的顺序进行转移处理。

并行性汇合的编程与选择性汇合的编程一样，也是先进行汇合前状态的驱动处理，然后按顺序向汇合状态进行转移处理。根据并行性汇合的编程方法，首先对 S21、S22、S31、S32 进行驱动处理，然后按 S22、S32 的顺序向 S26 转移。

四、状态转移图与步进梯形图之间的转换

对状态转移图进行编程，也就是如何使用 STL 和 RET 指令的问题。用步进指令进行编程时，先画出状态转移图，再把状态转移图转换成梯形图和指令表，状态转移图、梯形图和指令表存在一定的对应关系。

图 6-2 中的单流程状态转移图对应的步进梯形图及指令表如图 6-6 所示。

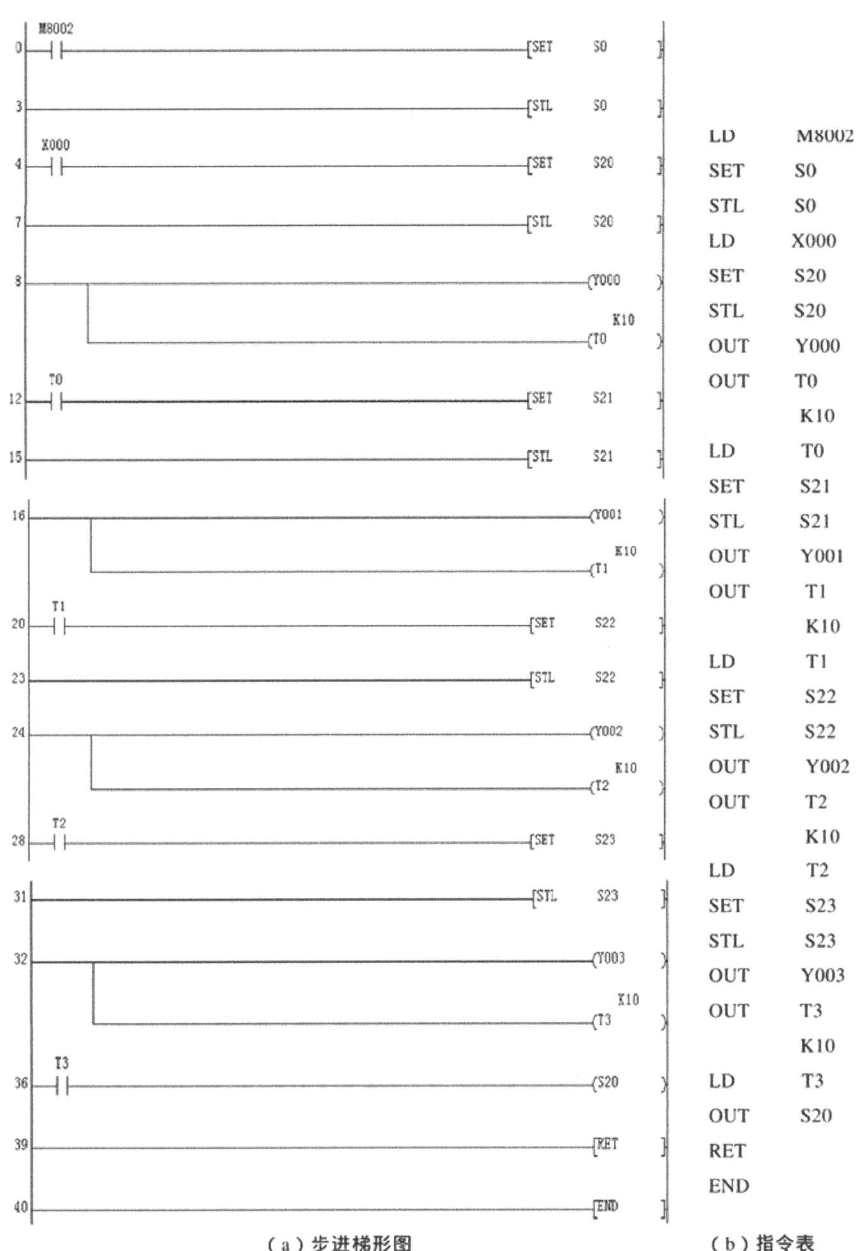

（a）步进梯形图　　（b）指令表

图 6-6 单系列分支步进梯形图及指令表

从程序中可看出，负载驱动及转移处理必须在 STL 指令之后进行，负载的驱动通常使用 OUT 指令（也可以使用 SET、RST 及功能指令，还可以通过触点及其组合来驱动）；状态的转移必须使用 SET 指令，但若为向上游转移、而非向相邻的下游转移或向其他流程转移（称为不连续转移），一般不使用 SET 指令，而用 OUT 指令。

步进编程的基本思路：把复杂的控制过程分解成相对独立的多个工作步骤，对每一个工作步骤编制一段小程序，每一段小程序由一个特殊的常开触点（步进触点）来控制，多个小程序有机结合，完成整个控制过程。这种编程方法称为步进指令编程，简称步进编程。

五、步进编程注意事项

（1）状态号不可重复使用。

（2）与 STL 指令相连的触点应使用 LD 或 LDI 指令。

（3）初始状态必须预先做好驱动，否则状态流程图不可能向下进行。一般用控制系统的初始的条件，若无初始条件，可由 M8000 或 M8002 驱动。

用 S0 ～ S9 表示初始状态，有几个初始状态，就对应几个相互独立的状态过程。开始运行后，初始状态可由其他状态驱动。每个初始状态下面的分支数总和不能超过 16 个，对总状态数没有限制。从每个分支点上引出的分支不能超过 8 个。

（4）由于 CPU 只执行活动状态对应的程序，因此，在状态转移图中允许使用双线圈输出。但是同一元件的线圈不能在同时为活动状态的 STL 程序中出现，在并行性分支中，要特别注意这个问题。

（5）定时器线圈同输出线圈一样，可在不同状态间对同一软元件编程。但在相邻状态中则不宜使用同一定时器线圈。

（6）在中断和子程序内，不能使用 STL 指令。

（7）在 STL 指令内不能使用跳转指令。

（8）连续转移用 SET 指令，非连续转移用 OUT 指令。

（9）在 STL 与 RET 指令之间不能使用 MC、MCR 指令。

（10）需要在断电后恢复或维持断电前的状态，可使用 S500 ～ S899 断电保持性状态继电器。

第二节　气动机械手搬料的 PLC 控制

一、控制要求

机械手如图 6-7 所示，控制要求如下：

（1）复位功能。PLC 上电运行后，机械手按照手爪放松、手爪上伸、手臂缩回、手臂左旋至左侧限位处停止的顺序依次复位。

（2）启停控制。机械手复位后，按下启动按钮，机构起动。按下停止按钮，机构完成当前工作循环后停止。

（3）搬运功能。机构起动后，若出料口有物料，气动机械手臂伸出→到位后提升臂伸出，手爪下降→到位后，手爪抓料夹紧 0.5 s→时间到，提升臂缩回，手爪上升→到位后机械手臂缩回→到位后机械手臂向右旋转→至右侧限位，定时 1 s后手臂伸出→到位后提升臂伸出，手爪下降→到位后定时 0.5s，手爪放松、放下物料→手爪放松到位后，提升臂缩回，手爪上升→到位后机械手臂缩回→到位后机械手臂向左旋转至左侧限位处，等待物料开始新的工作循环。

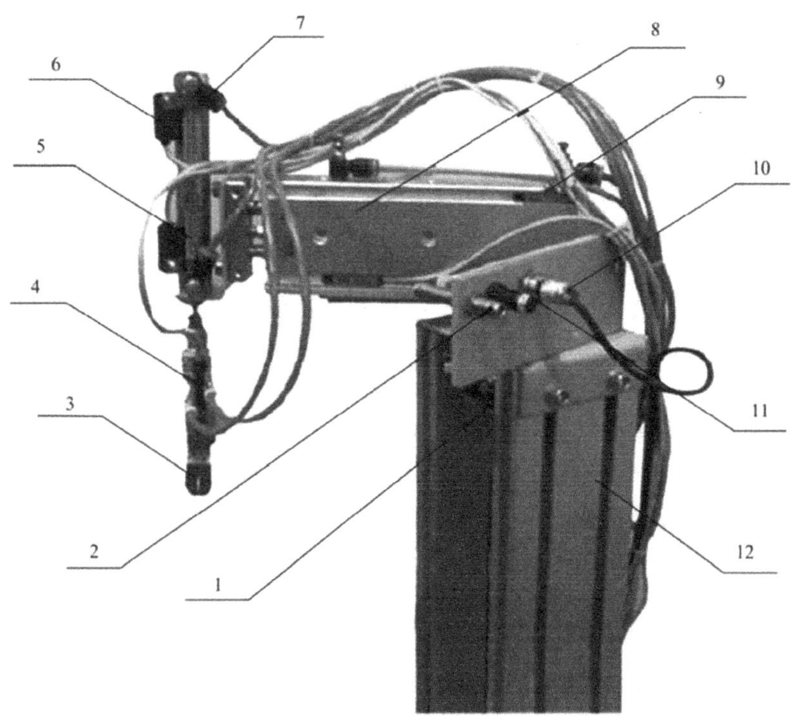

图 6-7　气动机械手

1—旋转气缸；2—非标螺丝；3—手爪部件；4—夹紧限位磁性开关；
5—提升气缸；6—上升限位磁性开关；7—节流阀；8—伸缩气缸；
9—缩回限位磁性开关；10—旋转限位传感器；11—旋转缓冲阀；12—安装支架

二、任务分析

（一）机械手搬运机构认识

手爪：抓取和松开物料，由双控电磁阀控制，手爪夹紧磁性传感器有信号输出，指示灯亮，在控制过程中不允许两个线圈同时得电。

摆动气缸：机械手手臂的左右旋转，由双控电磁阀控制。

提升气缸：机械手手臂下降、上升，由双控电磁阀控制。气缸上装有两个磁性传感器，检测气缸伸出或缩回位置。

伸缩气缸：机械手手臂伸出、缩回，由双控电磁阀控制。气缸上装有两个磁性传感器，检测气缸伸出或缩回位置。

磁性传感器：用于气缸的位置检测。检测气缸伸出和缩回是否到位，因此在前后位置各装一个磁性传感器，当检测到气缸准确到位后将给 PLC 发出一个信号（在应用过程中棕色线接 PLC 主机输入端，蓝色线接 PLC 输入公共端）。

接近传感器：机械手臂正转和反转到位后，接近传感器信号输出（在应用过程中棕色线接直流 24 V 电源“+”、蓝色线接直流 24 V 电源“-”、黑色线接 PLC 主机的输入端）。

缓冲器：旋转气缸高速正转和反转时，起缓冲减速作用。

节流阀：调节控制气压的大小。

（二）复位功能分析

从图 6-7 中结合控制要求可以看出，该机械手可以实现 4 个自由度的动作：手爪提升、手爪松紧、手臂左右旋转和手臂伸缩。具体动作如下：手爪气缸张开即机械手松开、手爪气缸夹紧即机械手夹紧；提升气缸伸出即机械手下降、提升气缸缩回即机械手上升；伸缩气缸伸出即手臂前伸、伸缩气缸缩回即手臂后缩；旋转气缸左转即手臂左旋、旋转气缸右旋即手臂右旋。

在气动机械手搬运物料工作之前，为了保障设备和人身安全，并使手爪能准确抓取物料，要求 PLC 一上电运行，机械手系统就自动进行复位。而复位的顺序，首先应该从安全角度方面考虑，其次应该考虑机械手在实训设备上的实际安装位置，因此机械手复位的顺序通常为：手爪放松→放松到位后，手臂上升→上升到位后，手臂缩回→缩回到位后，机械手左旋转至左侧限位位置停止。因为要求 PLC 一上电运行，机械手就自动复位，该段控制程序必须编在初始步，且每一个复位动作必须是在上一个复位动作到位的情况下才能进行当前复位动作。

（三）搬料流程分析

在整个搬运过程中，气动机械手通过 4 个自由度的动作完成物料的搬运工作，其搬运动作流程如图 6-8 所示。

复位之后，按下启动按钮，如果料口有物料，程序应该从初始步转入工作步，之后气动机械手按照图 6-8 的搬运动作流程开始搬料，如此循环工作。按下停止按钮，机械手完成当前工作，回到初始位置停止。搬运流程中必须在上一个搬运动作到位后才能进行当前搬运动作。例如：手臂伸出，只有当手臂伸出到位后，才能进行手臂下降搬运动作，这是一个很典型的单流程程序，在绘制任务状态转移图时，除了要分析出每一个状态的输出动作，还应该分析出从上一个状态转移到下一状态的转移条件是什么。最后在编制完一个工作周期的状态转移图之后，如何让程序自动循环也是一个很重要的关键点。

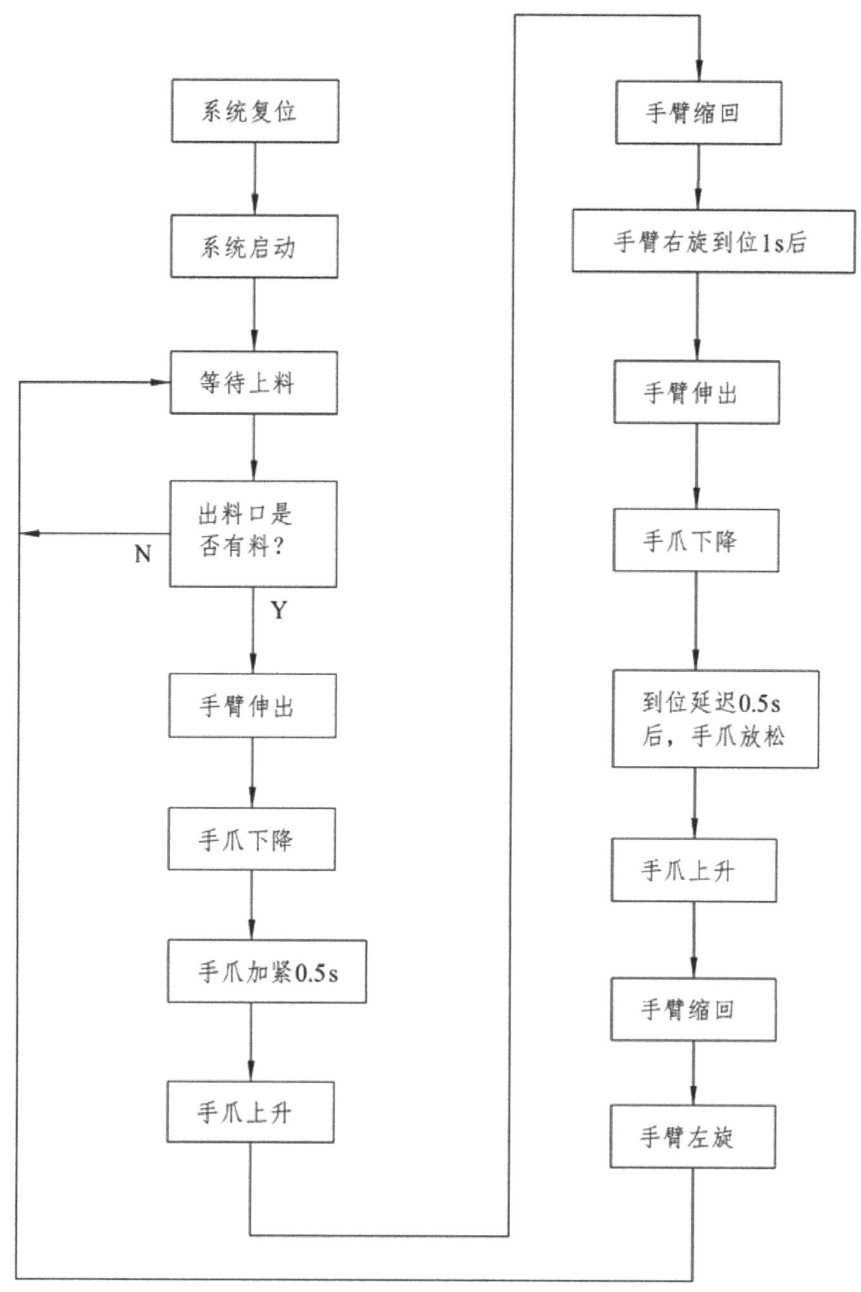

图 6-8　机械手搬运机构动作流程图

（四）机械手搬运机构气动回路分析

机械手搬运工作主要是通过电磁换向阀改变气缸运动方向来实现的。机械手搬运物料的气动原理如图 6-9 所示。气动回路中的驱动控制元件是 4 个两位五通双控电磁换向阀及 8 个节流阀。气动执行元件是提升气缸、伸缩气缸、旋转气缸及气动手爪。同时，气路配有气动二联件及气源、气管等辅助元件。机械手搬运机构气动回路的动作原理如表 6-1 所示。

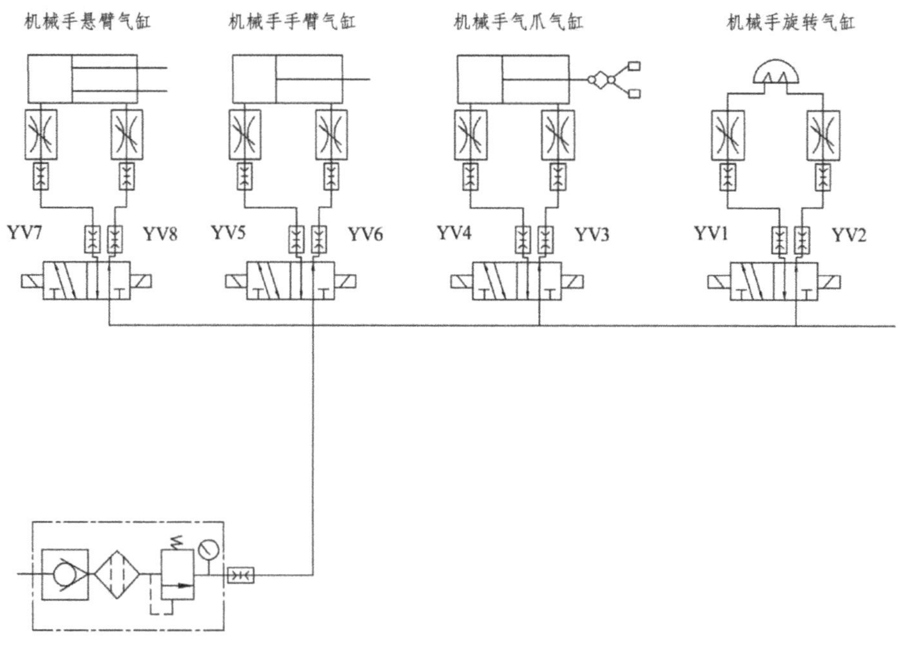

图 6-9　机械手搬运机构气动回路图

表 6-1　控制元件、执行元件状态一览表

电磁换向阀线圈得电情况								执行元件状态	机构动作
YV1	YV2	YV3	YV4	YV5	YV6	YV7	YV8		
+	−							旋转气缸正转	手臂右转
−	+							旋转气缸反转	手臂左转
		+	−					气爪气缸加紧	手爪抓料
		−	+					气爪气缸放松	手爪放料
				+	−			手臂气缸伸出	手臂下降
				−	+			手臂气缸缩回	手臂上升
						+	−	悬臂气缸伸出	悬臂伸出
						−	+	悬臂气缸缩回	悬臂缩回

以手臂气缸控制回路为例，若 YV5 得电，YV6 失电，电磁换向阀 A 口出气，B 口回气，从而控制手臂气缸伸出，机械手手臂下降；若 YV5 失电，YV6 得电，电磁换向阀 A 口回气，B 口出气，从而改变气动回路的气压方向，控制手臂气缸缩回，机械手手臂上升。机构的其他气动工作原理与之相同。

简而言之，就是在 PLC 编程中通过程序控制电磁阀线圈得电与否，从而改变气动回路的气压方向，控制机械手动作。电磁换向阀有两根引出线，其中红色线接 PLC 的输出信号端子（直流电源 24 V“+”），绿色线接直流电源 24 V“-”。若两线接反，电磁换向阀的指示 LED 不能点亮，但不会影响电磁换向阀的动作功能。

第三节　物料传送及分拣的 PLC 控制

一、控制要求

物料传送及分拣机构如图 6-10 所示，控制要求如下：

（1）启停控制

按下启动按钮，机构开始工作；按下停止按钮，机构执行完当前工作循环后停止。

（2）传送功能

当传送带入料口的光电传感器检测到物料时，变频器启动，驱动三相交流异步电机以 35 Hz 的频率正转运行，传送带开始自左向右运转输送物料，分拣完毕，传送带停止运转。

（3）分拣功能

①分拣金属物料

当启动推料一传感器检测到金属物料时，推料一气缸动作，活塞杆伸出将它推入料槽一内。当推料一气缸伸出，限位传感器检测到活塞杆伸出，到位后，活塞杆缩回；缩回限位传感器检测气缸缩回到位后，传送带停止运行。

②分拣白色塑料物料

当启动推料二传感器检测到白色塑料物料时，推料二气缸动作，活塞杆伸出将它推入料槽二内。当推料二气缸伸出，限位传感器检测到活塞杆伸出到位后，活塞杆缩回；缩回限位传感器检测气缸缩回到位后，传送带停止运行。

③分拣黑色塑料物料

当启动推料三传感器检测到黑色塑料物料时，推料三气缸动作，活塞杆伸出将它推入料槽三内。当推料三气缸伸出，限位传感器检测到活塞杆伸出到位后，活塞杆缩回；缩回限位传感器检测气缸缩回到位后，传送带停止运行。

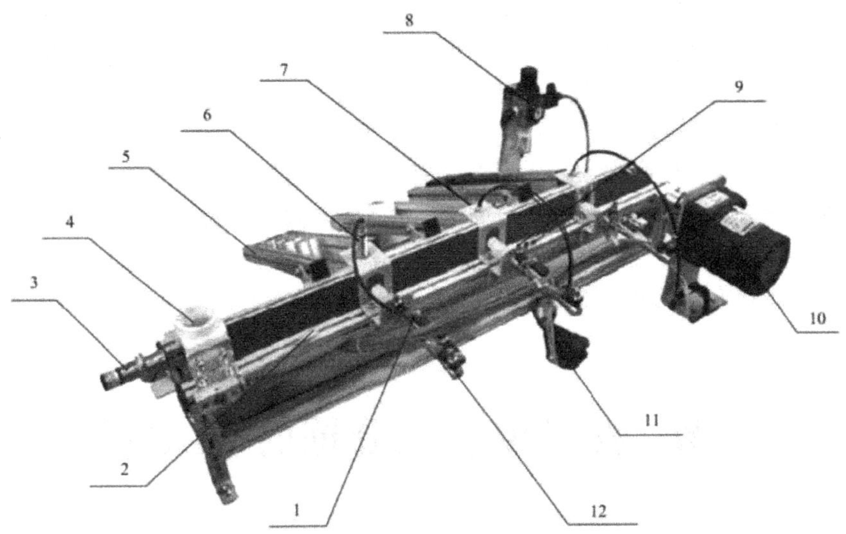

图 6-10　物料传送及分拣机构

1—位置一伸出到位磁性开关；2—传送机构；
3—落料口传感器；4—环境监测与水文水环境治理料口；5—料槽；
6—电感式传感器；7—光纤式传感器；8—过滤调压阀；
9—环境监测与水文水环境治理环境监测与水文水环境治理节流阀；
10—三相异步电机；11—环境监测与水文水环境治理光纤放大器；12—推料气缸

二、任务分析

（一）物料传送及分拣机构认识

落料口传感器：检测是否有物料送到传送带上，并给 PLC 一个输入信号。

落料孔：物料落料位置定位。

料槽：放置物料。

电感式传感器：检测金属材料，检测距离为 3 ～ 5 mm。

光纤传感器：用于检测不同颜色的物料，可通过调节光纤放大器来区分对不同颜色的灵敏度。

三相异步电机：驱动传送带转动，由变频器控制。

推料气缸：将物料推入料槽，由电控气阀控制。

（二）物料传送、识别及分拣功能分析

从图 6-10 可以看出，在该系统中，落料口传感器主要为传送带提供一个输入信号，若有料则给 PLC 发出一个输入信号，驱动三相异步电动机旋转从而带动传送带转动。金属材料主要由电感式传感器检测，若检测到信号，则启动气缸一动作，检测距离为 3.5 mm。光纤传感器通过调节光纤放大器来区分不同颜色的灵敏度，可以

用于检测不同颜色的物料。在该系统中，光纤传感器用于检测白色和黑色物料，并启动气缸二和气缸三动作。

物料传送及分拣控制系统的工作流程如图 6-11 所示。

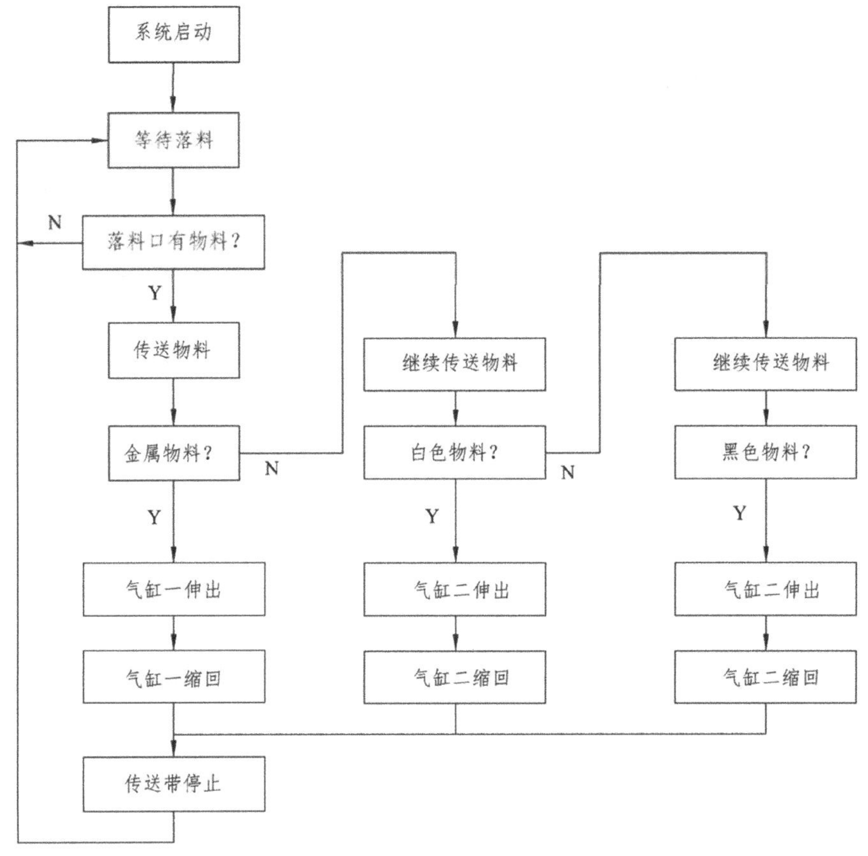

图 6-11　物料传送及分拣机构动作流程图

从图 6-11 可以看出，按下启动按钮机构开始工作。当落料口传感器检测到有料时，变频器启动，驱动三相异步电动机工作，带动传送带自左向右输送物料。若为金属物料，位置一电感传感器检测到信号，驱动气缸一动作，活塞杆伸出将该金属物料推入料槽一内，当气缸一伸出到位，传感器检测到活塞杆伸出到位后，活塞杆缩回，当缩回到位传感器检测到活塞杆缩回到位后，传送带停止运行。若为白色物料，位置二光纤传感器检测到信号，驱动气缸二动作，活塞杆伸出将该白色物料推入料槽二内，当活塞杆伸出到位，且对应气缸二伸出到位，传感器检测到信号后，活塞杆缩回，当气缸二缩回到位传感器检测到活塞杆缩回到位后，传送带停止运行。若为黑色物料，位置三光纤传感器检测到信号，驱动气缸三动作，活塞杆伸出将该黑色物料推入料槽三内，当气缸三伸出到位，传感器检测到活塞杆伸出到位后，活塞杆缩回，当缩回到位传感器检测到活塞杆缩回到位后，传送带停止运行。在运行过程中，若按下停止按钮，机构完成当前工作循环后停止。

在绘制状态转移图时，物料的识别和分拣是个关键点。当机构启动、落料口有料时，传送带开始传送物料，然后按照物料材质的不同分拣物料。初始步之后，状态转移图应该根据物料材质的不同分成三个分支，这是一个典型性的选择性流程。如果是金属，执行第一分支的程序；如果是白料，则执行第二分支的程序；如果是黑料，则执行第三分支的程序。

而选择流程的重点在于确定各选择分支的转移条件。可以充分利用三个物料检测传感器的特性对三种物料进行识别和分拣，只要物料识别准确无误，那么控制程序也就迎刃而解了。

（三）物料分拣控制气动回路分析

物料分拣工作主要是通过电磁换向阀控制推料气缸的伸缩来实现。气动原理图如图 6-12 所示。在该气动回路图中，所有电磁阀线圈均为单向电控电磁阀线圈，与双向电控阀的区别在于单控阀初始位置是固定的，只能控制一个方向，而双向电控阀由于初始位置是任意的，所以可以随意控制两个位置。

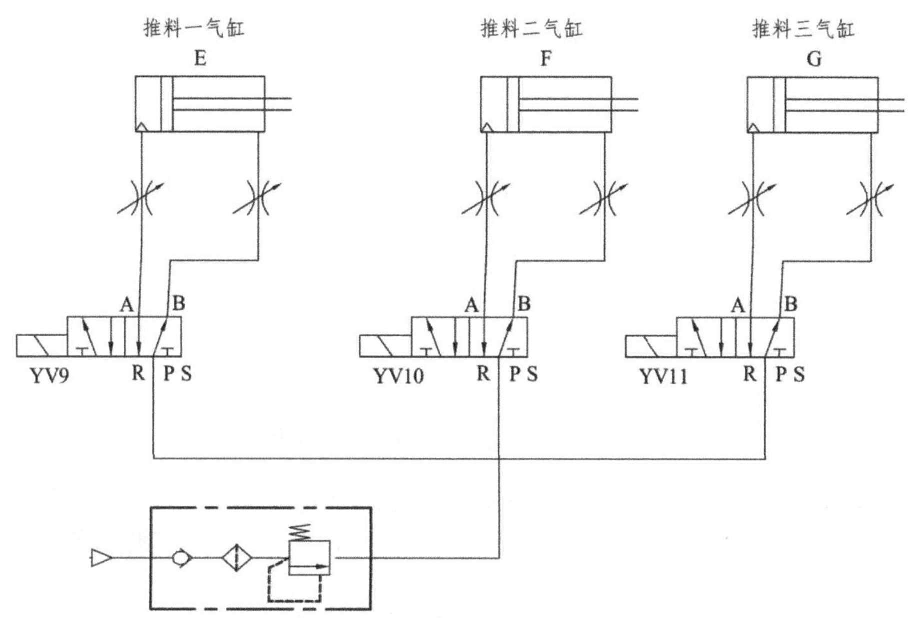

图 6-12　物料分拣气动原理图

物料传送与分拣机构气动回路中的驱动控制元件是 3 个两位五通单控电磁换向阀及 6 个节流阀；气动执行元件是 3 个推料气缸；同时气路配有气动二联件及气源、气管等辅助元件。

工作原理：物料分拣控制气动回路的动作原理如表 6-2 所示。

表 6-2　控制元件、执行元件状态一览表

电磁换向阀线圈得电情况			执行元件状态	机构动作
YV91	YV10	YV11		
+			推料一气缸伸出	推出一动作
	+		推料二气缸伸出	推出二动作
		+	推料三气缸伸出	推出三动作

第四节　自动交通灯的 PLC 控制

一、控制要求

设计一个用 PLC 控制的十字路口交通灯的控制系统，其控制要求如下：

（1）自动运行。当转换开关 SA 置于 OFF 时，交通灯处于自动运行模式，按下启动按钮 SB1，信号灯系统按图 6-13 所示要求开始工作（绿灯闪烁的周期为 100 ms）。按下停止按钮 SB2，所有信号灯熄灭，交通灯停止工作。

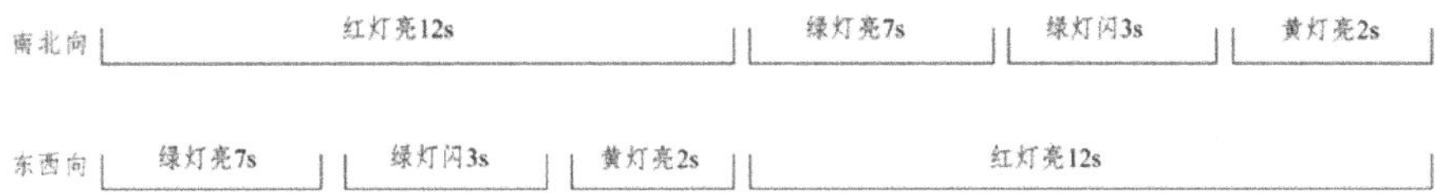

图 6-13　交通灯自动运行的动作要求

（2）手动运行。当转换开关 SA 置于 ON 时，交通灯处于手动运行模式，此时两方向的黄灯同时闪烁，周期是 100 ms。

二、任务分析

通过对图 6-13 交通灯的控制要求进行分析，其自动运行的时序图如图 6-14 所示。

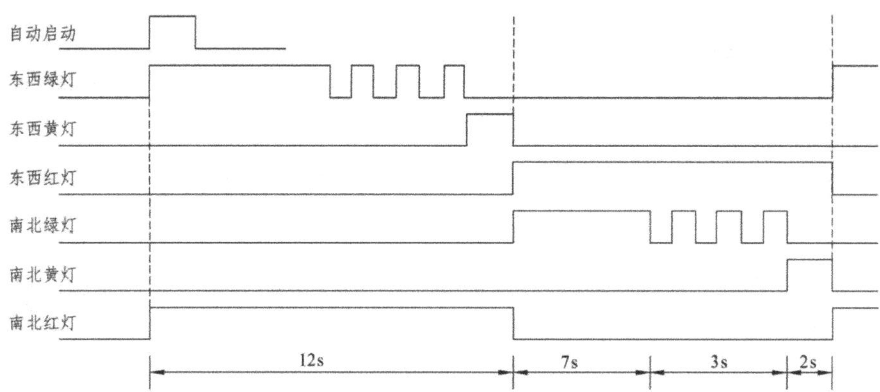

图 6-14 交通灯自动运行的时序图

从图 6-14 中可以看出，当转换开关置于 OFF 时，进入自动运行模式，按下启动按钮后，东西向：东西绿灯点亮 7 s，7 s 后东西绿灯闪烁 3 s（周期为 100 ms），3 s 后东西黄灯点亮 2s，此期间南北红灯一直处于点亮状态（点亮时间为 12 s），12 s 后进入下半个周期的控制，南北向：南北绿灯点亮 7 s，7 s 后南北绿灯闪烁 3 s（周期为 100 ms），3 s 后南北黄灯点亮 2s，此期间东西红灯一直处于点亮状态，按下停止按钮，所有信号灯均熄灭。

两种工作方式的切换主要是通过转换开关 SA 进行的。手动模式下，可以用特殊辅助继电器 M8012 产生的脉冲（周期为 100 ms）来控制闪烁信号。

通过分析，可以通过两种编程方法进行设计。

（一）基本逻辑指令编程

根据上述控制时序图，要用到 8 个（或者至少 6 个）定时器控制信号灯的通、断，用特殊辅助继电器 M8012 产生的脉冲（周期为 100 ms）来控制闪烁信号。

（二）步进顺控编程

因为东西向和南北向的信号灯动作是同时进行的，所以东西方向和南北方向的信号灯的动作过程可以看成是 2 个独立的顺序控制过程，可以采用并行性分支与汇合的编程方法。

思考题

1. 什么是顺序控制？如何用 PLC 实现顺序控制？
2. 简述机械手搬运物料的工作流程。
3. 简述传感器、电磁阀线圈的接线要点。
4. 简述物料传送机构的组成。
5. OUT 指令与 SET 指令有什么异同？
6. 按钮 X000 按下第一次电机正转，第二次按下正转停止，第三次按下电机反转，第四次按下反转停止。画出满足上述条件的梯形图。

第七章 变频器及应用

导读：

变频器是应用变频技术与微电子技术，通过改变电机工作电源频率方式来控制交流电动机的电力控制设备。

变频器主要由整流（交流变直流）、滤波、逆变（直流变交流）、制动单元、驱动单元、检测单元微处理单元等组成。变频器靠内部 IGBT 的开断来调整输出电源的电压和频率，根据电机的实际需要来提供其所需要的电源电压，进而达到节能、调速的目的，另外，变频器还有很多的保护功能，如过流、过压、过载保护等等。随着工业自动化程度的不断提高，变频器也得到了非常广泛的应用。

学习目标：

1. 熟练掌握变频器的原理及工作特性。
2. 掌握变频器的选择与安装方法。
3. 掌握变频器的调试与维护措施。

第一节 变频器概述

变频器顾名思义是提供可变频率电源的装置，三相交流电（50Hz）通过控制开关，由变频器变频变压，对电动机进行调速控制。即变频器是连接电源和电动机的控制电器。

大家知道三相交流异步电动机的转速 n 表达式为

$$n=(1-s)n_0=(1-s)\frac{60f}{p} \quad (7\text{-}1)$$

式中，n 为电动机转子转速（r/min 每分钟转数）；n_0 为电动机定子上的磁场旋转的转速（r/min 每分钟转数），又称同步转速，$n_0=\frac{60f}{p}$；s 为转差率，$s=(n_0-n)/n_0$，s 代表的是电动机转子输出的旋转速度同定子上的磁场旋转速度之间的差异，同步三相交流电动机的转差率 s =0，电动机转子输出的旋转速度同定子上的磁场旋转速度相等，三相交流异步电动机的转差率 $s>0$；f 为电动机供电电源的频率；p 为电动机的极对数（磁极是成对出现的，2 极，p =1），有 2、4、6、8 极电动机等。从式（7-1）可以看出交流电动机的调速途径不外乎有三种：一是改变频率 f；二是改变极对数 p；三是改变转差率 s。

变频器主要用于向三相交流电动机提供可变频率的电源，以实现交流电动机的无极调速。由于交流电动机没有直流电动机的易损部件—电刷，所以维护简单，再加上变频器价格的快速下降，所以近年来交流调速发展迅速。

变频器的选型首先是功率要和电动机匹配，二是负载性质与变频器类型要匹配。有些厂家的变频器分水泵风机类（适用于平方转矩负载）和通用类（适用于恒转矩（如机床）和平方转矩负载），两种类型的变频器价格不同，一般水泵风机类变频器价格要低一些。

变频器面板上有显示器和按键，显示器可以显示输出频率、输出电压、输出电流以及设定参数等，参数输入方法因不同的厂家会有所不同，具体方法应参考厂家的产品说明书。

变频器应用必须输入被驱动电动机的参数：额定功率、额定电流、额定电压、额定转速、电动机极数、空载电流、电动机阻抗、感抗等，如果电动机说明书上没有这些参数，则采用变频器（与电动机相同功率）的出厂默认值，很多变频器提供电动机阻抗在线测试功能。变频器需要输入的主要控制参数有以下几项：电源电压（如380V）、输出最小频率（如 0Hz）、输出最大频率（如 50Hz）、升速时间（如 0.1～3600s），降速时间（如 0.1-3600s），转矩提升选择等。一般情况下，其他参数可采用默认值，如有特殊要求需要参照厂家的变频器说明书。

变频器的主要接线如图 7-1 所示，其中 R、S、T 为三相主电源（也有单相 AC 220V 的变频器），U、V、W 接三相交流电动机，速度控制输入为模拟量 0 ～ 10V 或 4 ～ 20mA 信号，起 / 停控制输入（开关量）控制电动机的起停，正 / 反转控制（开关量）控制电动机的转向，报警输出（开关量）用于通知外部控制设备变频器的报警状态或运行状态，当电动机需要经常处于发电状态（如急停、重物下放等）时需接制动电阻，模拟信号输出主要用于输出当前变频器的频率、电流或转矩等参数，变频器的其他接线多数情况下可以不用。

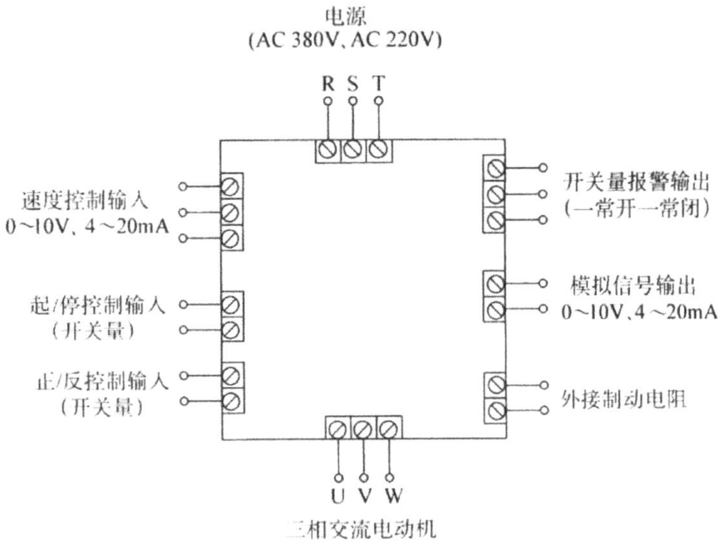

图 7-1 变频器的主要接线

多数变频器提供两种控制方式：一是利用变频器上的面板改变输出频率、电动机起停及正反转；二是用外部模拟信号（0 ～ 10V 或 4 ～ 20mA）控制频率变化，外部起停开关信号控制电动机起停，正反开关信号控制电动机正反转。此外变频器也可以用通信方式进行控制，目前也有很多变频器本身带有PID和可以编程的PLC功能，其用法也和 PID 差不多，这样的变频器就不用外加 PID 控制器了，此功能在此不再讲述。

当变频器到电动机的距离较远时，变频器的输出需要接输出电抗器。

第二节 变频器选择与安装

变频器要想正常工作，与变频器和外围电路的正确选择，采取正确的安装方法是分不开的。变频器和外围电路选择不合理，会使变频器在工作中经常发生故障，接地和屏蔽不好，会使变频器工作中信号丢失，产生一些莫名其妙的问题。因此，正确的选择变频器和外围电路的控制器件，采取规范的安装工艺，是变频器长期稳定工作的必要条件。

一、典型控制电器

变频器安装时要配备相应的控制电路才能正常工作，其控制电路是根据具体应用情况而设计的。

（一）主令开关

主令电器属于控制电器，是用来发出指令的低压操作电器。主令电器的种类很多，除控制按钮、行程开关外，还有十字开关、主令控制器、接近开关和光电开关等。

1. 按钮

按钮是一种结构简单、应用广泛的主令电器。在低压控制电路中，用于发布手动控制指令。控制按钮是由按钮帽、复位弹簧、桥式触点和外壳组成，其结构示意图如图 7-2 所示。按钮在外力作用下，首先断开动断（又称常闭）触点，然后再接通动合（又称常开）触点。复位时，动合触点先断开，动断触点后闭合。

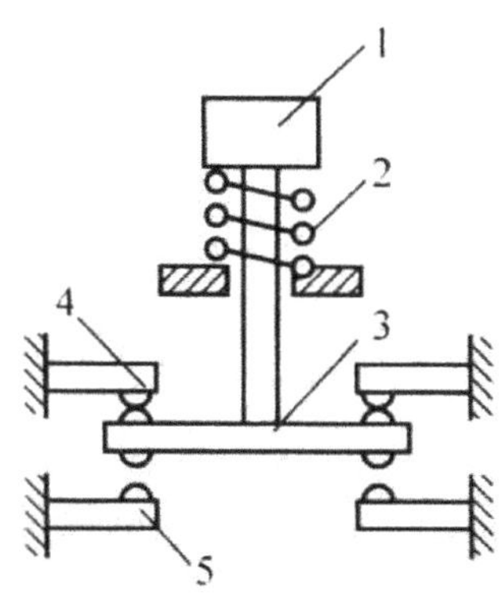

图 7-2　按钮结构图

1—按钮帽；2—复位弹簧；3—动触点；4—动断触点；5—动合触点

目前应用较多的产品有 LA18、LA19、LA20、LA25 和 LAY3 等系列。其中 LA25 系列为通用型按钮的更新换代产品，采用组合式结构，可根据需要任意组合其触点数目，最多可组合 6 个单元，LAY3 系列是根据德国西门子公司技术标准生产的产品，规格品种齐全，其结构型式有按钮式、紧急式、钥匙式和旋转式等，有的带有指示灯，适用于工作电压 660V（AC）或 440V（DC）以下，额定电流 10A 的场合。

按钮要根据使用场合，选择结构型式、触点数目及按钮的颜色等一般以红色表示停止按钮，绿色表示起动按钮。通常所选用的规格为交流额定电压 500V、允许持续电流 5A。控制按钮的图形及文字符号如图 7-3 所示。

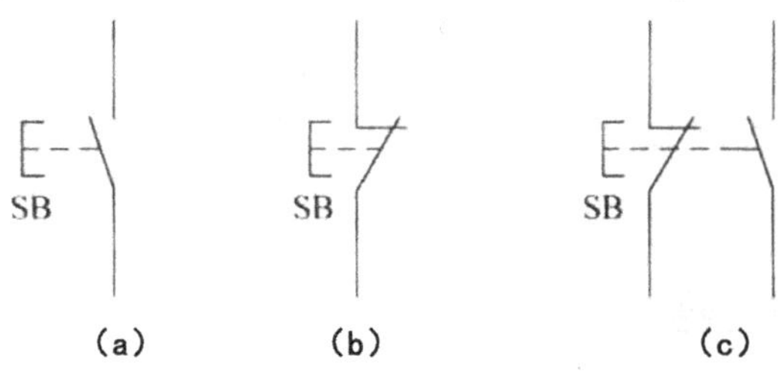

图 7-3　按钮图形及文字符号

（a）动合触点；（b）动断触点；（c）复合触点

2. 行程开关

行程开关又称限位开关，是一种根据运动部件的行程位置而切换电路的电器，它的作用主要是限定运动部件的行程。

行程开关的种类很多，常见的有 LX、HL、WL 等系列。有单滚轮、双滚轮等结构。图 7-4（a）所示是行程开关的外形图。行程开关是自动复位式组合电器，内装有微动开关。微动开关是一种反应很灵敏的开关，只要它的推杆有微量位移，就能使触点快速动作，图形符号如图 7-4（b）行程开关主要根据应用场合所需的触点数、触点形式和操作方法进行选择。

3. 接近开关

接近开关是一种无触点开关，它既有行程开关、微动开关的特性，又具有传感性能，且动作可靠、性能稳定、频率响应快、应用寿命长、抗干扰能力强，并具有防水、防振、耐腐蚀等特点。接近开关能在一定的距离（几毫米至几十毫米）内检测有无物体靠近。当物体与其接近到设定距离时，就可以发出“动作”信号，而不像机械式行程开关那样，需要施加机械力。它给出的是开关信号（高电平或低电平）。多数接近开关具有较大的负载能力，能直接驱动中间继电器。

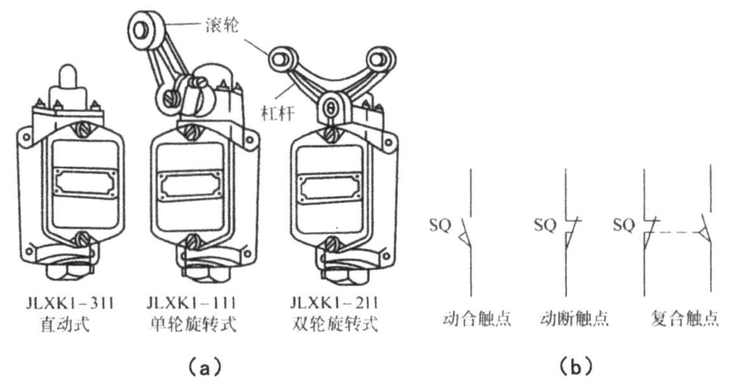

图 7-4 行程开关

（a）外形；（b）图形符号

接近开关的核心部分是“感辨头”，它必须对正在接近的物体有很高的感辨能力。多数接近开关已将感辨头和测量转换电路做在同一壳体内，壳体上多带有螺纹或安装孔，以便于安装和调整。

（1）电涡流式接近开关

电涡流接近开关结构如图 7-5 所示。传感元件是一只电涡流感应线圈，俗称为电涡流探头。由于激励源频率较高（数万赫兹至数兆赫兹），所以圈数不必太多。一般为扁平空心线圈。

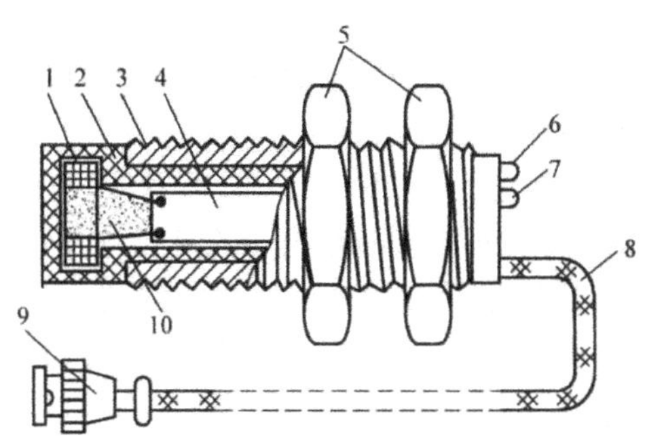

图 7-5　电涡流接近开关结构图

1—电涡流感应线圈；2—开关壳体；3—安装调节螺纹
4—元件安装电路板；5—安装锁紧螺母；6—电源指示灯
7—阈值指示灯；8—输出电缆；9—电缆插头；10—填充树脂

有时为了使磁力线集中，可将线圈绕在直径和长度都很小的高频铁氧体磁心上。成品电涡流探头的结构十分简单。其核心是一个扁平“蜂巢”线圈，线圈用多股绞扭漆包线（能提高 Q 值）绕制而成，置于探头的端部，外部用聚四氟乙烯等高品质因数塑料密封。电涡流感应线圈和与之并联的电容组成谐振电路，在没有金属靠近探头时，电路处于谐振状态，开关没有输出。当有金属靠近探头，电涡流感应线圈的磁力线穿过金属而在金属中产生感应涡流，使电涡流感应线圈的损耗增加，Q 值下降而使电路停振。开关输出关断信号。

电涡流接近开关是将探头和测量转换电路都安装在探头的壳体中。它输出的是直流（直流电压或电流）开关信号，可驱动中间继电器。电涡流接近开关的感辨材料必须是金属。

（2）电容式接近开关

接近开关的核心是以单个极板作为检测端的电容器。由图中可见，检测极板设置在接近开关的最前端，测量转换电路安装在接近开关壳体内，并用介质损耗很小的环氧树脂充填、灌封，其工作原理为：检测极板与大地构成电容器，其电容量 C 非常小，它与电感 L 构成高品质因数的 LC 振荡电路。当没有物体靠近检测极时，电路处于振荡状态，开关没有输出。

当被检测物体为地电位的导电体（例如与大地有很大分布电容的人体、液体等）时，检测极板对地电容 C 增大，LC 振荡电路的 Q 值下降，导致振荡器停振，开关输出开关信号。

当不接地的、绝缘的被测物接近检测极板时，由于检测极板上施加有高频电压，在它附近产生交变电场，被检测物体就会受到静电感应，而产生极化现象，正负电荷分离，使检测极板的对地等效电容量增大。使 LC 振荡电路的 Q 值降低。对介质损耗较大的介质（例如各种含水有机物）而言，它在高频交变极化过程中是需要消耗一定能量的（转为热量），该能量由 LC 振荡电路提供，必然使 LC 振荡电路的 Q 值进一步降低，振荡减弱，振荡幅度减小。当被测物体靠近到一定距离时，振荡器的Q值低到无法维持振荡而停振。

电容式接近开关的检测距离与被测物体的材料性质有很大关系，当被测物是接地导电物体或者虽然未接地，但与大地之间有较大分布电容时，LC振荡电路很容易停振，所以灵敏度最高。

当被测物为介质损耗较大的绝缘体（例如含水的有机物等）时，必须依靠极化原理来使LC振荡电路的Q值降低，所以灵敏度较差。

电容式接近开关使用时必须远离金属物体，即使是绝缘体对它仍有一定的影响。它对高频电场也十分敏感，因此两只电容式接近开关也不能靠得太近，以免相互影响。

对金属物体而言，不必使用易受干扰的电容式接近开关，而应选择电感式接近开关。

（3）磁性干簧管接近开关

干簧管是干式舌簧开关管的简称，它是一个充有惰性气体（如氮、氦等）的小型玻璃管，在管内封装两支用导磁材料制成的弹簧片，其触点部分镀金，当有磁铁靠近干簧管时，两弹簧片互相吸引而吸合，使触点接通，当磁场减弱到一定程度时，触点跳开。干簧管如果用电流控制，将干簧管放入空心线圈中。干簧管可用于水位控制、电梯的“平层”控制等。

（4）接近开关的特点

与机械开关相比，接近开关具有如下特点：

非接触检测，不影响被测物的运行工况；不产生机械磨损和疲劳损伤，工作寿命长；响应快，一般响应时间可达几毫秒或十几毫秒；采用全密封结构，防潮、防尘性能较好，工作可靠性强；无触点、无火花、无噪声，所以适用于要求防爆的场合（防爆型）；输出信号大，易于与计算机或可编程序控制器（PLC）等接口连接；体积小，安装、调整方便。接近开关的缺点是触点容量较小，输出短路时易烧毁。

通用的接近开关一般有3根引出线端：电源（POWER）、0V（GND）和信号输出（OUT），电源一般是DC5V、12V和24V，而有的适用电压在DC5～30V，比如KOYO等。

（二）断路器

1. 断路器

（1）断路器外形及功能

断路器是一种手动通断电器。是集控制和保护功能于一身的低压电器，它除能完成接通和分断电路外，还可以在发生短路、严重过载及欠电压等情况下对电路或电气设备进行保护。

断路器在变频器电路中主要起隔离作用，控制总电路的通断，而不用于变频器的起动或停止。

（2）断路器的选择

选择断路器时应满足以下条件。

断路器的额定电压和额定电流不低于电路的额定电压和计算电流（计算电流是

指在同一供电电路中有多台设备时，根据设备的台数和工作时间再乘以相关系数得出的电流值）。

热脱扣机构的整定电流与所控制电动机的额定电流或负载的额定电流一致。

断路器瞬时或短延时脱扣器整定电流应大于负载的尖峰电流。对于电动机保护电路，当动作时间大于 0.02s 时可按不低于 1.35 倍起动电流的原则确定；当动作时间小于 0.02s 时则应增加为不低于起动电流的 1.7 ～ 2 倍。

2. 接触器

接触器是一种应用广泛的自动切换电器，它通过电磁力作用下吸合、反向弹簧力作用下释放来使触点闭合或分断，从而控制电路的接通与断开。

接触器分为直流和交流两大类，结构基本相同。下面以交流接触器为例，介绍接触器的组成和选用。

3. 中间继电器

中间继电器的结构和工作原理与接触器基本相同。与接触器比较，其体积小、动作灵敏、不需要灭弧装置。中间继电器的触点数量多，在电路中主要用作触点对数和容量的放大及转换。

二、变频器选配器件

（一）变频器外围主控制电路

1. 谐波的产生与抑制

变频器输入端通过全波整流，将交流电变为直流电，由于整流管是在交流电压的峰值附近导通，流过整流管的电流为脉动电流，使电网电压产生大量的谐波成分。这些谐波降低了电网的供电质量，干扰工作在电网上的电器，同时也干扰变频器自己。变频器输出的是脉宽调制波（WPM），含有大量的谐波，这些谐波一是辐射干扰变频器本身，干扰周围的计算机、通信设备等电器，二是引起电动机发热，增加电动机的损耗和降低电动机的使用寿命。

整流电路谐波的影响：图 7-6 是变频器整流电路直接接入电网，整流电路和电网之间没有接交流电抗器，整流后的直流电通过电容 C 滤波，得到较平滑的电压 U_{DC}，当电网的线电压瞬时值超过 UDC 时，整流管导通，低于 U_{DC} 时整流管截止，即整流管中通过的是一系列脉动电流。图 7-7 是电网的 3 个线电压和脉动相电流的情况。

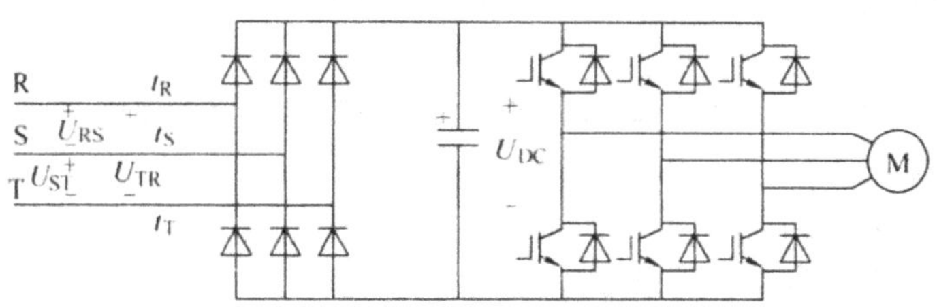

图 7-6　变频器整流电路直接接入电网

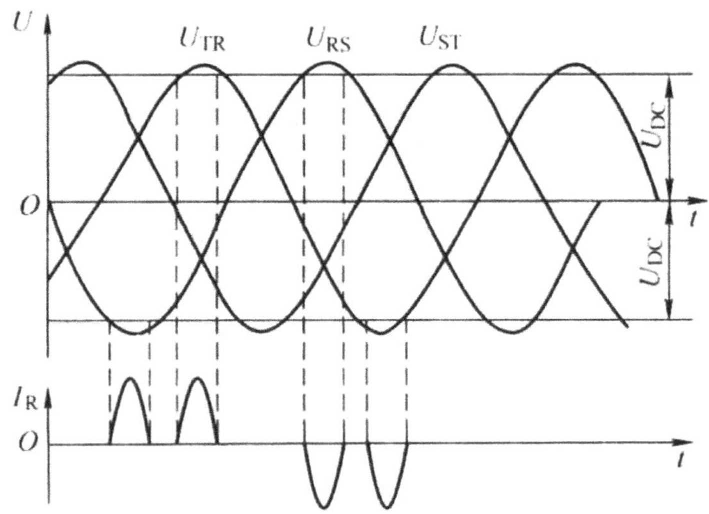

图 7-7　输入电压和脉动相电流

2. 输出侧谐波的抑制

变频器工作时，其输出侧是一系列的矩形波，这些矩形波含有丰富的谐波成分。谐波产生电磁辐射干扰无线电设施；谐波加到电动机的绕组上，使电动机的绝缘下降，铜损和铁损增加，温度上升；同时谐波电流会改变电磁转矩，产生振动力矩，使电动机发生周期性转速变动，影响输出频率，并发出噪声。为了抑制变频器的谐波干扰，变频器在安装时输出端也要选用一些抑制干扰的电磁器件。

为了抑制变频器输出侧的传导和辐射干扰，变频器到电动机的连接导线采用屏蔽电缆，接入交流电抗器和电磁滤波器，并采取减小干扰的相应安装工艺，将干扰控制在要求范围内。

图 7-8 是变频器主控制电路的标准连接图，在图中，交直流电抗器、电磁滤波器、制动电阻等为选配件，变频器厂家有配套产品，供用户选用。下面具体介绍图中各常用选件。

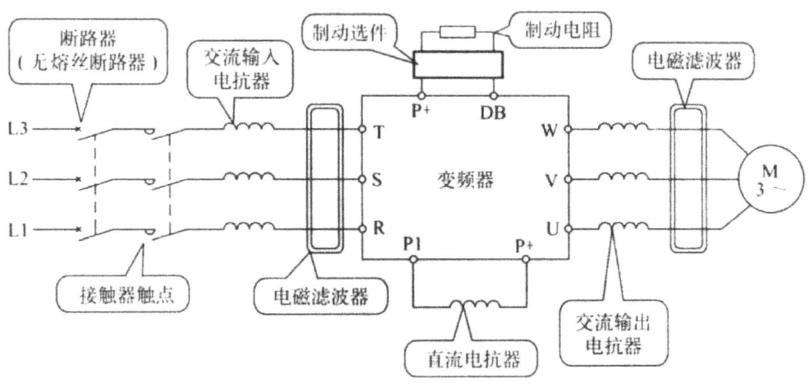

图 7-8　变频器主控制电路标准连接图

（二）交流电抗器

1. 交流输入电抗器

交流输入电抗器可以抑制变频器输入电流的谐波，明显改善变频器的功率因数，有下列情况之一时就应考虑选配交流输入电抗器：①变频器所用电源变压器的容量超过 500kVA，并与变频器的容量之比为 10：1 以上时，可选择接入交流电抗器；②同一电源上接有晶闸管交流负载或带有开关控制的功率因数补偿装置；③三相电源的电压不平衡度不小于 3% 时；④需要改善输入侧的功率因数，接入交流输入电抗器后功率因数可增加到 0.8 ～ 0.85。

2. 交流输出电抗器

交流输出电抗器的作用是滤除变频器输出端产生的有害谐波：当变频器与电动机之间的配线较长（超过 20m）时，交流输出电抗器可抑制由导线分布电容引起的过电流，并可抑制变频器的无线电干扰。

3. 电磁滤波器

电磁滤波器分为输入电磁滤波器和输出电磁滤波器，输入电磁滤波器连接在电源与变频器之间，其作用是抑制变频器产生的谐波通过电源传导到其他设备或抑制外界无线电干扰以及瞬时冲击、浪涌对变频器的干扰，具备线路滤波和辐射滤波双重作用，并具有共模和差模干扰抑制能力。

输出电磁滤波器安装在变频器和电动机之间，可减小输出电流中的谐波成分，抑制变频器输出侧的浪涌电压，减小电动机由谐波引起的附加转矩，减小电动机噪声，并抑制谐波的辐射。

4. 直流电抗器

直流电抗器的主要作用是改善变频器的输入功率因数，防止电源对变频器的影响，保护变频器及抑制谐波，其外形如图 7-9 所示。

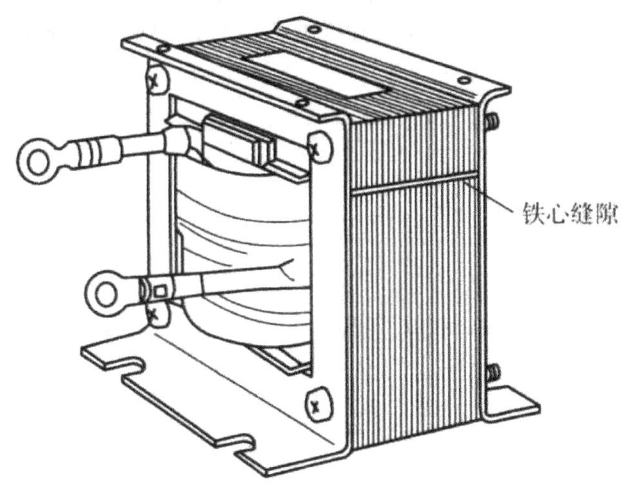

图 7-9　直流电抗器外形

在下列情况下应考虑配置直流电抗器：①当给变频器供电的同一电源上有开关、无功补偿电容器屏或带有晶闸管调压负载时，因电容器屏开关切换引起的无功瞬变致使电网电压突变或晶闸管调压引起的电网波形缺口，有可能对变频器的输入整流电路造成影响；②当变频器供电三相电源的不平衡度不小于3%时；③当要求变频器输入端的功率因数提高到0.93时；④当变频器接入到大容量供电变压器上时，变频器输入电源回路流过的电流有可能对整流电路造成损害。

一般情况下，当变频器供电电源的容量大于550kW以上时，变频器需要配置直流电抗器。

5. 制动选件

（1）制动电阻

当电动机工作在产生再生电能的场合时，就要考虑选择制动电阻。制动电阻的选择包括选择电阻的阻值和选择电阻的耗散功率。电阻的阻值决定制动时流过电阻电流的大小，耗散功率决定制动时电阻的允许发热量；由于制动电阻的发热量与通电时间成正比，因此在频繁起停的场合选择制动电阻时其耗散功率应适当加大；安装时制动电阻要与变频器保持一定距离，以利散热。

（2）制动单元选件

制动单元是指当变频器产生再生电流使直流侧电压升高时用来控制电能向制动电阻释放的控制单元。这部分电路对于小功率变频器，一般是内置在变频器中；而对于大功率变频器，由于制动单元在工作时会发热，所以通常安装在变频器之外，并作为选件供应。在无内置制动单元的变频器中，制动单元和制动电阻配套选用，将制动电阻接在制动单元上，再将制动单元按要求连接到变频器上由于制动单元和制动电阻都是发热单元，安装时要互相有一定的距离，以便于散热，制动单元内部结构为大功率ICBT。

三、变频器输入输出端子的控制方法

（一）输入模拟控制端子信号输入方法

1. 模拟电压控制端子

模拟电压控制端子通过改变输入模拟电压值，改变变频器的输出频率。应用时有两种情况：一种是在VRF端子上接入分压电位器，用以控制变频器的输出频率，如图7-10(a)所示。这种控制方法使用方便，多用于变频器的开环控制另一种应用情况是由外电路提供的反馈信号或远程电压控制信号，如图7-10所示。这两种方法都可以控制变频器调频，利用外电路引入控制信号时

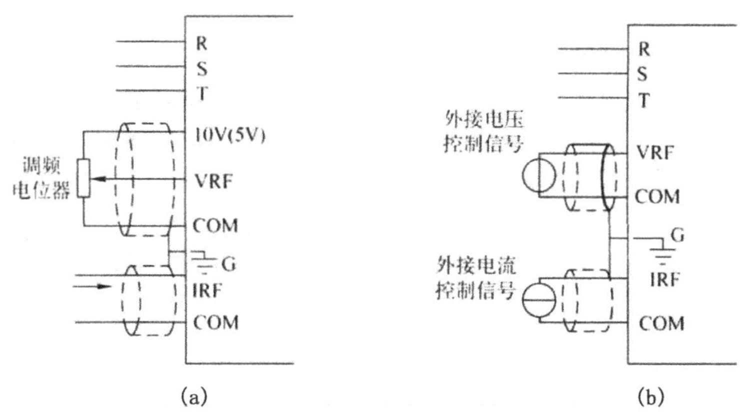

图 7-10　模拟端子信号引入方法

(a) 用电位器调频；(b) 外接电路控制调频

2. 模拟电流控制信号

模拟电流控制信号多是取自反馈信号或远程控制信号，信号加于 IRF 与 COM（模拟信号）之间，如图 7-10（b）所示。

（二）输入触点控制端子的通断控制

触点控制端子又称为数字控制端子，是以“通”、“断”来进行控制的，因此其控制信号是以“有”和“无”相区别。

1. 触点开关控制

将需要控制的端子由手动开关、继电器触点开关及 PLC 的触点输出量等进行控制，这是应用较多的一种控制方法。如图 7-11（a）中，用继电器的 KA1、KA2 动合触点控制变频器的正转和反转；用点动开关 SB 控制复位等。当远距离控制时，控制线要加屏蔽，如图 7-11(b) 所示。

触点开关控制的控制电路与变频器没有直接的电联系，应用时无需考虑它们之间的相互影响。

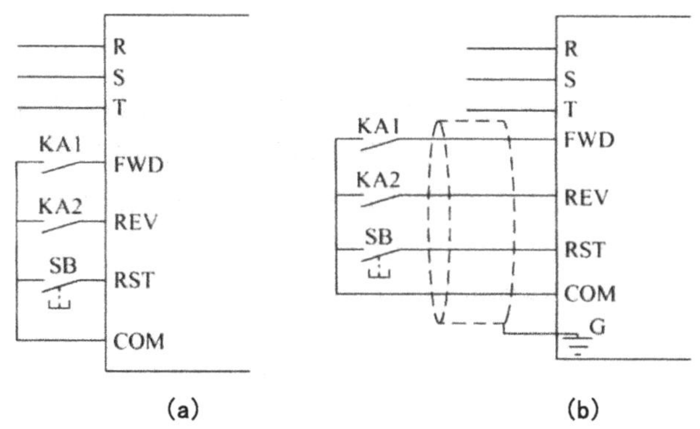

图 7-11　触点开关控制

(a) 近距控制；(b) 远距控制

2. 晶体管开关控制

用晶体管“饱和”与“截止”作为开关信号。当给晶体管基极加入控制信号时，晶体管饱和导通，此时相当于开关闭合；当没有控制信号时晶体管截止，此时相当于开关断开。

用晶体管进行端子的开关控制，常用于PLC、单片机等对变频器的控制，应用时要注意解决控制电路与变频器之间共地点及电压匹配等问题。

3. 光耦合器开关控制

由光耦合器作为端子的开关控制信号。当给光耦合器通入电流，发光二极管发光，光敏晶体管饱和导通，相当于开关闭合；当光耦合器没有信号输入，光敏晶体管截止，相当于开关断开。光耦合器控制的控制电路与变频器之间各自构成回路，也没有电的联系，使用方便。

以上介绍的几种控制方法各有其特点，应用时可根据具体情况选择使用。

四、变频器容量的选择

确定变频器的容量，除了参考原有设备的电动机功率之外，还要考虑负载的一些特殊情况。变频器容量的确定分两个方面：一方面是原有设备电动机的功率是按额定转速运行设计的，变频器在调速过程中的输出功率是否还能满足功率要求，如果在低速时不能满足功率要求，就要增加变频器和电动机的容量；二是三相异步电动机有很强的过载和耐冲击能力，但变频器的过载能力很差，在大惯性负载的起动、冲击负载的瞬间冲击，都会造成变频器比额定输出电流大得多的过载电流。这种情况下就要考虑只增加变频器的容量。

五、变频器的功能选择

变频器的功能选择要适应变频器的应用场合。现在出现了很多专用变频器，专用变频器就是根据具体的应用场合设计的，其功能简捷实用，安装方便，是变频器的应用主流。

（一）速度型负载变频器的选择

速度型负载是指变频器在调速过程中，对电动机的转速有相应要求的负载。我们知道，变频器在调速过程中，电动机（异步电动机）转速的稳定受负载转矩的影响。当变频器的频率给定，因负载变化引起的转差率变化范围S=1%～5%，在转速要求不严格的情况下，变频器可以直接由速度给定功能设定电动机的工作转速，不用采用闭环控制等稳速环节，一般的U/f控制变频器就能满足要求。

1. 变频器的加减速

在速度型负载中，有的对变频器的加减速时间有要求。变频器的加减速时间和负载的惯性有关，负载的惯性大，加减速时间长，反应迟钝，变频器的速度跟不上

负载对速度的要求。变频器加减速时间的计算表达式为

$$t_{s1}=\frac{GD^2\left(n_b-n_a\right)}{375\left(T_M\alpha-T_{Lmax}\right)}$$

$$t_{s2}=\frac{GD^2\left(n_b-n_a\right)}{375\left(T_M\beta-T_{Lmax}\right)}$$

式中：t_{s1}——从 n_a 到 n_b 的加速时间（s）；

t_{s2}——从 n_b 到 n_a 的减速时间（s）；

n_a——加速前或减速后的转速（r/min）；

n_b——加速后或减速前的转速（r/min）；

GD^2——全系统机械惯性折合到电动机轴的惯性转矩（N•m）；

T_M——电动机额定转矩（N•m）；

T_{Lmax}——在速度控制范围内换算到电动机轴的最大负载转矩（N•m）；

α——平均加速转矩率，一般取 1.1；

β——平均减速转矩率，和制动有关，对于无制动单元，一般取 0.1 ～ 0.2；对于有制动单元，取 0.5 ～ 1.0。

由式中可见，当负载的 GD^2 和 T_{Lmax} 一定（这两个参数由工程设备及工作性质决定），要想减小加减速时间，就要提高变频器的 T_M 值，即适当加大变频器的容量和过载能力。为了提高减速的快速性，变频器要加装制动单元。

2. 开环控制系统

开环转速控制系统分为普通 U/f 控制系统和无 PG 反馈的矢量控制系统。根据控制精度要求，进行选择。

（1）U/f 开环控制

由变频器设定输出频率，电动机的转速和同步转速保持 1% ～ 5% 的转差率，电动机基本在变频器设定的转速上工作。

影响电动机转速稳定的因素有负载转矩发生变化；电源电压发生变化；变频器的频率设定精度。变频器在用模拟器设定频率时，由于温度变化、电流电压的漂移等使频率控制精度降低约 5%，这对转矩比较稳定的负载，由于漂移引起的转速变化不可忽略，变频器开环控制多应用在对转速精度要求不太严格的场合，一般选择普通 U/f 控制变频器即可。

（2）无反馈矢量开环控制

如果对开环控制转速精度要求较高，可选用无反馈矢量控制变频器。无反馈矢量控制变频器由于在其内部根据直流电动机的闭环控制理论形成闭环控制系统，电动机相当于工作在闭环状态，因此具有较高的速度控制精度，其速度控制精度在 ±0.5% 左右。

3. 闭环控制系统

在要求速度控制精度较高的场合，采用转速闭环控制电路。转速闭环是将电动机的转速通过转速传感器转换为电信号反馈到输入端，与给定频率信号相比较，产生误差调整信号，使电动机的转速和给定信号同步。

速度闭环控制目的是取得高的速度控制精度，速度控制精度和变频器的控制功能及传感器的选择有关。在速度控制精度要求较高的造纸、轧钢等传动设备中，可选用带传感器的矢量变频器。

4. 快速响应变频器的选择

转速控制是电动机的基本控制，所谓响应快，是指实际转速对于转速指令的变化跟踪得快，从负载变动等急剧外界干扰引起的过渡性速度变化中恢复得快。

（二）张力和位置控制变频器的选择

1. 张力变频器的选择

卷取机械是带材和线材生产不可缺少的设备，如塑料带的卷取，造纸厂纸张的卷取，冶金厂的薄板卷取、带铜卷取等。在卷取过程中，为了使产品合格，要给卷材上加一定的张力，张力的大小关系到产品的质量。同时，卷取工序与前道工序之间有着密切的联系，如与前道工序速度要同步、稳定、调速精度要高等。故卷取机的电控和传动系统都比较复杂，对变频器功能要求较高。

如果变频器用转矩控制张力，则必须选用矢量变频器，因为矢量变频器具有高转矩和快速响应性。

在一些卷绕设备上，如果张力是由调节辐调节，张力对变频器的快速性没有明确要求，可以选用一般具有 PID 控制的变频器即可满足要求。

2. 位置控制变频器的选择

位置控制是机械传动中的一部分，很多机械在传动过程中需要位置控制：如机床、电梯、起重机械、直行台车、转动天线等。位置控制按使用要求分为 3 类：开环位置控制、手动位置控制和闭环位置控制。

（1）开环位置控制

开环位置控制是把停止位置作为停止目标且停止位置精度要求不高的场合。控制方法是把控制开关安装在停止位置的前面，从限位开关动作时刻开始，变频器减速停车，使运动部件大致停止在目标位置。为了提高停止精度，可采用降速爬行的停机方法，当接近停止目标时，位置开关给出降速信号（由段速端子设定），使变频器在低速运行（低速运行又称为爬行），由于变频器的速度已经很低，当给出位置停止信号时，变频器马上停止输出，运动部件准确停止在目标位置上。直行台车、龙门刨床、电梯等均采用开环位置控制。开环位置控制可选普通变频器，但为了提高控制的准确性，可选矢量控制变频器。

（2）手动控制

手动控制是用人直接进行位置控制，这种控制多用在机床的调整或对刀、起动机的起重准备或重物卸载前的位置调整。要求变频器具有“寸动”或“微动”功能。

（3）闭环控制

闭环控制是将电动机的转速（转角）用脉冲编码器（PLG）以脉冲的形式反馈给变频器，变频器输入一系列的给定位置脉冲信号，反馈信号和给定信号比较而确定传动部件的位置。

图 7-12 是具有速度反馈环的机床工作台位置控制示意图，变频器不给出直接的位置指令，而是输入脉冲序列，此脉冲数的累积值作为位置指令。增大此位置指令时在正转输入加脉冲列，减小时在反转输入加脉冲列。控制此输入脉冲列的累积值和 PLG 的反馈脉冲列的累积值，使它们一致。

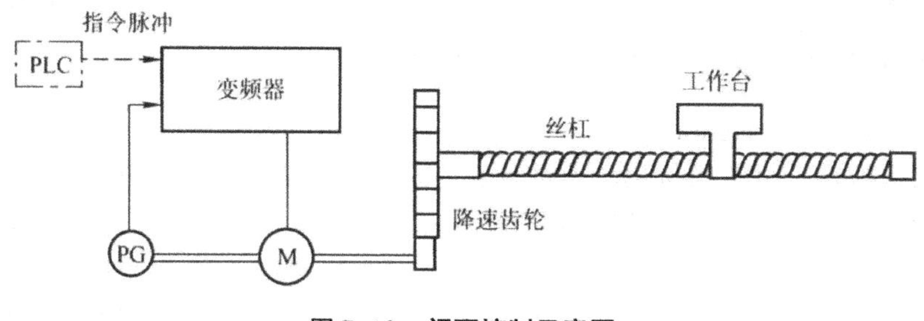

图 7-12　闭环控制示意图

以正转为例。将指令输入的脉冲（在计数器内用作加法）和 PLG 的反馈脉冲（在计数器内作减法）在同一计数器内时时刻刻地作计算，以计数器的累加值作为转速指令。因此，一达到目标位置，计数器的累积值就刚好为零，电动机就停止在该位置上。另外，计数器的累积值变得很小时，位置判断回路发出位置到位信号，通知位置控制结束。

在这种用途中，PLG 产生两个具有 90° 相位差的脉冲序列。监视这两个脉冲信号上升的顺序可以判别正反转。还有电动机每转一圈，在特定的转子位置上产生显示器脉冲，可以用作位置原点的确定。

位置闭环控制要采用具有脉冲运算功能的专用矢量控制变频器，以减少设计安装工作量。

（三）风机、泵类负载变频器的选择

变频器在风机、泵类等负载中应用，主要目的是利用变频器对负载流量、压力、温度（空调）进行控制而有效地节能，并能实现系统的自动控制。风机、泵类负载是二次方转矩类负载，转速低时转矩也低，电动机和风机、泵类之间不用连接升降速机构，可用联轴器直接传动，非常适合变频器驱动。负载恒速运转改为变频调速后，节能可达 30% ～ 40%。

六、变频器的安装

变频器能否正常发挥作用，与安装环境及安装方法紧密相关，因此各变频器厂

家都对自己产品的安装提出了要求。下面就变频器安装中一些共性的问题加以说明。

（一）变频器输出导线线径选择

变频器工作时频率下降，输出电压也下降，但电流不下降。在输出电流相等的条件下，若输出导线较长（$l > 20$m），低压输出时电路的电压降 ΔU 在输出电压中所占比例将上升，加到电动机上的电压将减小，因此低速时可能引起电动机发热和无力。所以决定输出导线线径时主要考虑 ΔU 的影响，一般要求为

$$\Delta U = \frac{\sqrt{3} I_N R_0 l}{1000} \leq (0.02 \sim 0.03) U_x$$

式中：U_x —— 电动机的最高工作电压（V）；

I_N —— 电动机的额定电流（A）；

R_0 —— 单位长度导线电阻（mΩ/m）；

l —— 导线长度（m）。

常用铜导线单位长度电阻值见表 7-1。

表 7-1　铜导线单位长度电阻值

截面积 mm^2	1.0	1.5	2.5	4.0	6.0	10.0	16.0	25.0	35.0
R_0 （mΩ/m）	17.8	11.9	6.92	4.40	2.92	1.74	1.10	0.69	0.49

（二）控制电路导线线径选择

小信号控制电路通过的电流很小，一般不进行线径计算。考虑到导线的强度和连接要求，选用 0.75mm² 及以下的屏蔽线或绞合在一起的屏蔽聚乙烯线。

接触器线圈、按钮等强电控制电路导线线径可取 1 mm² 的独股或多股聚乙烯铜导线。

（三）变频器的安装环境

1. 周围温、湿度

变频器的工作环境温度范围一般为 -10 ～ 40℃，当环境温度大于变频器规定的温度时，变频器要降额使用或采取相应的通风冷却措施变频器工作环境的相对湿度为 5% ～ 90%（无结露现象）。

2. 周围环境

变频器应安装在不受阳光直射、无灰尘、无腐蚀性气体、无可燃气体；无油污、蒸汽滴水等环境中。安装场所的周围振动加速度应小于 0.6g。因振动超值会使变频器的紧固件松动，继电器和接触器的触点误动作，导致变频器不稳定运行。因此在振动场所应用时要采取相应的防振措施。

海拔增高，空气含量降低，影响变频器散热，因此在海拔高于1000m的场合，变频器要降额使用。

3. 安装方向和空间

（1）变频器用螺栓垂直安装在坚固的物体上，从正面就可以看到变频器文字键盘，请勿上下颠倒或平放安装。变频器在运行过程中会产生热量，为保持冷风畅通，周围要留有一定空间。

（2）如果将变频器安装在控制柜中，柜的上方要安装排风扇；一个柜内安装多台变频器时，要横向安装，且排风扇安装位置要正确。

4. 变频器在多粉尘现场的安装

变频器在多粉尘（特别是多金属粉尘、絮状物）的场所使用时，要采取正确、合理的防尘措施，以保证变频器的正常工作。

第三节　变频器的调试与维护

变频器安装完毕，要通过调试才能按设计要求投入正常运行。变频器的调试是一项认真细致的工作。

一、变频器通电调试条件

（一）检查安装质量

1. 检查布线和外围设备是否还存在问题

变频器安装布线要整齐美观，严禁临时对付和安装不规范，不准省去应有的保护设施，违反安全要求。不允许安装时使用不正规导线或不合要求的接线冷压端子；不允许在端子连接螺钉未旋紧前通电试机，冷压端子根部必须包裹绝缘，并保证绝缘间距符合要求。

当变频器与电动机之间的导线长度超过约40m，当该导线布在铁管或蛇皮管内长度超过约20m，特别是一台变频器驱动多台电动机等情况，存在变频器输出导线对地分布电容很大，过大的电容电流可损坏变频器的逆变模块。应在变频器输出端子上先接交流电抗器（电抗器可滤除PWM产生的谐波，使分布电容电流大大下降），然后接到后面的导线上，最后接负载。输出交流电抗器还有利于延长电动机的绝缘寿命，减少输出功率管的发热。

变频器进线端要接断路器或快速熔断器，防止变频器一旦发生故障不能自动断开电源，造成重大灾害，特别是无人看管的设备。这是安全所必需的。变频器在功率大于22kW时都要安装直流电抗器，目的为了改善变频器对电网的波形影响，延长变频器整流桥寿命，提高功率因数，特别对45kW以上变频器必须安装直流电抗器。

而且进线侧要安装交流电抗器，输出侧要安装输出电抗器。在环保要求高的场合，功率小的变频器也要安装上述3种电抗器。这对改善电网波形、抵御电网过电压或干扰的侵入、延长变频器整流桥寿命都是有用的。

2. 检查接线是否正确牢固

查看变频器安装空间、安装位置、通风情况、安全情况，是否符合产品手册规定要求。

检查变频器主回路的进线端子（S、R、T）和出线端子（U、V、W）接线是否正确，进线与出线绝对不得接反；变频器的内部直流回路负极端子N（接制动电阻用）不得接到电网中线上（不少电工误认为N应接电网中线，因N在电网中表示中线），也不能接地；变频器的接地端子（一般用G和接地符号表示）或外壳是否已可靠接地。

检查各控制线接线是否正确无误，控制线是否布局合理、安装中是否已考虑到避免干扰；对有反馈的系统，要检查反馈线的电气相位等。

在检查过程中，要特别注意各接线端子的螺钉是否全部已经旋紧，检查时要用手轻轻拉动各导线，没有旋紧要补旋。

3. 检查变频器连接电网的工作环境

变频器是一个干扰源，但同时也会受外界干扰。当变频器工作的电网中存在高频冲击负载（如电焊机、电镀电源时），会使变频器受到干扰而出现保护。则应考虑采取防干扰措施。如接入输入、输出电磁滤波器（或增加磁环），将信号双绞线改用屏蔽双绞线，降低信号输入端阻抗等措施使干扰得以消除。

（二）系统调试条件

1. 调试工作条件

有关的变频调速系统的技术资料、技术文件、施工图样，变频器外围设备的电气安装工作已经完成；安装质量经验收合格，符合设计、厂家技术文件和施工验收规范，在安装过程中的有关试验已完成，经验收符合有关标准。有关调试的相关技术已经掌握，如：变频器的主要技术参数：电压、电流、功率、频率范围、电动机转数、起动时间、制动时间；通读了变频器操作手册，掌握了程序预置操作步骤、参数的编程设定、主要保护的内容及参数；掌握了整个系统的控制原理，有关保护、工艺联锁的原理。

2. 准备和通电

当变频器通过反复检查确定无误后，盖好变频器箱盖，以防通电后对操作人员的伤害和设备事故。在通电前先读懂产品使用说明书，电动机能脱离负载的先脱离负载，通电后首先观察显示器，并按产品使用说明书中的说明更换显示器的显示内容，是否听到冷却风扇的转动，以判断变频器是否能正常运行。当变频器能正常运行后，进行功能参数的修改设定。

3. 变频器功能参数设置调试

变频器在出厂时对功能参数都进行了初设定，但设定的功能参数不一定都符合某项具体的使用要求。因此，有些功能参数要根据具体要求重新设定。这里要特别指出的是，变频器的功能参数有几百条，重新设定的功能参数只是根据需要才进行改动，改动的只是变频器功能参数中的一小部分，大部分与某项具体应用无关的功能参数不用改动，保留出厂设定值。如不加判断的不修改和乱修改功能参数，都会引起故障或不必要的麻烦。

变频器使用说明书中给出的功能参数，都是可以改动和重新设置的。但在一般工程中，经常涉及的功能参数有：操作方法、频率、最高频率、额定电压、加／减速时间、电子热过载继电器、转矩限制、电动机极数等。

（三）变频器故障显示及故障排除

变频器的故障显示，是变频器在工作中其内部或外部出现异常情况，变频器出现停机保护，同时在显示屏上显示故障原因。它为我们在变频器调试工作中提供有利帮助。变频器在调试中因为参数设置不当，外围设备安装选配不合理，可能引起变频器故障跳闸和故障显示。利用变频器的故障显示，可以帮助我们修改设置参数，改变外围不合理的配置，完成变频器的安装调试任务。

变频器生产厂家不同，同一故障显示的代码可能不同，但每种变频器的说明书中对故障代码的意义都有明确的说明，应用时可参考该变频器的使用说明书。

1. 变频器过电流保护

变频器过电流是变频器调试过程中经常出现的问题。过电流分两个方面，一是起动过电流；二是工作过电流。

（1）起动过电流

起动过电流有以下现象：

①加速时间设置的短，负载的惯性比较大，电动机转子跟不上变频器频率的变化，造成起动过电流。属于这种过电流现象，将变频器的加速时间设置的长一些即可解决。

②负载的初始阻转矩比较大，变频器的输出转矩不足以克服负载的阻转矩而产生过电流。如回转窑起动时物料堆积角偏心而使起动过电流，塑料挤出机起动时过电流等。属于这一类的过电流，一般要修改变频器的转矩补偿曲线，要注意修改变频器的低频补偿线，不要改变变频器的叼曲线。或者将变频器的转矩补偿设为自动，通过自动转矩补偿完成起动。如果变频器还是起动过电流，则要考虑增加变频器的容量。

（2）工作过电流

工作过电流是在变频器工作中，由于负载变动引起过电流。这种情况多发生在冲击性负载和由人工控制喂料的加工系统中，如同转窑在运行工作中，当窑内温度较高时，窑体产生下垂变形，造成转动过程中冲击电流上升跳闸；又如废纸打浆机，由工人控制投料的多少，当某个瞬间投料多时，产生过电流跳闸；上述两种情况，过电流的本质不同，要区别对待。

2. 变频器过电压保护

变频器在电源电压正常的情况下，产生过电压跳闸一般是因为电动机产生了回馈电能，产生回馈电能分为恒速时产生回馈电能和降速时产生回馈电能，它们产生的机理相同，都是因为电动机的转速高于了变频器的输出转速。

（1）变频器降速时过电压

当变频器降速时，分为两种情况，一种是负载的惯性很小，阻力很大。如泵类负载，当变频器降速时，电动机的转速总是低于变频器的输出频率，电动机总是在消耗电能，并很快地停止。这一类负载不会产生回馈电能的情况，变频器不会过电压。

另一类负载是负载的惯性很大，当变频器频率下降时，电动机的转速高于变频器的输出频率，由电动机变为发电机，向变频器回馈电能。这种情况我们就要在变频器上加装制动电阻，通过制动电阻将电动机的回馈电能消耗掉，使电动机马上停止转动。如果制动电阻的阻值选择的较大，制动电流较小，不能将电动机的回馈电能全部消耗掉，就会产生降速过电压的情况。遇到这种情况，要重新选择电阻。

（2）变频器恒速工作时过电压

变频器恒速工作时过电压一般出现在负载偏心的情况。多发生在周期性储能负载和负载为筒、盘类的旋转性负载。当偏心负载在转动过程中，偏重的一面的重力方向和速度方向相同时，引起负载加速，使电动机回馈电能，引起过电压。周期性储能负载如磕头抽油机，在一个周期中电动机向变频器回馈一次能量，这些能量通过制动电阻消耗或通过回馈制动网络回馈到电网。筒、盘类偏心负载在运转中产生的过电压一般时间很短，回馈能量较小。解决的方法一是加装制动电阻，二是查找机械方面的问题，消除偏心。

3. 变频器过载

电动机是在额定电流和额定电压下工作，额定电流和额定电压之积，称为额定功率。当变频器输出超过了额定功率，称为过载。变频器过载，一般是电流超过了额定值，但超过的值不多，还没有达到过电流保护。

过载是有一个时间的积累过程，当积累值达到时才报过载故障。

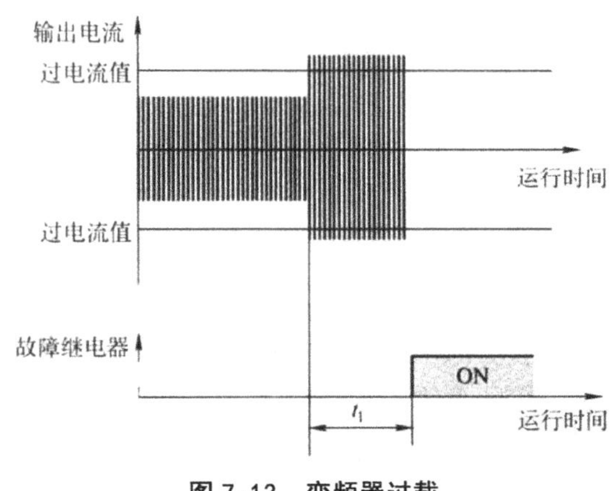

图 7-13 变频器过载

图 7-13 是过载保护示意图，当过电流达到一定的时间 t_1 时，变频器过载跳闸。过载发生的主要原因有以下几点：

（1）机械负荷过重

其主要特征是电动机发热，可从变频器显示屏上读取运行电流来发现。

（2）三相电压不平衡

引起某相的运行电流过大，导致过载跳闸，其特点是电动机发热不均衡，从显示屏上读取运行电流时不一定能发现（因很多变频器显示屏只显示一相电流）。

（3）误动作

变频器内部的电流检测部分发生故障，检测出的电流信号偏大，导致过载跳闸。

检查电动机是否发热，如果电动机的温升不高，则首先应检查变频器的电子热保护功能预置得是否合理，如变频器尚有余量，则应放宽电子热保护功能的预置值。如果电动机的温升过高，而所出现的过载又属于正常过载，则说明是电动机的负荷过重。这时，应考虑能否适当加大传动比，以减轻电动机轴上的负荷。如能够加大，则加大传动比。如果传动比无法加大，则应加大电动机的容量。

检查电动机侧三相电压是否平衡，如果电动机侧的三相电压不平衡，则应再检查变频器输出端的三相电压是否平衡，如也不平衡，则问题在变频器内部。如变频器输出端的电压平衡，则问题在从变频器到电动机之间的电路上，应检查所有接线端的螺钉是否都已拧紧，如果在变频器和电动机之间有接触器或其他电器，则还应检查有关电器的接线端是否都已拧紧，以及触点的接触状况是否良好等。

二、变频器测试

（一）变频器绝缘测试

由于变频器出厂时已进行过绝缘试验，一般尽可能不要再进行绝缘测试。如一定需要做绝缘测试，则必须严格按照下述步骤进行，否则可能会损坏变频器（因为绝缘仪表内部都有一个高压电源，该电源在测量中可能损坏变频器内部电子器件）。测量电路如图 7-14 所示。

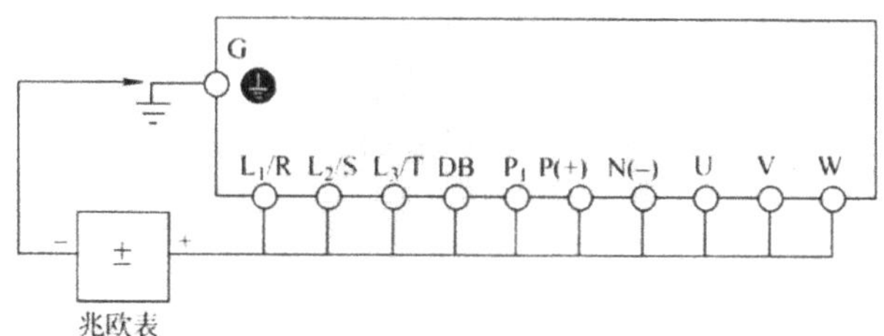

图 7-14 主电路端子测试电路

1. 主电路绝缘测试

（1）选用 DC500V 绝缘电阻表，要在断开主电源条件下测试。

（2）断开所有控制电路的连接，以防止试验电压窜入控制电路。

（3）主电路端子按图 7-14 所示方式用公共线连接。

（4）绝缘电阻表电压只施加于主电路公共连接线和大地之间。

（5）绝缘电阻表指示值不小于 5MΩ 为正常合格（变频器单元测定值）。

2. 控制电路绝缘测试

不要对控制电路进行绝缘和耐压试验，否则将损坏电路元器件。可用万用表的高阻值档对控制电路进行连续性测试。

（1）断开所有控制电路端子对外的连接。

（2）可在控制电路端子和接地端之间进行连续测试，测试值大于或等于 1MΩ 为正常合格。

（三）变频器在路电压的测量

当变频器出现过电压、欠电压、断相、电动机转动无力等故障，都可以通过测量变频器的在路电压进行鉴别。变频器的在路电压测量不用对变频器进行分解，简单方便，是排除上述故障的一种行之有效的方法。

1. 变频器的主电路结构

图 7-15 是低压变频器主电路结构图。

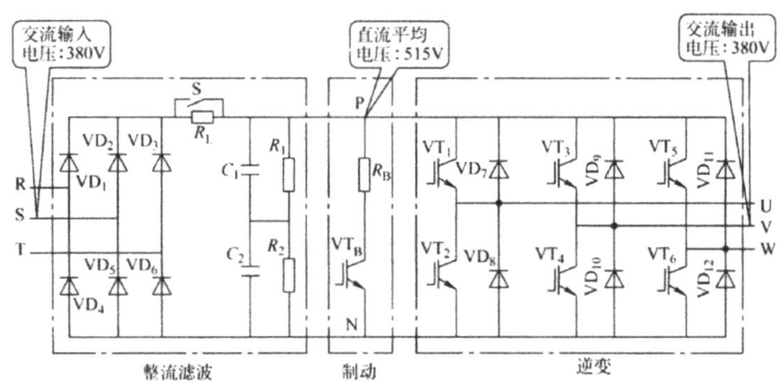

图 7-15 低压变频器主电路结构

该电路是典型的低压变频器拓扑结构，它由整流滤波、制动和逆变三大部分组成。

（1）整流滤波电路

整流电路由 $VD_1 \sim VD_6$ 共 6 只二极管组成三相全波整流电路，将三相交流电整流为直流电。

整流后的电压电流波形如图 7-16 所示。

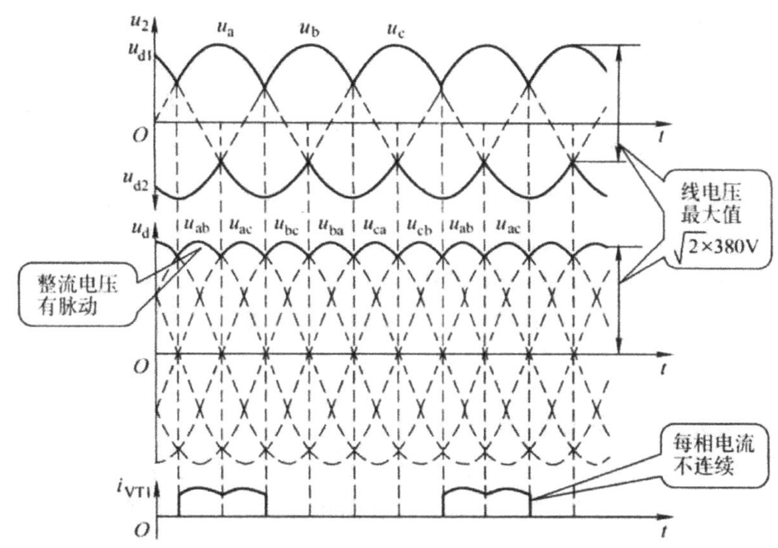

图 7-16 整流后的电压电流波形

图 7-15 中 C_1、C_2 是滤波电容，R_L 是变频器起动限流电阻，S 是 R_L 短路继电器。S 和 R_L 工作过程是当变频器起动时，因电容的初始电压为零，当电源接通的瞬间，如果 380V 电压直接加到电容上，电容的瞬间充电电流非常大，有可能损坏整流二极管。为了限制起动充电电流，在起动的瞬间，接入限流电阻 R_L，当电容上电压达到正常值，S 闭合，R_L 被短路。即 R_L 是在起动时瞬间接通，用来保护整流二极管。

（2）制动电路

VTB 是制动开关器件，当电动机向变频器产生回馈电能，使直流母线上电压升高，当达到 700V 以上，R_L 导通，电流流过制动电阻，电动机的回馈电能被制动电阻所消耗，电动机得到制动转矩。

R_L 工作特点为：直流母线上电压达到 700V 以上导通，低于 700V 关断，在正常电压下始终是关断的，不影响变频器正常工作。

（3）逆变电路

逆变电路是将 515V 直流电压逆变为三相交流电压。通过逆变管 VT1 ~ VT6 交替开关工作，将直流电压变为等高不等宽的脉冲电压，由于这些电压的包络线为正弦交流电，即加到电动机上则等效为正弦交流电。根据变频器的 U/f 工作原理，频率下降时，电压下降，频率上升时，电压上升，所以变频器的输出电压是随着频率的变化而变化的。

2. 变频器欠电压、过电压的测量

当变频器报欠电压、断相、过电压等故障时，我们可以通过电压测量，查出故障所在。

（1）变频器报欠电压、断相

将变频器的三相接线端子的护罩卸掉，变频器接通电源，将指针式（47 型）万用表打到交流 500V，分别测量三相接线端子之间的电压，应为：S-T、S-R、T-R 之间的电压都为 380V，如果低于 340V，则为欠电压；如果有两个端子之间的电压为 0，则为断相。

当 380V 电压正常，电路报欠电压，用电压表的直流 1000V 档测量直流母线（P-N 之间电压）上电压。

先空载测量：该电压空载在 500V 以上，应视为正常。负载测量：起动变频器，给变频器加上负载，如果该电压明显下降，低于 450V，则变频器内部整流管有一只损坏，造成变频器内部整流断相。如果负载和空载电压差别不大，则为变频器内部检测电路有问题，产生误报。

（2）变频器报过电压、电动机工作异常电压测量

①变频器报过电压

当变频器报过电压跳闸，为了判断变频器是否真的过电压，最简单可靠的方法就是测量直流母线上的电压。如果测量直流母线上的电压确实达到了过电压值，为变频器实报；如测量电压没有达到过电压值，则为变频器误报。变频器误报的原因多为变频器的取样检测电路有问题。

关于变频器的过电压问题，如果没有回馈电能，一般电压不会超过 540V，超过了此值，多为变频器产生了回馈电能。在有些场合，变频器产生回馈电能的原因不明显，可将电压表较长时间接入，监视直流母线上的电压，观察电压在什么时候升高，和负载的运行状况有无对应关系等，以确定产生过电压的根源。

②电动机工作异常

电动机如果出现工作无力、声音增大，首先进行变频器输出电压的测量。因为输出电压和输出频率成正比，电压不是一个确定的值，但三相电压是平衡的。所以测量输出电压，实际上是测量三相电压是否平衡或断相。变频器输出电压不平衡，主要是某个开关桥臂开关不良或损坏，造成输出电压断相或不平衡。

如果变频器的三相输出电压平衡又不断相，原因在电动机本身。

三、变频器维护保养

变频器的日常维护与保养是变频器安全工作的保障，日常维护与保养工作做得好，问题可及时发现和处理，可使变频器长期工作在最佳状态，减少停机故障的发生，提高变频器的使用效率。

（一）变频器的日常巡视

变频器在日常运行中，可以通过耳听、目测、触感和气味等判断变频器的运行状态。一般巡视内容有：

（1）周围环境、温度、湿度是否符合要求。

（2）变频器的进风口和出风口有无积尘，是否被积尘堵死。

（3）变频器的噪声、振动、气味是否在正常范围之内。

（4）变频器运行参数及面板显示是否正常。

（二）变频器的定期维护与保养

1. 低压小型变频器的维护和保养低压小型变频器指工作在低压电网380V（220V）上的小功率变频器。这类变频器多以垂直壁挂形式安装在控制柜中，其定期维护和保养主要包括：

（1）定期检查除尘

变频器工作时，由于风扇吹风散热及工作时元器件的静电吸附作用，很容易在变频器内部及通风口积尘，特别是工作现场多粉尘及絮状物的情况下，积尘会更加严重。积尘可造成变频器散热不良，使内部温度增加，降低变频器的使用寿命或引起过热跳闸。视积尘情况，可定期进行除尘工作。除尘时应先切断电源，待变频器的储能电容充分放电后（5～10min），打开机盖。在打开机盖后不要急于除尘，要认真观察内部结构，必要时画出简图，做文字记录，以免在除尘时不小心将微动开关移位、插头松动等影响变频器除尘后的正常工作。除尘时用毛刷或压缩空气对积尘进行清理。操作要格外小心，不要碰触机心的元器件及微型开关、接插件端子等，以免除尘后变频器不能正常工作。

（2）定期检查电路的主要参数

变频器的一些主要参数是否在规定的范围内，是变频器安全运行的标志。如主电路和控制电路电压是否正常；滤波电容是否漏液及容量是否下降等。此外，变频器的主要参数大多通过面板显示，因此面板显示清楚与否，有无缺少字符也应为检查的内容。

（3）定期检查变频器的外围电路和设施：主要检查制动电阻、电抗器、继电器、接触器等是否正常；连接导线有无松动；柜中风扇工作是否正常；风道是否畅通；各引线有无破损、松动。

（4）根据维护信息判断元器件的寿命：变频器主电路的滤波电容随着使用时间的增长，其容量逐渐下降。当下降到初始容量的85%，即需更换。通风风扇也有使用寿命，当使用时间超过（3～4）×104h时，也需更换。在高档变频器中，面板显示器可显示主电路电容器的容量和风扇的寿命，以提示及时更换。控制电路的电解电容器无法测量和显示，要按照累计工作时间乘以由变频器内部温升决定的寿命系数来推断其寿命。

2. 高压柜式变频器的定期维护与保养

高压变频器指工作电压在6kV以上的变频器。此类变频器一般均为柜式，其定期维护与保养除了参照以上低压变频器的维护与保养条款之外，还有以下内容：

（1）母线排的定期维护

打开变频器的前门和后门板，仔细检查交直流母线排有无变形、腐蚀、氧化；母线排连接处螺钉有无松动；各安装固定点处紧固螺钉有无松动；固定用绝缘片和绝缘柱有无老化、开裂或变形。如以上检查发现问题，应及时处理。

（2）对主电路整流、逆变部分定期检查

对整流、逆变部分的二极管、GTO、ICBT 等大功率器件进行电气检测。用万用表测定其正、反向电阻，并在事先制定好的表格上做好记录；查看同一型号的器件一致性是否良好，与初始记录是否相同，如个别器件偏离较大，应及时更换。

（3）对接线排的检查

仔细检查各端子排有无老化松脱；是否存在短路的隐患故障；各连接线是否牢固，线皮有无破损；各电路板接线插头是否牢固；进出主电源线连接是否可靠，连接处有无发热、氧化等现象。

另外，如有条件可对滤波后的直流波形、逆变输出波形及输入电源谐波成分进行测定。

思考题

1. 什么是变频器？

2. 简述变频器的工作流程。

3. 简述变频器的选择与安装要点。

4. 简述变频器的调试与维护要点。

第八章　伺服系统及其应用

导读：

交流伺服控制对自动化、自动控制、电气技术、电力系统及自动化、机电一体化、电机电器与控制等专业既是一门基础技术，又是一门专业技术。它结合生产实际，解决各种复杂定位控制问题，如机器人轨迹控制、数控机床位置控制等。它是一门机械、电力电子、控制和信息技术相结合的交叉学科。

学习目标：

1. 掌握伺服控制系统的基本概念。
2. 了解伺服控制系统的结构与典型产品。
3. 掌握伺服系统的工作原理。
4. 了解伺服控制系统的应用方向。

第一节　伺服控制系统概述

一、伺服控制系统

伺服控制系统是用来精确地跟随或复现某个过程的反馈控制系统，又称随动系统。在很多情况下，伺服系统专指被控制量（系统的输出量）是机械位移或位移速度、加速度的反馈控制系统，其作用是使输出的机械位移（或转角）准确地跟踪输入的位移（或转角）。伺服系统的结构组成和其他形式的反馈控制系统没有原则上的区别。

例如，防空雷达控制就是一个典型的伺服控制过程，它是以空中的目标为输入指令要求，雷达天线要一直跟踪目标，为地面炮台提供目标方位；加工中心的机械制造过程也是伺服控制过程，位移传感器不断地将刀具进给的位移传送给计算机，通过与加工位置目标比较，计算机输出继续加工或停止加工的控制信号。绝大部分机电一体化系统都具有伺服功能，机电一体化系统中的伺服控制是为执行机构按设计要求实现运动而提供控制和动力的重要环节。

伺服控制系统最初用于船舶的自动驾驶、火炮控制和指挥仪中，后来逐渐推广到很多领域，特别是自动车床、天线位置控制、导弹和飞船的制导等。采用伺服系统主要是为了达到下面几个目的：

①以小功率指令信号去控制大功率负载。火炮控制和船舵控制就是典型的例子。

②在没有机械连接的情况下，由输入轴控制位于远处的输出轴，实现远距同步传动。

③使输出机械位移精确地跟踪电信号，如记录和指示仪表等。

衡量伺服控制系统性能的主要指标有频带宽度和精度。频带宽度简称带宽，由系统频率响应特性来规定，反映伺服系统跟踪的快速性。带宽越宽，快速性越好。伺服系统的带宽主要受控制对象和执行机构惯性的限制。惯性越大，带宽越窄。一般伺服系统的带宽小于 15 Hz，大型设备伺服系统的带宽则在 2 Hz 以下。自 20 世纪 70 年代以来，由于发展了力矩电动机及高灵敏度测速机，使伺服系统实现了直接驱动，革除或减小了齿隙和弹性变形等非线性因素，使带宽达到 50 Hz，并成功应用在远程导弹、人造卫星、精密指挥仪等场所。伺服系统的精度主要决定于所用的测量元件的精度。因此，在伺服系统中必须采用高精度的测量元件，如精密电位器、自整角机和旋转变压器等。此外，也可采取附加措施来提高系统的精度，例如将测量元件（如自整角机）的测量轴，通过减速器与转轴相连，使转轴的转角得到放大来提高相对测量精度。采用这种方案的伺服系统称为精测粗测系统，或双通道系统。通过减速器与转轴啮合的测角线路称为精读数通道；直接取自转轴的测角线路称为粗读数通道。

二、伺服控制系统的结构与典型产品

（一）伺服系统的结构

机电一体化的伺服控制系统的结构类型繁多，但从自动控制理论的角度来分析，伺服系统一般包括调节元件、被控对象、执行环节、检测环节、比较环节等五部分。伺服系统组成原理框图如图 8-1 所示。

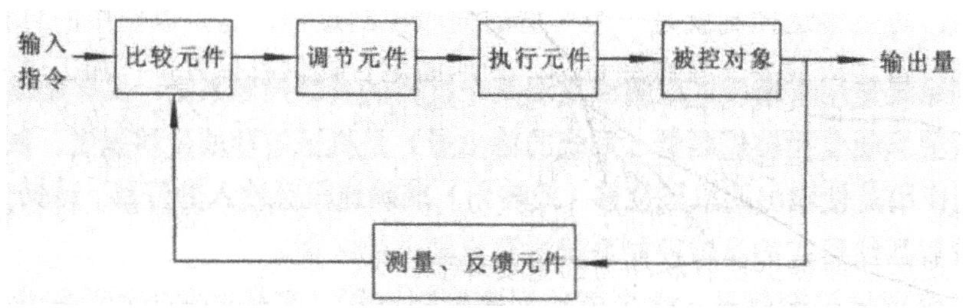

图 8-1　伺服系统组成原理框图

1. 调节元件

控制器通常是计算机或PID控制电路，其主要任务是对比较元件输出的偏差信号进行变换处理，以控制执行元件按要求动作。

2. 执行环节

执行环节的作用是按控制信号的要求，将输入的各种形式的能量转化成机械能，驱动被控对象工作。机电一体化系统中的执行元件一般指各种电动机或液压、气动伺服机构等。

3. 被控对象

机械参数量包括位移、速度、加速度、力和力矩为被控对象。

4. 检测环节

检测环节是指能够对输出进行测量并转换成比较环节所需要的量纲的装置，一般包括传感器和转换电路。

5. 比较环节

比较环节是将输入的指令信号与系统的反馈信号进行比较，以获得输出与输入之间的偏差信号的环节，通常由专门的电路或计算机来实现。

（二）伺服系统的分类

伺服系统的分类方法很多，常见的分类方法如下：

1. 按被控量参数特性分类

按被控量不同，机电一体化系统可分为位移、速度、力矩等各种伺服系统。其他系统还有温度、湿度、磁场、光等各种参数的伺服系统。

2. 按驱动元件的类型分类

按驱动元件的不同可分为电气伺服系统、液压伺服系统、气动伺服系统。电气伺服系统根据电动机类型的不同又可分为直流伺服系统、交流伺服系统和步进电动机控制伺服系统。

3. 按控制原理分类

按自动控制原理，伺服系统又可以分为开环控制伺服系统、闭环控制伺服系统、半闭环控制伺服系统。

开环控制伺服系统结构简单、成本低廉、易于维护，但由于没有检测环节，系统精度低、抗干扰能力差。闭环控制伺服系统能及时对输出进行检测，并根据输出与输入的偏差，实时调整执行过程，因此系统精度高，但成本也大幅提高。半闭环控制伺服系统的检测反馈环节位于执行机构的中间输出上，因此一定程度上提高了系统的性能。例如，位移控制伺服系统中，为了提高系统的动态性能，增设的电动机速度检测和控制就属于半闭环控制环节。

（三）伺服系统的性能要求

对伺服系统的基本要求有稳定性、精度、快速响应性和节能。

1. 稳定性好

作用在系统上的扰动消失后，系统能够恢复到原来的稳定状态下运行或者在输入指令信号作用下，系统能够达到新的稳定运行状态的能力，在给定输入或外界干扰作用下，能在短暂的调节过程后到达新的或者恢复到原有平衡状态。

2. 精度高

伺服系统的精度是指输出量能跟随输入量的精确程度。作为精密加工的数控机床，要求的定位精度或轮廓加工精度通常都比较高，允许的偏差一般都在0.01～0.001 mm之间。

3. 快速响应性好

有两方面含义，一是指动态响应过程中，输出量随输入指令信号变化的迅速程度；二是指动态响应过程结束的迅速程度。快速响应性是伺服系统动态品质的标志之一，即要求跟踪指令信号的响应要快，一方面要求过渡过程时间短，一般在200 ms以内，甚至小于几十毫秒；另一方面，为满足超调要求，要求过渡过程的前沿陡，即上升率要大。

4. 高效节能

由于伺服系统的快速响应，注塑能够根据自身的需要对供给进行快速的调整，能够有效提高注塑机的电能的利用率，从而达到高效节能。

（四）伺服系统的主要特点

伺服系统的主要特点如下：

1. 精确的检测装置

以组成速度和位置闭环控制。

2. 有多种反馈比较原理与方法

根据检测装置实现信息反馈的原理不同，伺服系统反馈比较的方法也不相同。常用的有脉冲比较、相位比较和幅值比较3种。

3. 高性能的伺服电动机

用于高效和复杂型面加工的数控机床，伺服系统将经常处于频繁启动和制动过程中。要求电动机的输出力矩与转动惯量的比值大，以产生足够大的加速度或制动力矩。要求伺服电动机在低速时有足够大的输出力矩且运转平稳，以便在与机械运动部分连接中尽量减少中间环节。

4. 宽调速范围的速度调节系统，即速度伺服系统

从系统的控制结构看，数控机床的位置闭环系统可看作是位置调节为外环、速度调节为内环的双闭环自动控制系统，其内部的实际工作过程是把位置控制输入转换成相应的速度给定信号后，再通过调速系统驱动伺服电动机，实现实际位移。数控机床的主运动要求调速性能也比较高，因此要求伺服系统为高性能的宽调速系统。

（五）伺服放大器的典型产品

1. 三菱伺服驱动器（MR-J3-A）

AC 伺服原理：

①构成伺服机构的元件称为伺服元件。由驱动放大器（AC 放大器）、驱动电动机（AC 伺服驱动电动机）和检测器组成。图 8-2 为伺服机构示意图，图 8-3 所示为伺服放大器主回路。

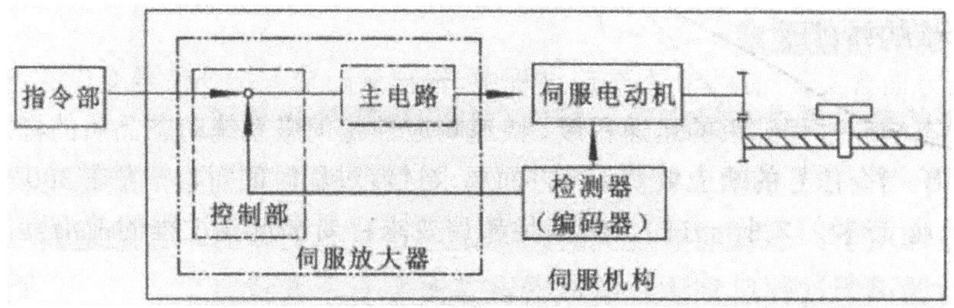

图 8-2　伺服机构示意图

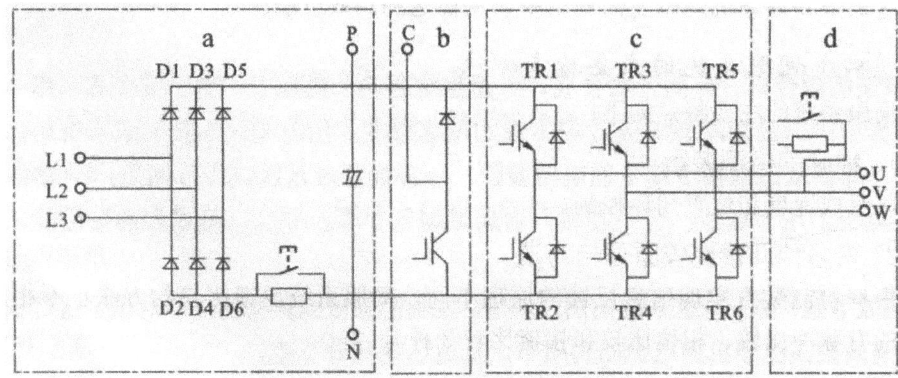

图 8-3　伺服放大器主回路

a. 整流回路：将交流转变成直流，可分为单向和三相整流桥。平滑电容：对整流电源进行平滑，减少其脉动成分。

b. 再生制动：所谓再生制动就是指电动机的实际转速高于指令速度时，产生能量回馈的现象。再生制动回路就是用来消耗这些回馈能源的装置。

按照再生制动回路的种类，可分为：电容再生方式（小容量：0.4 kW 以下）、电阻再生制动方式（中容量 0.4 ～ 11 kW）、电源再生方式（大容量 11 kW 以上），其中电阻再生制动方式又可分为内置电阻方式、外接电阻方式、外接制动单元方式。

c. 逆变回路：生成适合电动机转速的频率、适合负载转矩大小的电流、驱动电动机。逆变模块采用 IGBT 开关元件。

d. 动态制动器：具有在基极断路时，在伺服电动机端子间加上适当的电阻器进行短路消耗旋转能，使之迅速停转的功能。

②转矩特性：三菱伺服电动机属于永磁同步电动机，伺服电动机的输出转矩与电流成正比，其从低速到高速都可以以恒定转矩运转。

2. 三菱伺服放大器（MR-J3-B）

MR-J3-B 伺服放大器通过高速同步网络与伺服系统控制器连接，并通过直接读取定位数据进行操作。利用指令模块的数据执行伺服电动机的转速 / 方向控制和高精度定位。与现 SSCNET 相比，通过采用光通信系统，连接 MR-J3-B 伺服放大器的 SSCNET 大大提高了通信速度和噪声误差。对于接线距离，两极之间的距离最长可达 50 m。为了保护主电路的功率晶体管不会受到快速、加 / 减速或过载引起的过流的影响，伺服放大器具有夹紧（clamping）转矩限制电路。此外，转矩限制值可以通过参数进行设置。由于新的系列具有 USB 通信功能，可以利用安装在个人计算机上的伺服设置软件进行参数设置，试运行，状态显示监控，增益调整等。利用实时自动调谐，可以根据机器自动调整伺服增益。

第二节 伺服原理与系统

一、交流电的逆变

伺服系统是一个动态的随动系统，达到的稳态平衡也是动态的平衡，系统硬件大致由以下几部分组成，电源单元、功率逆变和保护单元、检测器单元、控制器单元、接口单元等，下面介绍一下主要单元的控制原理。

（一）交流电的逆变

电流控制型与电压控制型逆变的共同特点：负载电流或电压的调节在整流电路或直流母线上的中间电路上实现，逆变环节只是进行频繁的控制。而 PWM 逆变则可以在逆变电路上同时进行电压调节与频率控制。

电流控制型与电压控制型逆变一般用于交通运输、矿山、冶金等行业的大型变频器，如高速列车、大型轧机等；常用的中小型机电设备控制用的变频器与交流伺服驱动器通常都采用 PWM 控制型逆变。

为了适应大型变频器的高压、大电流控制要求，电流控制型与电压控制型逆变器的逆变回路通常使用晶闸管；由于PWM控制型逆变器工作频率高，必须使用IGBT（绝缘栅双极型晶体管）等可控关断电力电子器件。

（二）电流控制型逆变器

电流控制型逆变器的控制框图如图 8-4 所示。

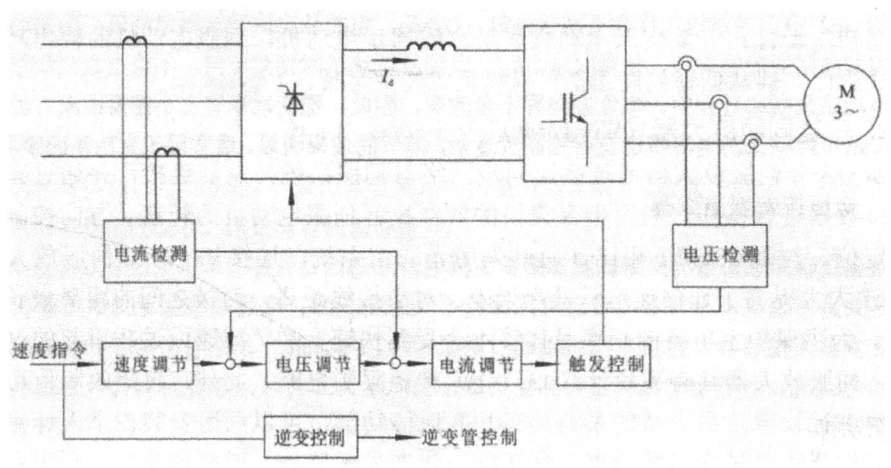

图 8-4　电流控制型逆变器的控制框图

电流控制型逆变器需要在直流母线上串联电感量较大的平波电抗器，整流部分可以看成是输出电流幅值保持 I_d 不变的电流源；电流源的输出通过逆变功率管的开关作用，以方波的形式分配给电动机。

电流控制型逆变器通过调节整流晶闸管触发角调节 I_d 大小，以实现控制电动机输出转矩的目的，这种逆变控制方式常用与定子电流为方波的大型交流同步电动机（如高速列车）的控制。

由于电动机绕组为感性负载，当电流为方波时，逆变输出的电压波形为近似的正弦波，但在换流的瞬间感性负载电流不能突变，将产生瞬间浪涌电压。为此，在高压、大电流控制的场合，需要在逆变输出回路增加浪涌电压吸收电容器。

为了控制电动机电压，电流型逆变器需要通过对逆变输出电压的检测构成电压闭环控制。电压调节器的输出作为 I_d 的电流给定，它与来自整流输入的电流反馈比较后，构成电流闭环。电流调节器的输出用来控制整流部分的晶闸管触发角，以改变电流幅值（见图 8-4）。

电流型逆变器与其他逆变方式比较，最大优点是电动机制动能量可以通过控制晶闸管触发角返回电网，实现回馈制动，如图 8-5 所示。

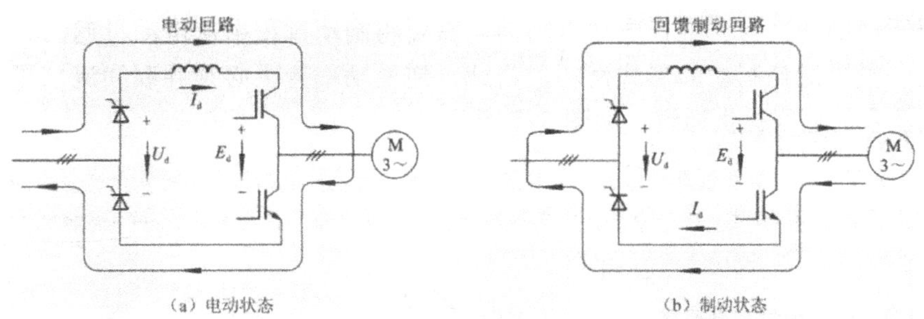

图 8-5　电流控制型逆变器的回馈制动

图 8-5 中，当系统工作在电动状态时，$U_d > E_d$，电能从电网输送到电动机；当制动时，通过控制晶闸管的触发角，使得$|-U_d| < |-E_d|$，电能从电动机回馈到电网。不论电流控制型逆变器在电动或是制动过程中，电流方向都不会改变，因此，逆变功率管上不需要续流二极管。

采用可控整流的电流型逆变器控制较复杂，但节能效果明显，通常用于大功率的驱动器。

（三）电压控制型逆变器

电压控制型逆变器的控制框图如图 8-6 所示。

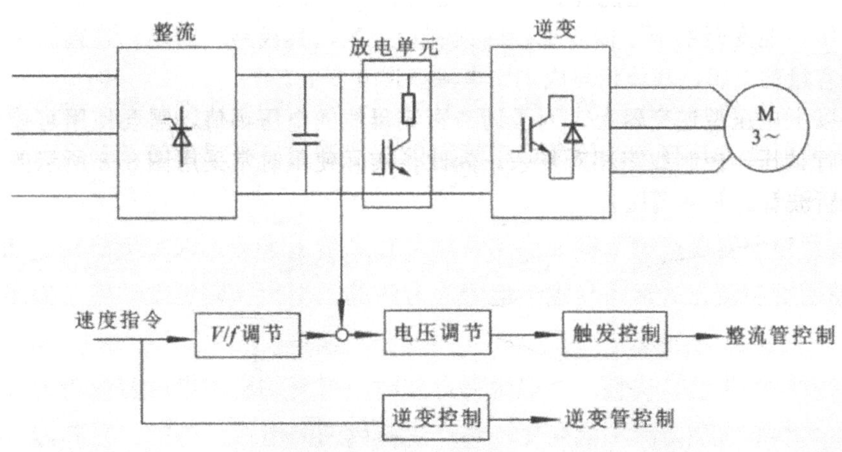

图 8-6　电压控制型逆变器的控制框图

逆变器的整流部分可看成输出电压保持不变的电压源，电压控制型逆变器需要在直流母线上并联大电容器。直流电压可以通过逆变部分功率管的开关作用，以方波电压的形式分配给电动机。由于电动机绕组为感性负载，当电压为方波时，逆变输出的电流波形为近似的正弦波。

电压控制型逆变器的调压同样需要在整流电路上实现，通过调节晶闸管触发角，

可以改变母线电压 U_d 以控制电动机的电枢电压。

电压控制型逆变器的直流母线电容器不允许进行反向充电，因此，这种线路无法实现回馈制动。为了进行电动机制动，需要将制动过程中从电动机返回到直流母线上的能量以能耗制动的形式消耗，为此，逆变功率管上必须并联续流二极管，为电动机能量的返回提供通道，如图 8-7 所示。

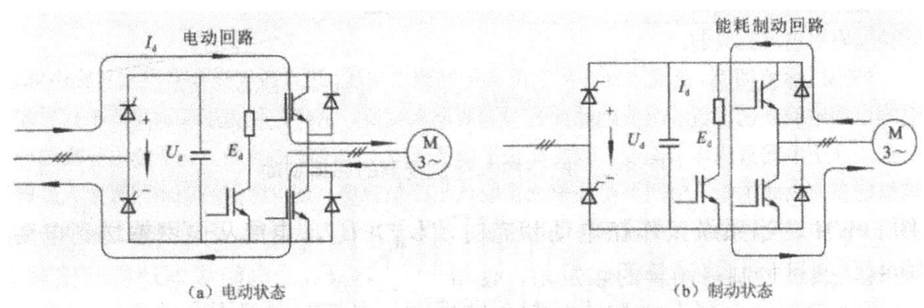

图 8-7 电压控制型逆变器的制动

电动机制动能量的返回将引起直流母线电压的显著提高，为了维持直流母线电压的恒定，必须在直流母线上增加图 8-7 所示的能耗制动单元。这一能耗制动单元可以为直流母线在电压升高时提供放电通道。

从电动机制动的角度看，电流型逆变器进行的是回馈制动（又称再生制动），而电压型逆变器进行的是能耗制动，这是两者的重要区别。

电压型逆变器由于不需要进行回馈制动控制，其线路较简单，且直流母线上不需要大容量的电感，其体积与成本比电流型逆变器低。

在以上电压型逆变器上，为了调节直流母线的电压幅值，需要使用可控整流晶闸管进行调压，控制线路相对复杂。为此，实际使用时常采用图 8-8 所示的不可控整流加斩波管的 PAM 调压方式。

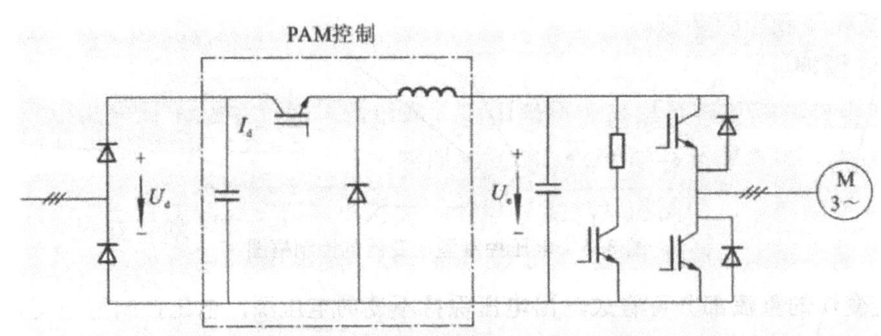

图 8-8 调幅可调的电压控制逆变器

PAM 调压是通过控制斩波管的通断改变输出电压幅值的调节方式，由于线路的电压调节以脉冲调制的形式实现，因此又称“脉冲幅值调制（PAM）”电压控制型逆变器。

PAM 调压的优点是整流回路无须对电压幅值进行控制，因此，可以多个逆变回路共用一套整流电路。即使对于电压幅值要求不同的逆变，仍然可以通过各自的 PAM 环节调整各自的电压。但其缺点是需要在整流与逆变之间多加一级斩波控制。

二、PWM 逆变原理

随着电子技术的发展，出现了多种 PWM 技术，其中包括：相电压控制 PWM、脉宽 PWM 法、随机 PWM/SPWM 法、线电压控制 PWM 等，它是把每一脉冲宽度均相等的脉冲列作为 PWM 波形，通过改变脉冲列的周期可以调频，改变脉冲的宽度或占空比可以调压，采用适当控制方法即可使电压与频率协调变化。可以通过调整 PWM 的周期、PWM 的占空比而达到控制充电电流的目的。

PWM（脉宽调制）是靠改变脉冲宽度来控制输出电压，通过改变周期来控制其输出频率。而输出频率的变化可通过改变此脉冲的调制周期来实现。这样，使调压和调频两个作用配合一致，且于中间直流环节无关，因而加快了调节速度，改善动态性能。由于输出等幅脉冲只需恒定直流电源供电，可用不可控整流器取代相控整流器，使电网侧的功率因数大大改善。利用 PWM 逆变器能够抑制或消除低次谐波。加上使用自关断器件，开关频率大幅度提高，输出波形可以非常接近正弦波。

（一）PWM 逆变原理与特点

晶体管脉宽调制（PWM）是一种通过电力电子器件的通 / 断将直流转换为一定形状的脉冲序列的技术。在交流调速系统中，这一脉冲序列可以用来等效代替正弦波。

在采用了 PWM 技术后，只要改变脉冲的宽度与分配方式，便可达到同时改变电压、电流的幅值与频率的目的，它是当前变频器与伺服驱动器都常用的控制方式。

与传统的晶闸管逆变方式相比，PWM 控制具有开关频率高、功率损耗小、动态响应快等优点，在交、直流电动机控制系统以及其他工业控制领域得到了极为广泛的应用，它是交流调速技术发展与进步的基础。

1. PWM 原理

PWM 逆变控制的关键是如何将直流电压（或电流）通过 PWM 转换为电动机控制所需的正弦波，为此，需要简单介绍 PWM 的基本原理。

根据采样控制理论，当面积（冲量）相等、形状不同的窄脉冲加到一个惯性关节上时，其产生的效果基本相同。

2. PWM 逆变的特点

采用了 PWM 控制的逆变器称为 PWM 控制型逆变器，这种逆变控制方式与电流型、电压型控制逆变比较具有如下区别：

（1）系统结构简单

电流型与电压型控制逆变的回路只进行单纯的开 / 关与频率控制，但加入到负载的电流、电压幅值需要通过整流回路进行调节，因此，逆变器需要同时对整流与逆变回路进行控制，系统结构复杂。采用 PAM 调压的电压控制型逆变，虽然可省略整流回路的控制环节，但需要增加斩波控制回路，同样增加了控制系统的复杂性。而PWM控制型逆变无须对整流电路进行控制，故可以直接用二极管不可控整流方式。

（2）改善用电质量

二极管不可控整流方式可以避免可控整流引起的功率因数降低与谐波影响，改善了用电质量。

（3）提高系统的响应速度

电流控制与电压控制型逆变在调节电流与电压幅值时，需要通过大电感，大电容的延时才能反映到逆变回路上。而PWM逆变则可以同时控制逆变回路的输出脉冲宽度、幅值与频率，提高了系统的响应速度。

（4）改善了调速性能

电流型与电压型控制逆变的回路只进行单纯的开 / 关频率控制，逆变器的输出为低频宽脉冲，波形中的谐波分量将引起电动机的发热并影响调速性能。而PWM逆变输出的是远高于电动机运行频率的高频窄脉冲，它是通过提高脉冲频率大大降低了输出中的谐波分量，改善了电动机的低速性能，扩大了调速范围。

（5）降低生产制造成本

从系统结构上看，为了准确控制逆变输出，电流型与电压型控制逆变的每一逆变回路都需要有单独的整流与中间电路，这样的方式较适合于电动机、大容量变频控制。而PWM控制型逆变器可通过脉宽调制，同时实现频率与幅值的控制，因此，只要容量足够、电压合适，用于逆变的直流电源完全可以独立设置或直接由外部提供，即PWM控制性逆变器可采用模块化的结构形式，由统一的电源模块为多组逆变回路提供公用的直流电源。

模块化结构可提高整流回路的效率，降低生产制造成本与减小体积，同时便于批量生产。它非常适合于中小功率、多电动机调速的生产设备与自动化生产线的控制。

（二）PWM波形的产生

PWM逆变的关键问题是如何产生PWM的波形。虽然，从理论上说可以根据输出频率、幅值以及需要划分的区域数，通过计算得到脉冲宽度数据，但这样的计算与控制通常比较复杂，对提高系统的速度不利。因此，目前实际控制系统大都采用载波调制技术生成PWM波形。

1. 单相调制

图8-9是一种最简单、最早被应用的交流调速系统的载波调制方法。

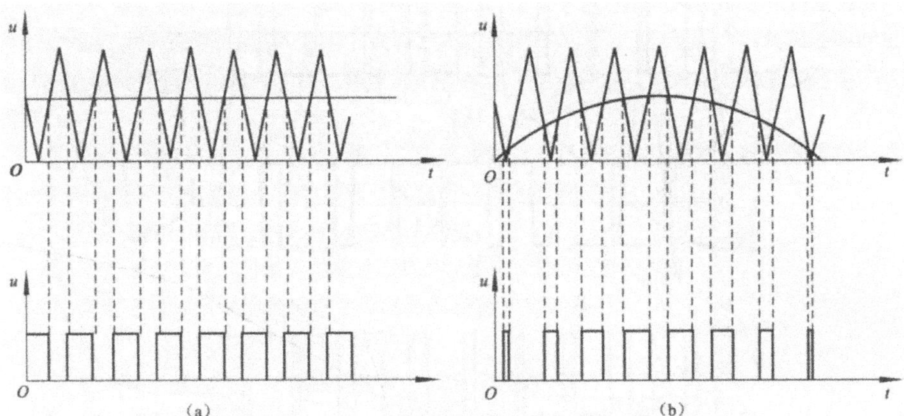

图 8-9　单相 PWM 的载波调制原理

在图 8-9 中，直接利用了比较电路，将三角波与要求调制的波形进行比较，如果调制电压大于三角波电压时的输出为“1”，便可以获得图中的 PWM 波形。

输出波形与要求调制信号对应，当调制信号为直流或者方波时，产生的 PWM 波形为等宽脉冲；当调制信号为正弦波时，产生的 PWM 波形为 SPWM 波。

在载波调制中，将接受调制的基波（图 8-9 中的三角波）称为“载波”：将希望得到的波形称为“调制波”或调制信号。显然，为了进行调制，载波的频率必须远远高于调制信号的频率，载波的频率越高，产生的 PWM 脉冲就越密，由输出脉冲组成的波形也就越接近调制信号。因此，在变频器与交流伺服驱动器中，载波频率（又称 PWM 频率）是决定输出频率与波形质量的重要技术指标，目前变频器与伺服驱动器的载波频率通常都可以达到 2 ～ 15 kHz。

2. 三相调制

根据单相 PWM 波的产生原理，同样可以得到三相的调制信号，如图 8-10 所示。

图 8-10 中，u_a、u_b、u_c 三相调制信号公用一个载波信号，$u_a > u_b > u_c$ 的调制与单相波相同，假设逆变器的直流输入为 e_d，如果选择 $e_d/2$ 作为参考电位，则可以得到图中的 PWM 波形。在此基础上，根据 $u_{ab}=u_a-u_b$ 便可以得到图中的线电压 u_{ab}b 的 PWM 波形，这就是三相 PWM 波。变频器与伺服驱动器就是根据这一原理控制电压与频率的交流调速装置。

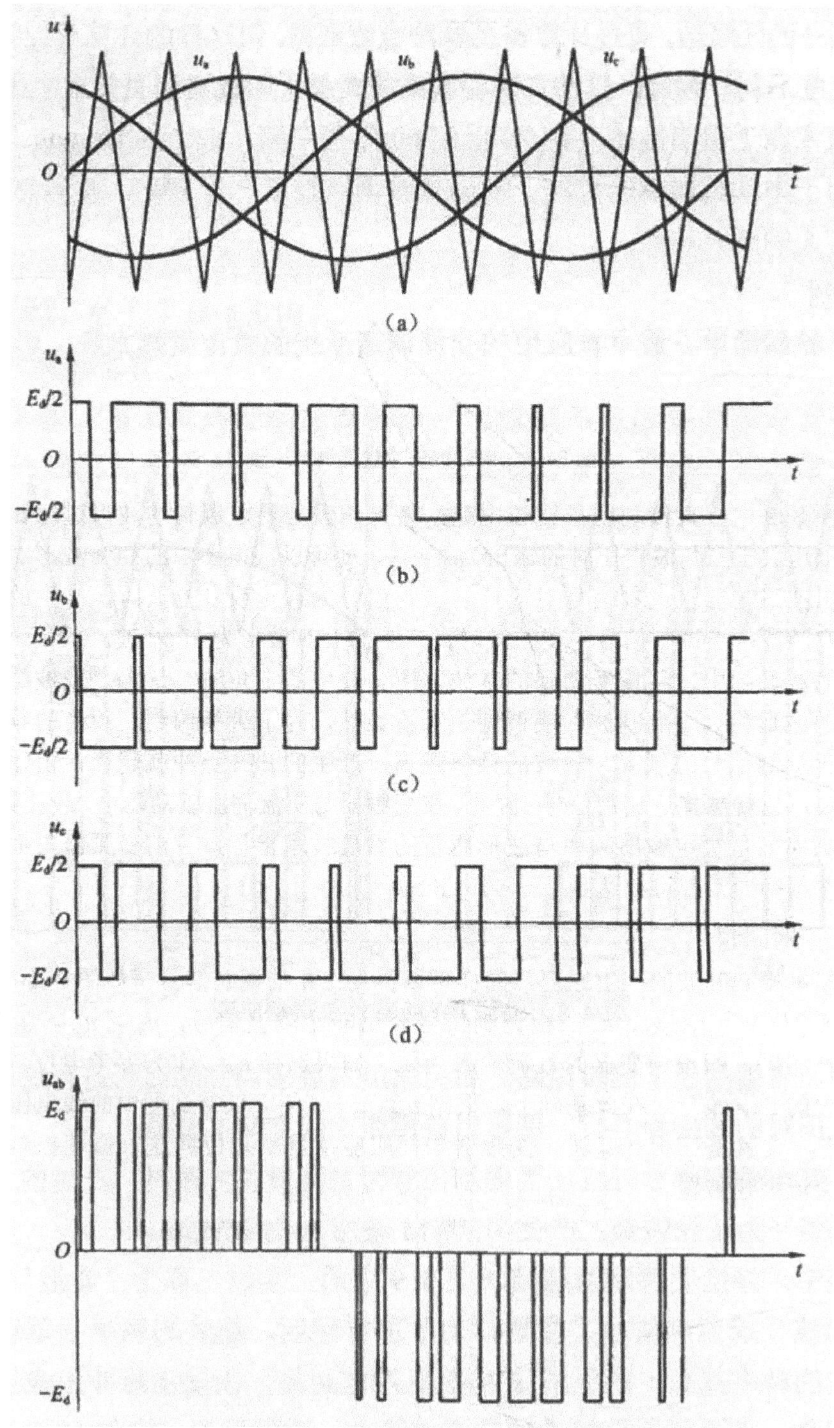

图 8-10　三相 PWM 的载波调制原理

第三节　伺服驱动器工作原理

伺服驱动器是用于控制交流永磁同步电动机（交流伺服电动机）位置、速度的装置，它需要实现高精度位置控制、大范围的恒转矩调速和转矩的精度控制，其调速要求比变频器等以感应电动机为对象的交流调速系统更高。因此，它必须使用驱动器生产厂家专门生产、配套提供的专用伺服电动机。

在控制方式上用脉冲串和方向信号实现，一般伺服有 3 种控制方式：位置控制方式、速度控制方式、转矩控制方式。

一、位置控制单元

伺服电动机驱动器必须设置位置增益参数（KPP），伺服驱动器位置控制单元采用比例控制系统，所以应称为位置比例增益参数。调整位置比例增益参数又称伺服电动机刚性调整。

将指令脉冲数与编码器反馈脉冲数进行比较，称为偏差计数。位置控制单元将偏差量转换成修正位置的速度指令，由速度控制单元处理后送驱动单元进行电动机驱动。因此，速度指令的幅度大小就可由 KPP 位置比例增益参数决定。KPP 参数设置越大，控制反应越迅速，称为刚性较硬；反之称为刚性较软。将速度控制单元及驱动单元进行简化，如图 8-11 所示。

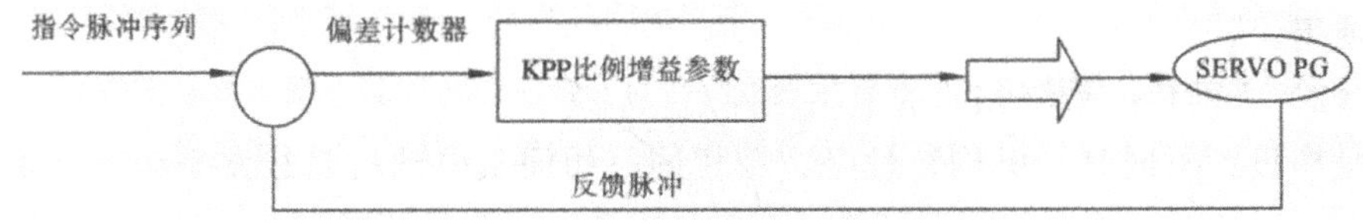

图 8-11　伺服驱动器的位置控制简化示意图

因控制器输出的驱动信号与输入关系只是一个比例增益常量关系，所以称为比例控制器，而其输入信号是控制器的指令脉冲与伺服电动机编码器产生反馈脉冲的偏差量，偏差量经比例控制器乘上比例增益常量 KPP 再送往下一级控制单元处理。在此需注意偏差计数器的功能，如果将偏差计数器输出与旋转中清除归零，表示速度指令下降为零，则伺服电动机将突然停止。这种特性将应用于伺服电动机原点复位运行模式，但也需要考虑在多大的速度下电动机才能突然停止。即对电动机及机构而言是否可承受此冲击载荷。

位置控制单元的输入量及输出量是不同的，输入量为位置的偏差量，经控制器处理后的输出量转换为速度的量。因此，在进行位置控制，当前位置不等于设置位置时，需要输出与位置误差量相反方向的速度进行修正；当前位置等于设置位置时，速度的输出必须为零。

偏差计数器不同于一般函数减法器，其进行的是两输入端脉冲数量互抵的动作，虽然最终必定互抵为零，但接收指令脉冲发送时，与反馈脉冲间存在延迟时间差，这就是偏差量原因之一。另一部分偏差量是因为外力产生的，当电动机停止因负载变化形成位移时，就造成偏差量的产生，也反应了修正输出的必要性。而比例控制器要对修正输出的幅度进行控制。

位置比例增益参数 KPP 的影响：

将 KPP 参数以阶跃输入对时间的暂态响应说明。当 KPP 值增大时，伺服电动机对位置有较好的响应，一般称为刚性较硬；但也容易产生振动及噪声，也就是进入不稳定状态。

KPP 值调整后，效果将反应在伺服电动机定位及停止时。KPP 值增大时，上升时间减短，可快速到达设置点，相对的最大超调量随之增加。因此，必须考虑以下因素：

①机构是否能接受较大超调量。

②较短的上升时间并不表示能缩短稳定时间。

③ KPP 值减少时，上升时间延长，需要较长的时间才能到达设置点，最大超调量减少，但不一定表示系统稳定时间延长。

针对以上情况进行 KPP 值的调整，求得的最短稳定时间即为最佳值测量值系统稳定时间，需要适当的仪器。在无适当的仪器或工具进行辅助时，只能以人工进行调整及判断 KPP 值是否适用。

（1）KPP 值调整判断标准

KPP 值的调整，实际上是介于快速与稳定性之间的取舍。为求快速而将 KPP 值调大，则上升时间缩短、超调量增加、系统不稳定性增加，最终将导致系统振荡而无法使用。

（2）不同负载系统 KPP 的值不相同

机构设计不同时，机构特性必定不相同，如伺服电动机负载水平运动、垂直运动或圆周运动都有不同的运动特性，工作台驱动方式齿轮齿排驱动、滚珠丝杠驱动、传动带驱动均有差异。

即使结构相同，将机构水平放置应用或将垂直安装应用时伺服系统参数必定改变，甚至原来配置的电动机无法使用。因为受重力影响的方向改变，造成了不同的结果。

二、速度控制单元

位置偏差量经 KPP 值比例控制器运算后得到修正幅度，再送往速度控制单元进行速度控制。换言之，速度控制单元的速度设置值就是位置控制单元运算的结果。对控制工程而言，速度控制单元也可视为位置控制的一部分，二者是串级控制关系，速度控制单元在设计上较位置控制单元复杂。

速度控制单元实际上就是一种相当有名的控制器——PID控制器的应用，PID代表比例、积分、微分。速度控制单元PID控制器的框图如图8-12所示。调整PID控制Kvp、kvi、kvd值，可使伺服系统的速度控制性能符合要求。

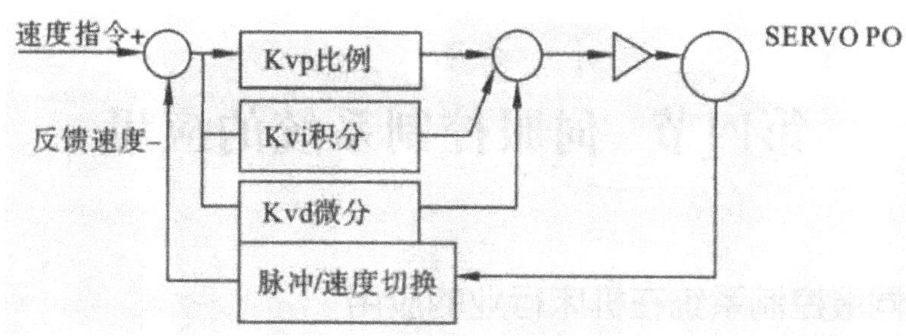

图8-12　速度控制单元PID控制器的框图

PID控制器是指利用偏差信号的比例、积分或微分关系计算出控制量进行控制的系统，也称为PID调节器、PID滤波器。它具有结构简单、稳定性好、工作可靠、调整方便等优点，对提高线性系统的性能十分有效。

三、驱动单元

交流伺服电动机驱动单元部分，基本上是一个变频器系统。位置控制单元为修正位置而改变速度指令，而驱动电动机旋转。

变频器将交流电源先整流为直流电源，再重新调制成可变频率的输出电压，交流伺服电动机的转速随输出电压频率同步旋转。如今，变频器多采用PWM技术，即脉冲宽度调制技术，其输出电压波形是非正弦波形，施加负载后的电压平均值非常接近于正弦波形。

伺服电动机的最高输出转矩约为额定转矩的3倍。事实上，瞬间最高的转矩可达3倍额定负载转矩，但如果长时间高载荷运行，必定会发生异常报警。例如，伺服电动机加 / 减速时，输出转矩将超过额定转矩。

脉冲宽度调制技术使用高频脉冲技术为载波，对脉冲宽度进行调制。既然有高频载波，就必然有电磁干扰（EMI）问题，需要采用电抗器、滤波器、隔离变压器等隔离措施。

四、完整的电动机驱动器

完整的伺服电动机驱动器应包含位置控制单元、速度控制单元及驱动单元。必须了解它们，才能正确使用伺服电动机。

伺服驱动器又称伺服放大器，是交流伺服系统的核心设备。伺服驱动器的品牌很多，常见的有三菱、松下、台达等。

伺服驱动器的功能是将工频（50 Hz或60 Hz）交流电源转换为幅度和频率均可变的交流电源提供给伺服电动机。当伺服驱动器工作在速度控制模式时，通过控制输出电源的频率来对电动机进行调速；当工作在转矩模式时，通过控制输出电源的幅度来对电动机进行转矩控制；当工作在位置控制模式时，根据输入脉冲来决定输出电源的通断时间。

第四节　伺服控制系统的应用

一、伺服控制系统在机床行业的应用

伺服系统虽是近年来才开发出来的自动化产品，但是无论从性能上还是从功能应用上都是自动化行业的时尚先锋。尤其以伺服系统在机床上的应用更为耀眼。

按机床中传动机械的不同将伺服分为进给伺服与主轴伺服。

进给伺服以数控机床的各坐标为控制对象，产生机床的切削进给运动。为此，要求进给伺服能快速调节坐标轴的运动速度，并能精确地进行位置控制。

主轴伺服提供加工各类工件所需的切削功率，因此，只需要完成主轴调速及正反转功能。但当要求机床有螺纹加工、准停和恒线速加工等功能时，对主轴也提出了相应的位置控制要求。因此，要求其输出功率大，具有恒转矩段及恒功率段，有准停控制，主轴与进给联动。与进给伺服一样，主轴伺服经历了从普通三相异步电动机传动到直流主轴传动。随着微处理器技术和大功率晶体管技术的进展，现在又进入了交流主轴伺服系统时代。

目前，在数控机床上使用的伺服控制系统，其优点主要有：精度高，伺服系统的精度是指输出量能复现输入量的精确程度，包括定位精度和轮廓加工精度；稳定性好，稳定性是指系统在给定输入或外界干扰作用下，能在短暂的调节过程后，达到新的或者恢复到原来的平衡状态，直接影响数控加工的精度和表面粗糙度；快速响应，它是伺服系统动态品质的重要指标，反映了系统的跟踪精度；调速范围宽，其调速范围可达 0 ～ 30m/min；低速大转矩，进给坐标的伺服控制属于恒转矩控制，在整个速度范围内都要保持这个转矩，主轴坐标的伺服控制在低速时为恒转矩控制，能提供较大转矩，在高速时为恒功率控制，具有足够大的输出功率。

在机床进给伺服中采用的主要是永磁同步交流伺服系统，有3种类型：模拟形式、数字形式和软件形式。模拟伺服用途单一，只接收模拟信号，位置控制通常由上位机实现；数字伺服可实现一机多用，如做速度、力矩、位置控制，可接收模拟指令和脉冲指令，各种参数均以数字方式设置，稳定性好，具有较丰富的自诊断、报警功能；软件伺服是基于微处理器的全数字伺服系统，其将各种控制方式和不同规格、功率的伺服电动机的监控程序以软件实现，使用时由用户设置代码与相关的数据即自动进入工作状态，配有数字接口，改变工作方式、更换电动机规格时，只需重设代码即可，故又称万能伺服。

作为机床工具，尤其是数控机床的重要功能部件，交流伺服运动控制产品的系统特性一直是影响系统加工性能的重要指标。近些年，国内外各个厂家都相继推出了交流伺服运动控制的新技术和新产品，比如全闭环交流伺服驱动技术、直线电动机驱动技术、PCC（可编程计算控制）技术、基于现场总线的交流伺服运动控制技术、运动控制卡、DSP（数字信号处理）多轴运动控制器等。随着超高速切削、超精密加工、网络制造等先进制造技术的发展，具有网络接口的全数字交流伺服系统、直线电动机及高速电主轴等将成为数控机床行业关注的热点，并成为交流伺服运动控制产品的发展方向。

卧式数控机床由CNC（计算机数字控制机床）控制器，伺服驱动及电动机、电器柜和数控机床的机架四部分组成。其工作原理：通过CNC内配置的专用编程软件，将加工零件的轨迹用坐标的方式表达出来，把这些信息转化成能使驱动伺服电动机的带有功率的信号（脉冲串），控制伺服电动机带动相应轴来实现运动轨迹。同时，刀架上配有数控车刀，通过按加工材质配置相应的刀具，对固定于主轴上的加工材料进行切削，即可加工出相应的工件。

二、伺服控制系统在纺织行业的应用

下面通过具体的实物进行说明。

1. 织机

图8-13为电子送经机构示意图，电子送经机构由张力信号采集系统、信号处理和控制系统、织轴驱动装置三部分组成。装在双后梁上的压力传感器检测经面张力，PLC检测张力反馈信号，信号经PLC内部处理后控制伺服系统，伺服电动机通过蜗轮、蜗杆传动至织轴上，控制送经速度，从而实现恒张力自动控制，保证织轴由大变小的过程，保持张力均匀。

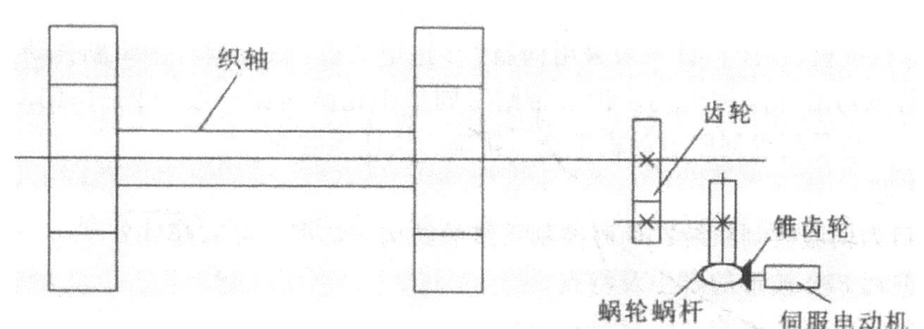

图8-13 电子送经机构示意图

2. 电子卷取机构

电子卷取是根据织物要求的纬密，通过触摸屏输入织物纬密，由PLC控制伺服系统实现织物定量定速的卷取。采用伺服电动机作为动力，电动机通过减速器，由同步带动到卷取传动轴，通过锥齿轮变向后，带动刺毛辊传动，对包覆在辐上的织物进行卷取。图 8-14 为电子卷取机构示意图。

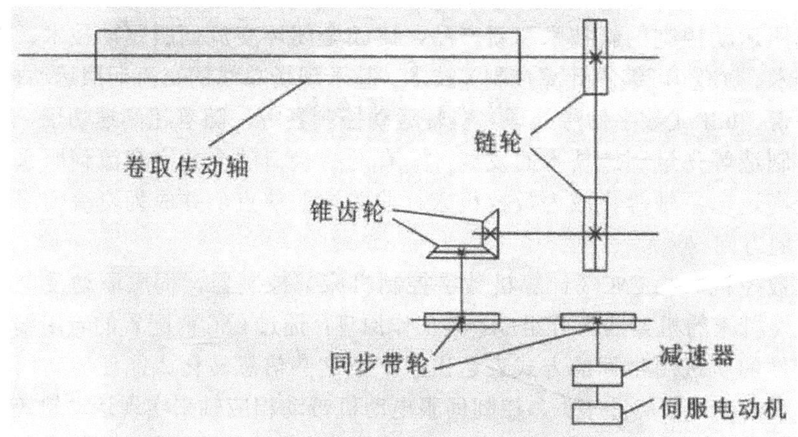

图 8-14　电子卷取机构示意图

3. 计算机横机

全自动计算机横机是针织行业中技术含量较高的机械，它集成了计算机数字控制、电子驱动、机械设计、电动机驱动、针织工艺等技术为一体，可以编辑非常复杂的手摇横机无法完成的衣片组织。伺服应用在横机已广泛应用。

（1）机头驱动系统

计算机横机工作时是通过主伺服电动机拖动横机机头做往复运动实行编制。在伺服配套使用的计算机横机厂家机头驱动采用伺服和同步齿形带驱动，机头可以自动调节行程。一般伺服到机头有两级减速传动（65 ∶ 45 ∶ 25），高低速运行时要求伺服电动机机头平稳，无抖动和振动噪声，机头换向也就是伺服电动机在正反转交替时要平滑无明显打顿、强烈抖动现象。

（2）针床移位系统

计算机横机，针床横移一般采用伺服 / 步进电动机 - 滚珠丝杆螺母副传动来实现。摇床电动机与滚珠丝杆用同步齿形带结，同步带轮减速比一般为 24 ∶ 15，编制中需要针床横移是要求伺服电动机平稳、精确、快速地响应。

思考题

1. 何为伺服控制系统？伺服控制系统的结构与典型产品有哪些？

2. 简述 PWM 波形的产生及特点。

3. 掌握伺服系统的工作原理是什么？

4. 伺服控制系统的应用范围有哪些？

第九章 安全用电及室内供配电技术

导读：

安全用电是研究如何预防用电事故及保障人身和设备安全的一门学问。安全用电包括供电系统安全、用电设备安全和人身安全三个方面，它们之间又是紧密联系的。供电系统的故障可能导致用电设备的损坏或人身伤亡事故，而用电设备的安全隐患和使用不当也会导致局部或大范围停电，引起人身伤亡，严重的会造成社会灾难。

学习目标：

1. 掌握安全用电的基本常识及急救方法。
2. 掌握常用室内供配电的基本技术。

第一节 电气事故概述

电气事故危害大、涉及领域广，是电气安全工程主要的研究和管理对象。熟悉电气事故的危害、特点和分类，对掌握好安全用电基本知识具有重要的意义。

一、电气事故的危害

电气事故的危害主要有两个方面：

（1）对系统自身的危害，如短路、过电压、绝缘老化等。

（2）对用电设备、环境和人员的危害，如触电、电气火灾、电压异常升高造成用电设备损坏等。

二、电气事故的特点

（1）电气事故危害大。电气事故的发生常伴随着受伤、死亡、财产损失等。

（2）电气事故危险直观识别难。由于电本身不具备被人直观识别的特征，因此电引起的危险不易被人们察觉。

（3）电气事故涉及领域广。电气事故的发生并不仅仅局限于用电领域，在一些非用电场所，电能的释放也会引起事故和危害。

（4）电气事故的防护研究综合性强。电气事故的机理除了电学之外，还涉及力学、化学、生物学、医学等学科的理论知识，需要综合起来研究。

三、电气事故的类型

电气事故根据电能的不同作用形式，可分为触电事故、静电危害事故、雷电灾害事故、射频电磁场危害事故和电路故障危害事故等；按发生灾害的形式，又可以分为人身事故、设备事故、电气火灾等。

1. 触电事故

触电事故是由电流的能量造成的。触电是指电流流经人体时对人体产生的生理和病理的伤害，这种伤害是多方面的。电流对人体伤害分为电击和电伤两种。

2. 静电危害事故

静电危害事故是由静电电荷或静电场能量引起的，两种互相接触的非导电物质在相对运动的过程中，因摩擦而产生的带电现象。在生产和操作过程中，某些材料的相对运动、接触与分离等原因导致了相对静止的正电荷和负电荷的积累，也会产生静电。

一般情况下静电量不大，放电不易为人察觉。但当静电所积累的电能到一定程度时，放电会伴有响声和火花，其电压可能高达数十千伏乃至数百千伏，对生产和人身安全会造成危害，甚至发生爆炸、火灾、电击等。

3. 雷电灾害事故

雷电是自然界中高能量静电的集聚和放电的过程。其放电时间极短，仅为 50 ～ 100 μs，但大气中的瞬时放电电流可达 300 kA，放电路径中形成的等离子体温度可达 20 000 以上，并产生强烈的声光效应。雷电放电具有电流大、电压高的特点，其能量释放出来可能形成极大的破坏力。

雷电的破坏作用主要有：直击雷放电、二次放电，雷电流的热量会引起火灾和爆炸。雷电的直接击中、金属导体的二次放电、跨步电压的作用均会造成人员的伤亡。强大的雷电流、高电压可导致电气设备击穿或烧毁，发电机、变压器、电力线路等遭受雷击，可导致大规模停电事故，雷击可直接毁坏建筑物、构筑物。

4. 射频电磁场危害事故

射频是指无线电波的频率或者相应的电磁振荡频率。射频伤害是由电磁场的能量造成的。在射频电磁场作用下，人体吸收辐射能量会受到不同程度的伤害。在高强度的射频电磁场作用下，可能产生感应放电，会造成电引爆器件发生意外引爆。当受电磁场作用感应出的感应电压较高时，会给人以明显的电击。

5. 电路故障危害事故

电路故障危害是由于电能在输送、分配、转换过程中失去控制而产生的。断线、短路、异常接地、漏电、误合闸、电气设备或电气元件损坏、电子设备受电磁干扰而发生误动作等均属于电路故障。系统中电气线路或电气设备的故障会引起火灾和爆炸、造成异常带电、异常停电，导致人员伤亡及重大财产损失。

第二节 触电事故及急救

一、触电事故

（一）电流对人体伤害的种类

电流对人体组织的危害作用表现为：电热作用、电离或电解作用、生物作用和机械作用。电流通过人体时，电流的热性质作用会引起肌体烧伤、炭化、产生电烙印及皮肤金属化现象；化学性质作用会使人体细胞由于电解而被破坏，使肌体内体液和其他组织发生分解，破坏各种组织结构和成分；生物性质作用会引起神经功能和肌肉功能紊乱，使神经组织受刺激兴奋、内分泌失调；机械性质作用会使电能在体内转化为机械能引起损伤，如骨折、组织受伤。

根据伤害性质不同，触电可分为电击和电伤两种。

（1）电击

是电流通过人体造成的内部器官在生理上的反应和病变。如刺痛、灼热感、痉挛、麻痹、昏迷、心室颤动或停跳、呼吸困难或停止等。电击是主要的触电事故，分为直接电击和间接电击。

（2）电伤

是电流通过人体时，由于电流的热效应、化学效应和机械效应对人体外部造成的伤害。如电灼伤、电烙印、皮肤金属化等现象。能够形成电伤的电流一般比较大，它属于局部伤害，其危险性取决于受伤面积、受伤深度、受伤部位。

①电灼伤分为接触灼伤和电弧灼伤。接触灼伤伤处呈现黄色或褐黑色，可累及皮下组织、肌腱、肌肉和血管，甚至使骨骼呈炭化状态。电弧灼伤会使皮肤发红、起泡、组织烧焦、坏死。

②电烙印发生在人体与带电体之间有良好的接触处部位，颜色呈灰黄色，往往造成局部麻木和失去知觉。

③皮肤金属化是由于高温电弧使周围金属熔化、蒸发并飞溅渗透到皮肤表面形成的伤害，一般无致命危险。

（二）电流对人体伤害程度的主要影响因素

电流对人体的伤害程度与通过人体的电流大小、电流在人体持续的时间、电流流经途径、电流频率、人体状况等因素有关。

1. 伤害程度与电流大小的关系

通过人体的电流越大，人体的生理反应越明显。对于工频交流电，根据通过人体电流大小和人体所呈现的不同状态，习惯上将触电电流分为：感知电流、摆脱电流和室颤电流三种。

（1）感知电流

指人身能够感觉到的最小电流。成年男性平均感知电流大约为 1.1 mA，女性为 0.7 mA。感知电流不会对人体造成伤害，但电流增大时，人体反应的强烈，可能造成坠落等间接事故。

（2）摆脱电流

指大于感知电流，人体触电后可以摆脱掉的最大电流。成年男性平均摆脱电流大约为 16 mA，女性为 10 mA；成年男性最小摆脱电流大约为 9 mA，女性为 6 mA，儿童较小。

（3）室颤电流

指引起心室颤动的最小电流。由于心室颤动几乎将导致死亡，因此通常认为室颤电流即致命电流。当电流达到 90 mA 以上时，心脏会停止跳动。

在线路或设备装有防止触电的速断保护装置的情况下，人体允许通过的电流为 30 mA。工频交流电对人体的影响如表 9-1 所示。

表 9-1　工频交流电对人体的影响

电流大小 /mA	人体感觉特征
0.6 ～ 2	手指开始感觉发麻
2 ～ 3	手指感觉强烈发麻
5 ～ 7	手指肌肉感觉痉挛，手指灼热和刺痛
8 ～ 10	手摆脱电极已感到困难，指尖到手腕有剧痛感
20 ～ 25	手迅速麻痹，不能自动摆脱
50 ～ 80	呼吸困难，心房开始震颤
90 ～ 100	呼吸麻痹，一定时间后心脏麻痹，停止跳动

2. 伤害程度与电流作用于人体时间的关系

通过人体电流的持续时间越长，电流对人体产生的热伤害、化学伤害及生理伤害越严重。由于电流作用时间越长，作用于人体能量累积越多，室颤电流减小，电流波峰与心脏脉动波峰重合的可能性增大，容易引起心室颤动，危险性就越大。

一般情况下，工频 15 ~ 20 mA 以下、直流 50 mA 以下电流，对人体是安全的。但如果电流通过人体时间很长，即使工频电流小到 8 ~ 10 mA，也可能使人致命。这是因为通电时间越长，电流通过人体产生的热效应，使人体发热，人体组织的电解液成分增加越多，导致人体电阻降低，使通过人体的电流增加，触电的危险亦随之增加。

3. 伤害程度与电流流经途径的关系

电流通过头部可使人昏迷；通过脊髓可能导致瘫痪；通过心脏会造成心跳停止，血液循环中断；通过呼吸系统会造成窒息，通过中枢神经有关部分，会引起中枢神经系统强烈失调而致残。实践证明，从左手到胸部是最危险的电流路径，从手到手和从手到脚也是很危险的电流路径，从左脚到右脚是危险性较小的电流路径。电流流经路径与通过人体心脏电流比例的关系见表 9-2。

表 9-2　电流流经路径与通过人体心脏电流比例的关系

电流通过人体途径	左手到脚	右手到脚	左手到右手	左脚到右脚
流经心脏电流占总电流的比例 /%	6.4	3.7	3.3	0.4

4. 伤害程度与电流频率的关系

不同频率的电流对人体影响也不同。通常频率在 50 ~ 60 Hz 范围内的交流电对人体的危险性最大。低于或高于此频率段的电流对人体触电的伤害程度明显减轻。高频电流有时还可以用于治疗疾病。目前，医疗上采用 20 kHz 以上的交流小电流对人体进行理疗。各种频率电流导致死亡的比例见表 9-3。

表 9-3　各种频率电流导致死亡的比例

电流频率 /Hz	10	25	50	60	80	100	120	200	500	1 000
死亡比例 /%	21	70	95	91	43	34	31	22	14	11

5. 伤害程度与人体状况的关系

人体触电时，流过人体的电流在接触电压一定的情况下由人体电阻决定。人体电阻的大小不是固定不变的，它取决于众多因素。当皮肤有完好的角质外层并且干燥时，人体电阻可达 104 ~ 105 Ω；当角质层被破坏时，降到 800 ~ 1000　Ω 总的来讲，人体电阻主要由表面电阻和体积电阻构成，其中表面电阻起主要作用。一般认为，人体电阻在 1 000 ~ 2000 Ω 范围内变化。此外，人体电阻大小还取决于皮肤的干湿程度、粗糙度等，见表 9-4。

表 9-4　不同电压下人体电阻值

接触电压 /V	人体电阻 / Ω			
	皮肤干燥	皮肤潮湿	皮肤湿润	皮肤浸入水中
10	7 000	3 500	1 200	600
25	5 000	2 500	1 000	500
50	4 000	2 000	875	400
100	3 000	1 500	770	375

此外，人体状况的影响还与性别、年龄、身体条件及精神状态等因素有关。一般来说，女性比男性对电流敏感；小孩比大人敏感。

（三）人体触电方式

按照人体触及带电体的方式和电流通过人体的途径，触电可分为直接触电、间接触电和跨步电压触电三种方式，此外还有感应电压触电、剩余电荷触电等。

1. 直接触电

人体直接接触带电体而引起的触电。直接触电可分为单相触电和双相触电两种。

（1）单相触电

是指人体某一部位触及一相带电体时，电流通过人体与大地形成闭合回路而引起触电事故。这种触电的危害程度取决于三相电网中的中性点是否接地。

（2）双相触电

是人体的不同部位同时触及两相带电体，电流通过人体在两相电线间形成回路引起触电。

此时，无论系统中性点是否接地，人体均处于线电压的作用下，比单相触电危险性更大，通过人体的电流远大于人体所能承受的最大电流。

2. 间接触电

电气设备已断开电源，但由于电路漏电或设备外壳带电，使得操作人员碰触而间接触电，危及人身安全。

3. 跨步电压触电

若出现故障的设备附近有高压带电体或高压输电线断落在地上时，接地点周围就会存在强电场。人在接地点周围行走，人的两脚（一般距离以 0.8 m 计算）分别处于不同的电位点，使两脚间承受一定的电压值，这一电压称为跨步电压。跨步电压的大小与电位分布区域内的位置有关，在越靠近接地体处，跨步电压越大，触电危险性也越大。离开接地点大于 20 m 时，跨步电压为零。

4. 感应电压触电

感应电压触电是指当人触及带有感应电压的设备和线路时所造成的触电事故。

一些不带电的线路由于大气变化（如雷电活动），会产生感应电荷；另外，停电后一些可能感应电压的设备和线路如果未及时接地，这些设备和线路对地均存在感应电压。

5. 剩余电荷触电

剩余电荷触电是指当人体触及带有剩余电荷的设备时，对人体放电造成的触电事故。带有剩余电荷的设备通常含有储能元件，如并联电容器、电力电缆、电力变压器及大容量电动机等，在退出运行和检修后，会带上剩余电荷，因此要及时对其放电。

二、触电急救

在电气操作和日常用电过程中，采取有效的预防措施，能有效地减少触电事故，但绝对避免是不可能的。所以，必须做好触电急救的思想和技术准备。

（一）触电急救措施

触电急救的要点是要动作迅速，救护得法，切不可惊慌失措、束手无策。

1. 使触电者迅速脱离电源

触电急救，首先要使触电者迅速脱离电源。这是由于电流对人体的伤害程度与电流在体内持续时间有关。电流作用的时间越长，伤害越严重。脱离电源就是要把与触电者接触的那一部分带电设备的开关、刀闸或其他断路设备断开；或设法将触电者与带电设备脱离。在脱离电源中，救护人员既要救人，也要注意保护自己。触电者未脱离电源前，救护人员切不可直接用手触及伤员，以免有触电的危险。具体措施如下：

（1）低压触电事故

触电者触及带电体时，救护人员应设法迅速切断电源，如断开电源开关或刀闸，拔除电源插头或用带绝缘柄的电工钳切断电源。当电线搭落在触电者身上或被压身下时，可用干燥的木棒、竹竿等作为绝缘工具挑开电线，使触电者脱离电源。如果触电人的衣服是干燥的，而且电线紧缠在其身上时，救护人员可以站在干燥的木板上，用一只手拉住触电者的衣服，把他拉离带电体，但不可触及触电者的皮肤和金属物体。

（2）高压触电事故

救护人员应立即通知有关部门停电，有条件的可以用适合该电压等级的绝缘工具（戴绝缘手套、穿绝缘靴并用绝缘棒）断开电压开关，解救触电者。在抢救过程中应注意保持自身与周围带电部分必要的安全距离。

2. 触电者脱离电源后的伤情判断

当触电者脱离电源后，立即移到通风处，将其仰卧，迅速检查伤员全身，特别是呼吸和心跳。

（1）判断呼吸是否停止

将触电者移至干燥、宽敞、通风的地方，将衣裤解松，使其仰卧，观察胸部或腹部有无因呼吸而产生的起伏动作。若不明显，可用手或小纸条靠近触电者的鼻孔，观察有无气流流动，然后用手放在触电者胸部，感觉有无呼吸动作，若没有，说明呼吸已经停止。

（2）判断脉搏是否搏动

用手检查颈部的颈动脉或腹股沟处的股动脉，看有无搏动。如有，说明心脏还在工作。另外，还可用耳朵贴在触电者心区附近，倾听有无心脏跳动的声音。如有，表明心脏还在工作。

（3）判断瞳孔是否放大

瞳孔受大脑控制，如果大脑机能正常，瞳孔可随外界光线的强弱自动调节大小。处于死亡边缘或已死亡的人，由于大脑细胞严重缺氧，大脑中枢失去对瞳孔的调节功能，瞳孔会自行放大，对外界光线强弱不能做出反应。

根据触电者的具体情况，迅速地对症救护，同时拨打 120 通知医生前来抢救。

3. 针对触电者的不同情况进行现场救护

（1）触电症状轻者

即触电者神志清醒，但感到全身无力、四肢发麻、心悸、出冷汗、恶心，或一度昏迷，但未失去知觉，这种情况下暂时不要站立或走动，应将触电者抬到空气新鲜、通风良好的地方舒服地躺下休息，让其慢慢地恢复正常。要时刻注意保温和观察，若发现呼吸与心跳不规则，应立刻设法抢救。

（2）呼吸停止，心跳存在者

就地平卧解松衣扣，通畅气道，立即采用口对口人工呼吸，有条件的可气管插管，加压氧气进行人工呼吸。

（3）心跳停止，呼吸存在者

应立即采用胸外心脏按压法抢救。

（4）呼吸心跳均停止者

则应在人工呼吸的同时施行胸外心脏按压，以建立呼吸和循环，恢复全身器官的氧供应。现场抢救最好能两人分别施行口对口人工呼吸及胸外心脏按压，如此交替进行，抢救一定要坚持到底。

（5）处理电击伤时，应注意有无其他损伤

如触电后弹离电源或自高空跌下，常并发颅脑外伤、血气胸、内脏破裂、四肢和骨盆骨折等。如有外伤、灼伤均需同时处理。

（6）现场抢救中，不要随意移动伤员

若确需移动时，抢救中断时间不应超过 30 s，在医院医务人员未接替前救治不能中止。当抢救者出现面色好转、嘴唇逐渐红润、瞳孔缩小、心跳和呼吸迅速恢复正常，即为抢救有效的特征。

（二）触电急救方法

现场应用的主要救护方法有：口对口人工呼吸法、胸外心脏按压法、摇臂压胸呼吸法、俯卧压背呼吸法等。

1. 口对口人工呼吸法

人工呼吸是用于自主呼吸停止时的一种急救方法。通过徒手或机械装置使空气有节律地进入肺部，然后利用胸廓和肺组织的弹性回缩力使进入肺内的气体呼出，如此周而复始以代替自主呼吸。在做人工呼吸之前，首先要检查触电者口腔内有无异物，呼吸道是否畅通，特别要注意喉头部分有无痰堵塞。其次要解开触电者身上妨碍呼吸的衣物，维持好现场秩序。

口对口（鼻）人工呼吸法不仅方法简单易学且效果最好，较为容易掌握。

（1）将触电者仰卧，并使其头部充分后仰，一般应用一手托在其颈后，使其鼻孔朝上，以利于呼吸道畅通，如图 9-1（a）所示。

（2）救护人员在触电者头部的侧面，用一只手捏紧其鼻孔，另一只手的拇指和食指掰开其嘴巴，如图 9-1（b）所示。

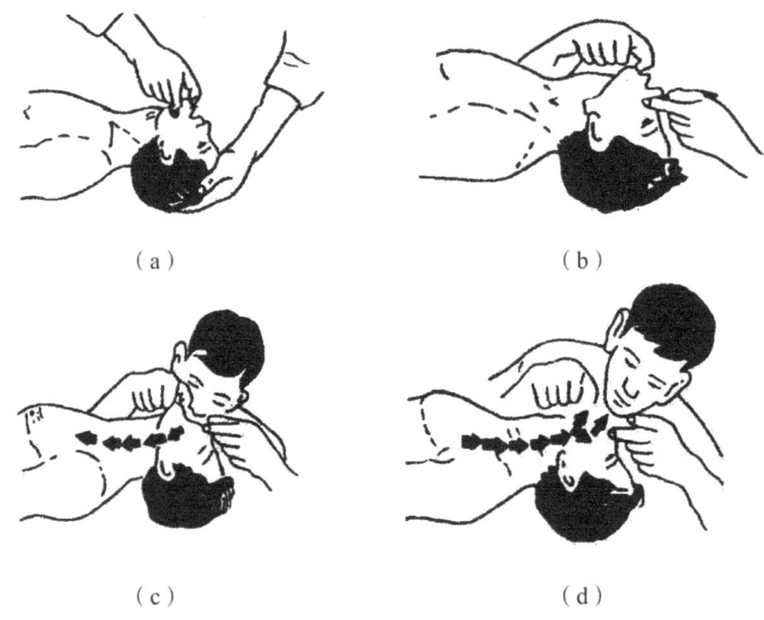

（a）　（b）　（c）　（d）

图 9-1　口对口人工呼吸法

（a）身体仰卧、头部后仰；（b）捏鼻掰嘴准备；（c）紧贴吹气；（d）放松换气

（3）救护人深吸一口气，紧贴掰开的嘴巴向内吹气，也可搁一层纱布。吹气时要用力并使其胸部膨胀，一般应每 5 s 吹一次，吹 2 s，放松 3 s。对儿童可小口吹气，如图 9-1（c）所示。

（4）吹气后应立即离开其口或鼻，并松开触电者的鼻孔或嘴巴，让其自动呼气，约 3 min，如图 9-1（d）所示。

（5）在实行口对口（鼻）人工呼吸时，当发现触电者胃部充气膨胀，应用手按住其腹部，并同时进行吹气和换气。

2. 胸外心脏按压法

胸外心脏按压法是触电者心脏停止跳动后使心脏恢复跳动的急救方法，适用于各种创伤、电击、溺水、窒息、心脏疾病或药物过敏等引起的心脏骤停，是每一个电气工作人员应该掌握的方法。

（1）首先使触电者仰卧在比较坚实的地方，解开领扣衣扣，使其头部充分后仰，或将其头部放在木板端部，在其胸后垫以软物。

（2）救护者跪在触电者一侧或骑跪在其腰部的两侧，两手相叠，下面手掌的根部放在心窝上方、胸骨下三分之一至二分之一处。

（3）掌根用力垂直向下按压，对位要适中，不得太猛，成人应压陷 3 ～ 4 cm，频率每分钟 60 次；对 16 岁以下儿童，一般应用一只手按压，用力要比成人稍轻一点，压陷 1 ～ 2cm，频率每分钟 100 次为宜。

（4）按压后掌根应迅速全部放松，让触电者胸部自动复原，血液又回到心脏，放松时掌根不要离开压迫点，只是不向下用力而已。

（5）为了达到良好的效果，在进行胸外心脏按压术的同时，必须进行口对口（鼻）的人工呼吸。因为正常的心脏跳动和呼吸是相互联系且同时进行的，没有心跳，呼吸也要停止，而呼吸停止，心脏也不会跳动。

3. 摇臂压胸呼吸法

（1）使触电者仰卧，头部后仰。

（2）操作者在触电者头部，一只脚作跪姿，另一只脚半蹲。两手将触电者的双手向后拉直，压胸时，将触电者的手向前顺推，至胸部位置时，将两手向胸部靠拢，用触电者两手压胸部。在同一时间内还要完成以下几个动作：跪着的一只脚向后蹬（成前弓后箭状），半蹲的前脚向前倒，然后用身体重量自然向胸部压下。压胸动作完成后，将触电者的手向左右扩张。完成后，将两手往后顺向拉直，恢复原来位置。

（3）压胸时不要有冲击力，两手关节不要弯曲，压胸深度要看对象，对小孩不要用力过猛，对成年人每分钟完成 14 ～ 16 次。

4. 俯卧压背呼吸法

俯卧压背呼吸法只适用于触电后溺水、肚内喝饱了水的情况。该方法操作要领如下：

（1）使触电者俯卧，触电者的一只手臂弯曲枕在头上，脸侧向一边，另一只手在头旁伸直。操作者跨腰跪，四指并拢，尾指压在触电者背部肩胛骨下（相当于第七对肋骨）。

（2）压时，操作者手臂不要弯，用身体重量向前压。向前压的速度要快，向后收缩的速度可稍慢，每分钟完成 14 ～ 16 次。

（3）对触电后溺水者，可将触电者面部朝下平放在木板上，木板向前倾斜 10° 左右，触电者腹部垫放柔软的垫物（如枕头等），这样，压背时会迫使触电者将吸入腹内的水吐出。

第三节　用电安全技术

总结触电事故发生的情况，可以将触电事故分为直接触电和间接触电两大类。直接触电多由主观原因造成，而间接触电多由客观原因造成。无论主观原因还是客观原因造成的触电事故，都可以采用安全用电技术措施来预防。因此，加强安全用电措施的学习是防止触电事故发生的重要保证。

根据用电安全导则，为了防止偶然触及或过分接近带电体造成直接触电，可采取绝缘、屏护、安全间距、限制放电能量等安全措施。为了防止触及正常不带电而意外带电的导体造成的间接触电，可采取自动断开电源、双重绝缘结构、电气隔离、不接地的局部等电位连接、接地等安全措施。

一、预防直接触电的措施

直接触电防护需要防止电流经由身体的任何部位，并且限制可能通过人体的电流，使之小于电击电流。

1. 选用安全电压

我国《特低电压》国家标准中规定了安全电压的定义和等级。安全电压是指为防止触电事故而采用的由特定电源供电的电压系列。这个电压系列的上限值，在正常和故障情况下，任何两导体间或任一导体与地之间的电压均不得超过交流有效值 50 V。我国安全电压额定值的等级分为 42 V、36 V、24 V、12 V 和 6 V。直流电压不超过 120 V。

采用安全电压的电气设备，应根据使用地点、使用方式和人员等因素，选用国标规定的不同等级的安全电压额定值。如在无特殊安全措施情况下，手提照明灯、危险环境的携带式电动工具应采用 36 V 安全电压；在金属容器内、隧道内、矿井内等工作场合，以及狭窄、行动不便、粉尘多和潮湿环境，应采用 24 V 或 12 V 安全电压，以防止触电造成的人身伤亡。

2. 采用绝缘措施

良好的绝缘是保证电气设备和线路正常运行的必要条件。绝缘是指利用绝缘材料对带电体进行封闭和隔离。绝缘材料的选用必须与该电气设备的工作电压、工作环境和运行条件相适应，否则容易造成击穿。电工常用的绝缘材料按其化学性质不同可分为无机绝缘材料、有机绝缘材料和复合绝缘材料。常见的无机绝缘材料有云母制品、石棉、大理石、陶瓷等，主要用作电机、电器的绕组绝缘，开关的底板和绝缘子。有机绝缘材料有虫胶、树脂、橡胶、棉纱、纸、麻和人造丝等，大多用以制造绝缘漆、绕组导线的被覆绝缘物等。由以上两种材料经过加工制成的各种成型绝缘材料，用作电器的底座、外壳等。

绝缘材料具有较高的绝缘电阻和耐压强度，可以把电气设备中电势不同的带电部分隔离开来，并能避免发生漏电、击穿等事故。绝缘材料耐热性能好，可以避免因长期过热而老化变质。此外，绝缘材料还具有良好的导热性、耐潮防雷性和较高的机械强度以及工艺加工方便等特点。

3. 采用屏护措施

屏护是一种对电击危险因素进行隔离的手段，即采用屏护装置如遮栏、护罩、护盖、箱匣等把危险的带电体同外界隔离开来，以防止人体触及或接近带电体引起触电事故。

屏护装置不直接与带电体接触，对所选用的材料的电气性能没有严格要求，但必须有足够的机械强度和良好的耐热、耐火性能。屏护装置主要用于电气设备不便于绝缘或绝缘不足场合，如开关电气的可动部分、高压设备、室内外安装的变压器和变配电装置等。当作业场所邻近带电体时，在作业人员与带电体之间、过道、入口等处均应装设可移动的临时性屏护装置。

4. 采用间距措施

间距措施是指在带电体与地面之间、带电体与其他设备和设施之间、带电体与带电体之间保持一定的必要安全距离。间距的作用是防止人体触及或过分接近带电体造成触电事故；避免车辆或其他器具碰撞或过分接近带电体造成事故；防止火灾、过电压放电及各种短路事故。间距的大小取决于电压等级、设备类型、安装方式等因素。不同电压等级、不同设备类型、不同安装方式、不同环境所要求的间距大小也不同。

二、预防间接触电的措施

间接触电防护需要防止故障电流经由身体的任何部位，并且限制可能流经人体的故障电流，使之小于电击电流；在故障情况下触及外露可导电部分，可能引起流经人体的电流等于或大于电击电流时，能在规定时间内自动断开电源。

1. 加强绝缘措施

加强绝缘措施是对电气线路或设备采取双重绝缘或对组合电气设备采用共同绝缘的措施。采用加强绝缘措施的线路或设备绝缘应牢固，难于损坏，即使工作绝缘损坏后，还有一层加强绝缘，不易发生带电的金属导体裸露而造成间接触电。

2. 电气隔离措施

电气隔离措施是采用隔离变压器或具有同等隔离作用的发电机，使电气线路和设备的带电部分处于悬浮状态的措施。即使该线路或设备的工作绝缘损坏，人站在地面上与之接触也不易触电。

3. 自动断电措施

自动断电措施是指带电线路或设备上发生触电事故或其他事故（短路、过载、欠压等）时，在规定时间内能自动切断电源而起到保护作用的措施。如漏电保护、过电流保护、过电压或欠电压保护、短路保护、接零保护等均属于自动断电措施。

4. 电气保护接地措施

接地是将电气设备或装置的某一点（接地端）与大地之间做符合技术要求的电气连接。目的是利用大地为正常运行、绝缘损坏或遭受雷击等情况下的电气设备等提供对地电流流通回路，保证电气设备和人身的安全。

接地装置由接地体和接地线两部分组成。接地体是埋入大地和大地直接接触的导体组，它分为自然接地体和人工接地体。自然接地体是利用与大地有可靠连接的金属构件、金属管道、钢筋混凝土建筑物的基础等作为接地体。人工接地体是用型钢如角钢、钢管、扁钢、圆钢制成的。电气设备或装置的接地端与接地体相连的金属导线称为接地线。

5. 其他保护措施

（1）过电压保护

是指当电压超过预定最大值时，使电源断开或使受控设备电压降低的一种保护方式，主要采用避雷器、击穿保护器、接地装置等进行保护。

（2）静电防护

为了防止静电积累所引起的人身电击、火灾、爆炸、电子器件失效和损坏，以及对生产的不良影响而采取一定的防范措施。主要采用接地、搭接、屏蔽等方法，来抑制静电的产生，加速静电泄露，进行静电中和。

（3）电磁防护

电磁辐射是由电磁波形式的能量造成的，主要采用屏蔽、吸收、接地等防护措施。电磁屏蔽是利用导电性能和导磁性能良好的金属板或金属网，通过反射效应和吸收效应，阻隔电磁波的传播。当电磁波遇到屏蔽体时，大部分被反射回去，其余的一小部分在金属内部被吸收衰减。

（4）屏蔽接地

为了防止电磁感应而对电力设备的金属外壳、屏蔽罩、屏蔽线的外皮或建筑物金属屏蔽体等进行的接地，将感应电流引入地下。

第四节　室内供配电

一、室内供配电方式

1. 室内供配电技术的基本概念

（1）供电

民用建筑物一般从室内高压 10 kV 或低压 380/220 V 取得电源，称为供电。某些情况下，采用双电源供电，一路作为主电源，另一路作为备用电源，以保证电能的供给。

（2）配电

即将电源电能分配到各个用电负荷称为配电。

（3）供配电系统

采用各种元件（如开关、保护器件）及设备（如低压配电箱）将电源与负荷连接起来组成了民用建筑的供配电系统。

（4）室内供配电

从建筑物的配电室或配电箱，至各层分配电箱，或各层用户单元开关箱之间的供配电系统。

2. 室内供电线路的分类

民用建筑中用电设备基本可分为动力和照明两大类，相应于用电设备，供电线路也分为动力线路和照明线路。

（1）动力线路

在民用建筑中，动力用电设备主要有电梯、自动扶梯、冷库制冷设备、风机、水泵、医院动力设备和厨房动力设备等。动力设备绝大部分属于相负荷，少部分容量较大的电热用电设备如空调机、干燥箱、电热炉等，它们虽是单相用电负荷，但也归于动力用电设备。对于动力负荷，一般采用三相制供电线路，对于较大容量的单相动力负荷，应当尽量平衡地接到三相线路上。

（2）照明线路

在民用建筑中，照明用电设备主要有供给工作照明、事故照明和生活照明的各种灯具，此外还有家用电器中的电视机、窗式空调机、电风扇、家用电冰箱、家用洗衣机以及日用电热电器，如电熨斗、电饭煲、电热水器等。它们的容量较小，虽不是照明器具，但都是由照明线路供电，所以统归为照明负荷。照明负荷基本上都是单相负荷，一般用单相交流220 V供电，当负荷电流超过30 A时，应当采用220/380 V三相供电线路。

3. 室内配电系统的基本配电方式

室内低压配电方式就是将电源以什么样的形式进行分配。通常分为放射式、树干式、混合式三类。

（1）放射式配电

放射式配电是单一负荷或一集中负荷均由一单独的配电线路供电。其优点是各个负荷独立受电，因而故障范围一般仅限于本回路，检修过程中也仅切断本回路，并不影响其他回路。但其缺点是所需开关等电气元件数量较多，线路条数较多，因而建设费用随之上升，其次系统在检修、安装时的灵活性受到一定的限制。

因此，放射式配电一般用于：供电可靠性较高的场所或场合；只有一个设备且设备容量较大的场所；或者是设备相对集中且容量大的地点。例如，电梯的容量虽然不大，但为了保证供电的可靠性，也应采用一回路为单台电梯供电的放射式方式；

再如大型消防泵、生活用水水泵、中央空调机组等，首先供电可靠性要求很高，其次容量相对较大，因此也应当重点考虑放射式配电。

（2）树干式配电

树干式配电是一独立负荷或一集中负荷按它所处的位置依次连接到某一配电干线上。树干式配电相较于放射式配电建设成本低，系统灵活性得以提升；但缺点是干线发生故障时影响范围大。

树干式配电一般用于设备比较均匀、容量有限、无特殊要求的场合。

（3）混合式配电

国内外高层建筑总配电方案基本以放射式居多，而具体到楼层基本采用混合式。混合式即放射式和树干式两种配电方式的组合。在高层住宅中，住户入户配电多采用一种自动开关组合而成的组合配电箱，对于一般照明和小容量电气插座采用树干式配电，而对于电热水器、空调等大容量家电设备，则宜采用放射式配电。

二、室内供配电常用低压电器

低压电器通常工作于交流 1 200 V 之下与直流 1 500 V 之下的电路中，对电能的生产、输送、分配和使用起到控制、调节、检测、转换及保护作用。在室内低压配电系统和建筑物动力设备线路中，主要使用的有刀开关、熔断器、低压断路器、漏电断路器以及电能表等器件。

1. 刀开关

刀开关也称闸刀开关，作为隔离电源开关使用，用在不频繁地接通和分断电路的场合，是结构最简单、应用范围最为广泛的一种手动电器。常用的刀开关主要有胶盖闸刀开关和铁壳闸刀开关。

（1）胶盖闸刀开关

胶盖闸刀开关又称为开启式负荷开关，广泛用作照明电路和小容量（≤ 5.5kW）动力电路不频繁启动的控制开关。

胶盖闸刀开关具有结构简单、价格低廉，以及安装、使用、维修方便的优点。选用时，主要根据电源种类、电压等级、所需极数、断流容量等进行选择。控制电动机时，其额定电流要大于电动机额定电流的 3 倍。

（2）铁壳闸刀开关

铁壳闸刀开关又称封闭式负荷开关，可不频繁地接通和分断负荷电路，也可以用作 15 kW 以下电动机不频繁启动的控制开关。它的铸铁壳内装有由刀片和夹座组成的触点系统、熔断器和速断弹簧，30 A 以上的还装有灭弧罩。选用时，可参照胶盖闸刀开关的选用原则进行。操作时，不得面对它拉闸或合闸，一般用左手掌握手柄。若更换熔丝，必须在分闸后进行。

（3）刀开关的电气符号及使用

在图纸上绘制电路图时必须严格按照相应的图形符号和文字符号来表示。其文字符号为 QS。

安装刀开关时，手柄要向上，不得倒装或平装，避免由于重力自动下落，引起误动合闸。接线时，应将电源线接在上端，负载线接在下端，这样断开后，刀开关的触刀与电源隔离，既便于更换熔丝，又可防止可能发生的意外事故。

2. 熔断器

熔断器与保险丝的功能相一致，是最简单的保护电器。当其熔体被通过大于额定值很多的电流时，熔体过热发生熔断，实现对电路的保护作用。由于它结构简单、体积小、质量轻、维护简单、价格低廉，所以在强电和弱电系统中都得到广泛的应用，但因其保护特性所限，通常用作电路的短路保护，对电路的较大过载也可起到一定的作用。

熔断器按其结构可分为开启式、封闭式和半封闭式三类。开启式应用较少，封闭式又可分为有填料管式、无填料管式、有填料螺旋式，半封闭式应用较多的是瓷插式熔断器。

（1）瓷插式熔断器

瓷插式熔断器由瓷盖、瓷座、触头和熔丝组成，熔体根据电流的大小选择不同的材质，小电流为铅制。它的价格低廉、使用便利，但分断能力较弱，一般应用于电流较小的场合。

（2）管式熔断器

管式熔断器分为熔密式和熔填式，都由熔管、熔体和插座组成，均为密封管形，灭弧性好，分断能力高。熔密式的熔管由绝缘纤维制成，无填料，熔管内部形成高气压熄灭电弧，更换方便，它广泛应用于电力线路或配电线路中。熔填式由高频电瓷制成，管内充有石英砂填料，用以灭弧。熔体熔断必须更换新品，经济性较差，主要用于巨大短路电流和靠近电源的装置中。

（3）螺旋式熔断器

螺旋式熔断器用于交流380 V、电流200 A以内的线路和用电设备，用作短路保护。

螺旋式熔断器主要由瓷帽、熔断管、瓷套、上接线端、下接线端和底座等组成。熔断管内除了装有熔丝外，还填有灭弧的石英砂。熔断管上盖中心装有标有红色的熔断指示器，当熔丝熔断时，指示器脱出，从瓷帽上的玻璃窗口可检查熔丝是否完好。它具有体积小、结构紧凑、熔断快、分断能力强、熔丝更换方便、使用安全可靠、熔丝熔断后能自动指示等优点，在机床电路中广泛使用。

（4）熔断器的电气符号及使用

熔断器的文字符号为FU。熔断器的安装十分简单，只需串联进入电路即可。

3. 低压断路器

低压断路器又称自动空气开关，在电气线路中起接通、分断和承载额定工作电流的作用，并能在线路发生过载、短路、欠电压的情况下自动切断故障电路，保护用电设备的安全。按其结构不同分类，常用的自动开关有装置式和万能式两种。

4. 漏电断路器

漏电断路器又称漏电保护器，它装有检漏元件、联动执行元件，是电路中漏电电流超过预定值时能自动动作的开关，以保障人身安全、设备安全。

常用的漏电断路器分为电压型和电流型两类。电压型漏电断路器用于变压器中性点不接地的低压电网。其特点是当人身触电时，零线对地出现一个比较高的电压，引起继电器动作，电源开关跳闸。电流型漏电断路器主要用于变压器中性点接地的低压配电系统。其特点是当人身触电时，由零序电流互感器检测出一个漏电电流，使继电器动作，电源开关断开。

目前广泛采用的漏电保护器为电流型，有电子式和电磁式两类。按使用场所制成单相、两相、三相或三相四线式（即四极）。实践证明，电磁式漏电保护开关比电子式漏电保护开关的可靠性要高。

电磁式漏电保护器动作特性不受电压波动、环境温度变化以及缺相等影响，而且抗磁干扰性能良好。特别是对于使用在配电线终端的、以防止触电为主的漏电保护，一些国家严格规定了要采用电磁式的，不允许采用电子式的。我国在《民用建筑电气设计规范》中也强调“宜采用电磁式漏电保护器”，明确指出漏电保护器的可靠性是第一位的。

漏电保护器总保护的动作电流值大多是可调的，调节范围一般在 15 ～ 100 mA，最大可达 200 mA 以上。其动作时间一般不超过 0.1s。家庭中安装的漏电保护器，主要作用是防止人身触电，漏电开关的动作电流值一般不大于 30 mA。在安装时，通常直接与低压断路器融为一体，称作带漏电保护功能的低压断路器。

5. 电能表

电能表也称电度表，是用来测量某一段时间内电源提供电能或负载消耗电能的仪表。它是累计仪表，其计量单位是千瓦·时（kW•h）。电能表的种类繁多，按其准确度分类有 0.5、1.0、2.0、2.5、3.0 级等。按其结构和工作原理又可以分为电解式、电子数字式和电气机械式三类。电解式主要用于化学工业和冶金工业中电能的测量；电子数字式适用于自动检测、遥控和自动控制系统；电气机械式电能表又可分为电动式和感应式两种。电动式主要用于测量直流电能，交流电能表大多采用感应式电能表。在室内配电的系统中，基本都是感应式电能表。

三、室内配线方法

通常室内布线分为明敷和暗敷，明敷布线相对容易，直接使用绝缘导线沿墙壁、天花板，利用线卡、夹板、线槽等固定件来布线。明敷在布线出现问题时比较容易检修。

而一般的民用住宅大多采用暗敷，即将绝缘导线传入管内，也称线管布线。这样布线美观工整，但如果线路出现问题，不容易检修，因此，一定注意所选导线的质量，要有足够的机械强度和电流承受余量。

1. 线管配线方法

线管配线是将绝缘导线传入 PVC 或金属材质的管道内，具有防潮、耐腐蚀、导线不易受到机械损伤等优点，大量应用于室内、室外照明、动力线路的配线。

（1）线管的选择

在线管的选择时，优先考虑线管的材质。在潮湿和具有腐蚀性的场所中，由于金属的耐腐蚀性差，不宜使用金属管布线。一般采用管壁较厚的镀锌管或者使用最多的 PVC 线管。而干燥的场所内也同样大量使用 PVC 线管，只不过管壁较薄。

根据导线的截面积和导线的根数确定线管的直径，要求穿过线管的导线总截面积（包括绝缘层）不应该超过线管内径的 40%。当两根绝缘导线穿于同一根管时，管内径不应小于两根导线外径之和的 1.35 倍（立管可取 1.25 倍）。

（2）管线的处理

在布管前，由于已经设计好管线的行走方向，或是已经在墙体开槽，因此需要对管线进行处理。

首先要选择合适的长度，材料长度较长时应当锯管。切断方法是使用台钳将管固定，用钢锯锯断，此外，管口要平齐，用锉去除毛疵。若铺管长度大于 15 m，应增设过路盒，使穿线顺利通过。过路盒中的导线一般不断头，起到过渡作用。

线管在拐弯时，不要以直角拐弯，要适当增加转弯半径，否则管子很容易发生扁瘪的情况，处于内部的导线无疑受到一个较大的弯折力。这时，可在拐弯处插入弯管弹簧，弯曲时，将弯管弹簧经引导钢丝拉至拐弯处，用膝盖或坚硬物体顶住线管弯曲处，双手慢慢用力，之后取出弯管弹簧即可。如上述都不好操作，拐弯时，尤其是直角拐弯时，可使用过路盒进行配置。

（3）布管

布管之前，由于是暗敷布线，因此需要在墙面、地面或者天花板进行开槽。开槽深度应根据线管直径确定，但最好不要超过墙体混凝土厚度的 1/3。若需要在墙壁铺设管道，最好是垂直开槽，禁止在墙壁开出横向且长度较长的铺管槽。开槽一定保持横平竖直，工整无缺块。开好槽后，应再开具开关、插座等的暗盒槽，准备埋入接线盒。

（4）穿线

准备好购买的导线，按照粗细、颜色等进行分组。可用吹风设备清扫管路，保持清洁。利用先前穿入的钢丝轻拉导线，不可用力过大，以免损伤导线。如多条线穿入，必须事先平行成束，不可缠绕，也可进行相应的捆绑。之后将所有导线头束缚在一起，以免接头面积扩大。穿出的导线留有一定的长度，并将头部弯绞成“钩”状，以免导线缩回管内。等待接线。

2. 塑料护套线的配线方法

塑料护套线是一种将双芯或多芯的绝缘导线并在一起，外加塑料保护层的双绝缘导线，它具有防潮、耐酸、防腐蚀及安装方便等优点，广泛用于家庭、办公室的室内配线中。塑料护套线配线是明敷布线的一种，一般用铝片线卡（俗称钢精扎头）

或塑料卡钉作为导线支持物，直接敷设在建筑物的墙壁表面，有时也可直接敷设在镂空的物体之上。比如在家庭装修中所设计的装饰灯带，经常采用塑料护套线进行布线，方便修理与安装，并且直接放入灯带的镂空空间内不易被注意到。

由于塑料护套线配线是明敷布线，因此安装方法十分简单，具体如下：

（1）定位

根据线路布置图确定导线的走向和各个电器的安装位置，并做好相应记号。

（2）画线

根据确定的位置和线路的走向，用弹线袋画线。做到横平竖直，必要时可使用吊铅垂线来严格把控垂直角度。

（3）确定固定端位置

在画好的线上确定铝片线卡的位置：每两个铝片之间的距离保持在 120 ～ 200 mm；拐弯处，铝片至弯角顶端的距离为 50 ～ 100 mm；离开关、灯座等的距 50 mm。之后标注其位置记号。

（4）安装铝片线卡

根据上述标记的位置，先用钉子等固定器件，穿孔将各个铝片固定在墙体或物体上。需要注意的是，铝片线卡根据塑料护套线的内部导线数量和粗细程度，分为 0、1、2、3、4 号不同的大小长度，在安装前一定先行确定所安装护套线的粗细，选好铝片型号。

（5）敷设塑料护套线

护套线敷设时，应安装在铝片之上。为使护套线平整、笔直，可运用瓷夹板先行固定、拉直，但不可用力过大，以免损伤护套线。

第五节　室内照明

照明是生活、生产中不可缺少的条件，也是现代建筑中的重要组成部分。照明系统由照明装置及电气部分组成，照明装置主要是灯具，电气部分包括开关、线路及配电部分等。电气照明技术实际上是对光的设计和控制，为更好地理解电气照明，必须掌握照明技术的一些基本概念。

一、照明技术的基本概念

1. 光的基本概念

光是能量的一种形态，是指能引起视觉感应的一种电磁波，也可称之为可见光。这种能量从一个物体传播到另一个物体，无须任何物质作为媒介。可见光的波长范围在 780 nm（红色光）到 380 nm（紫色光）之间。红外线和紫外线不能引起人们的视觉感应，但可以用光学仪器或摄影束发现这种光线，所以在光学的概念上，除了可见光外，光也包括红外线和紫外线。

在可见光范围内，不同波长的可见光，引起人眼不同的颜色感觉，将可见光波780～380 nm连续展开，分别呈现红、橙、黄、绿、蓝、靛、紫等代表颜色。各种颜色之间连续变化，单一波长的光，表现为一种颜色，称为单色光；多种波长的光组合在一起，在人眼中会引起复色光；全部可见光混合在一起，就形成了太阳光。

在太阳辐射的电磁波中，大于可见光波长的部分被大气层中的水蒸气和二氧化碳强烈吸收，小于可见光波长的部分被大气层中的臭氧吸收，到达地面的太阳光，其波长正好与可见光相同，这说明了人的视觉反应是在长期的人类进化过程中对自然环境逐步适应的结果。因此，通常所谓物体的颜色，是指它们在太阳光照射下所呈现的颜色。

2. 光的度量

就像以米为单位度量长度一样，光也可由物理量进行度量，包括光通量、照度、亮度、发光强度等。

3. 光源的色温

不同的光源，由于发光物质不同，其光谱能量分布也不相同。一定的光谱能量分布表现为一定的光色，通常用色温来描述光源的光色变化。

如果一个物体能够在任何温度下全部吸收任何波长的辐射，那么这个物体称为绝对黑体。绝对黑体的吸收本领是一切物体中最大的，加热时其辐射能力也最强。黑体辐射的本领只与温度有关。严格地说，一个黑体若被加热，其表面按单位面积辐射光谱能量的大小及其分布完全决定于它的温度。因此，可把任一光源发出的光的颜色与黑体加热到一定温度下发出的光的颜色相比较，来描述光源的光色。所以色温可以定义为：当某种光源的色度与某一温度下的绝对黑体的色度相同时绝对黑体的温度。因此，色温是以温度的数值来表示光源颜色的特征。色温用绝对温度“K”表示，绝对温度等于摄氏温度加273。例如温度为2 000 K的光源发出的光呈橙色，3 000 K左右呈橙白色，4 500～7 000 K近似白色。

在人工光源中，只有白炽灯灯丝通电加热与黑体加热的情况相似。对白炽灯以外的其他人工光源的光色，其色度不一定准确地与黑体加热时的色度相同。所以只能用光源的色度与最相接近的黑体的色度的色温来确定光源的色温，这样确定的色温叫作相对色温。

4. 光源的显色性

显色性是指光源对物体颜色呈现的程度，也就是颜色的逼真程度。显色性高的光源对物体颜色的表现较好，所看到的颜色比较接近自然色；显色性低的光源对颜色的表现较差，所以看到的颜色偏差较大。

为何会有显色性高低之分呢？其关键在于该光线的分光特性，可见光的波长在380～780 nm的范围，也就是在光谱中见到的红、橙、黄、绿、蓝、靛、紫光的范围，如果光源所放射的光之中所含的各色光的比例与自然光相近，则人眼所看到的颜色也就较为逼真。

一般以显色指数表征显色性。国际照明委员会（CIE）把太阳的显色指数定为100，即标准颜色在标准光源的辐射下，显色指数定为100，将其当作色标。当色标被试验光源照射时，颜色在视觉上的失真程度，就是这种光源的显色指数。各类光源的显色指数各不相同，如高压钠灯显色指数为23，荧光灯管显色指数为60～90。

显色分两种：忠实显色和效果显色。忠实显色是指能正确表现物质本来的颜色，需使用显色指数高的光源，其数值接近100。效果显色是指要鲜明地强调特定色彩，表现美的生活可以利用加色的方法来加强显色效果。采用低色温光源照射，能使红色更加鲜艳；采用中等色温光源照射，使蓝色具有清凉感。显色指数越大，则失真越小；反之，失真越大，显色指数就越小。不同的场所对光源的显色指数要求是不一样的。

二、照明技术基础

照明系统在施工之前需经过详细的考察与设计，首先应根据应用场合的不同，选择合适的照明方式与种类。

1. 照明的方式与种类

（1）照明方式

照明方式是指照明设备按其安装部位或使用功能而构成的基本制式。按照国家制定的设计标准区分，有工业、企业照明和民用建筑照明两类。按照照明设备安装部位区分，有建筑物外照明和室内照明。

建筑物外照明，可根据实际使用功能分为建筑物泛光照明、道路照明、区街照明、公园和广场照明、溶洞照明、水景照明等。每种照明方式都有其特殊的要求。

室内照明，按照使用功能区分，有一般照明、分区一般照明、局部照明和混合照明几个类型。工作场所通常应设置一般照明；同一场所内的不同区域有不同的照度要求时，应采用分区一般照明；对于部分作业面照度要求较高，只采用一般照明不合理的场所，宜采用混合照明；在一个工作场所内不应只采用局部照明。

一般照明不考虑特殊部位的需要，为照亮整个场地而设置的照明方式称为一般照明能获得均匀的照度，适用于对光照方向无特殊要求或不适合安装局部照明和混合照明的场所如仓库、某些生产车间、办公室、会议室、教室、候车室、营业大厅等分区一般照明根据需要，提高特定区域照度的一般照明方式称为分区一般照明适用于对照度要求比较高的工作区域，灯具可以集中均匀布置，提高其照度值，其他区域仍采用一般照明如工厂车间的组装线、运输带、检验场地等。

局部照明为满足某些部位的特殊需要而设置的照明方式在很小范围的工作面上，通常采用辅助照明设施来满足这些特殊工作的需要，如车间内的机床灯、商店橱窗的射灯、办公桌上的台灯等。

混合照明由一般照明与局部照明组成的照明方式，即在一般照明的基础上再增加局部照明有利于提高照度和节约电能。在需要局部照明的场所，不应只装配局部照明而无一般照明，否则造成亮度分布不均匀而影响视觉。

（2）照明种类

照明在分类方法上基本可总结出两种分类方式，即按光通量的效率区分和按使用功能及时间区分，如表 9-5 和表 9-6 所示，仅供参考。

表 9-5　按照光通量的效率进行分类的照明种类

照明种类	描述
直接照明	将灯具发射的 90% ～ 100% 的光通量直接投射到工作面上的照明。常用于对光照无特殊要求的整体环境照明，如裸露装设的白炽灯、荧光灯均属此类
半直接照明	将灯具发射的 60% ～ 90% 的光通量直接投射到工作面上的照明
均匀漫射照明	将灯具发射的 40% ～ 60% 的光通量直接投射到工作面上的照明
半间接照明	将灯具发射的 10% ～ 40% 的光通量直接投射到工作面上的照明
间接照明	将灯具发射的 10% 以下的光通量直接投射到工作面上的照明
定向照明	光线主要从某一特定方向投射到工作面和目标上的照明
重点照明	为突出特定的目标或引起对视野中某一部分的注意而设的定向照明
漫射照明	投射在工作面或物体上的光，在任何方向上均无明显差别的照明
泛光照明	由投光灯来照射某一情景或目标，且其照度比其周围照度明显高的照明

表 9-6　按照使用功能及时间进行分类的照明种类

照明种类	描述
正常照明	永久安装的、正常工作时使用的照明
应急照明	在正常照明电源因故障失效的情况下，供人员疏散、保障安全或继续工作用的照明，如建筑物中的安全通道等。应急照明必须采用能快速点亮的可靠光源，通常采用白炽灯或卤钨灯
障碍照明	装设在障碍物上或附近，作为障碍标志用的照明称为障碍照明。如高层建筑物的障碍标志灯、道路局部施工时的警示灯等
装饰照明	为美化、烘托装饰某一特定空间环境而设置的照明。如家中的灯带、建筑物外表的轮廓照明等
警卫照明	用于警卫地区的照明。如哨卡探照灯等

2. 照度标准

光对人眼的视觉有三个最重要的功能：识别物体形态（形态感觉）、颜色（色觉）和亮度（光觉）。人眼之所以能辨别颜色，是由于人眼的视网膜上有两种感光细胞——圆柱细胞和圆锥细胞。圆锥细胞对光的感受性较低，只在明亮条件下起作用；圆柱细胞对光的感受性较高，但也只在昏暗的条件下起作用。圆柱细胞是不能分辨颜色的；只有圆锥细胞在感受光刺激时，有颜色感。因此，人眼只有在照度较高的条件下，才能区分颜色。

民用建筑照明设计中，应根据建筑性质、建筑规模、等级标准、功能要求和使用条件等确定合理的照度标准值，现行国家标准《建筑照明设计标准》规定："在照度选择时，应符合标准照度分级：0.5、1、3、5、10、15、20、30、50、75、100、150、200、300、500、750、1000、1500、2000、3000、5000，单位为勒克斯"。

3. 照明质量

照明的最终目的是满足人们的生产生活需求，总体而言，照明质量评价体系可概括为两类内容：一类是诸如照度及其均匀度、亮度及其分布、眩光、立体感等量化指标的评价；另一类是综合考虑心理、建筑美学和环境保护方面等非量化指标的评价。近年来，尤其是环境保护方面更受到行业的重视。

（1）照度及其均匀度

合适的照度水平应当使人易于辨别他所从事的工作细节。在设计时应当严格按照照度标准值执行。另外，如果在工作环境中工作面上的照度对比过大、不均匀，也将导致视觉不适。灯与灯的实物距离比灯最大允许照射距离小得越多，说明光线相互交叉照射越充分，相对均匀度也会有所提高。CIE（国际发光照明委员会）推荐，在一般照明情况下，工作区域最低照度与平均照度之比通常不应小于0.8，工作房间整个区域的平均照度一般不应小于人员工作区域平均照度的1/3。我国《民用建筑照明设计标准》规定：工作区域内一般照明的均匀度不应小于0.7，工作房间内交通区域的照度不宜低于工作面照度的1/5。

（2）亮度及其分布

作业环境中各表面上的亮度分布是决定物体可见度的重要因素之一，适当地提高室内各个表面的反射比，增加作业对象与作业背景的亮度对比，比简单提高工作面上的照度更加有效、更加经济。

（3）眩光

眩光是由于视野内亮度对比过强或亮度过高形成的，就是生活中俗称的"刺眼"，会使人产生不舒适感或降低可见度。眩光有直接眩光与反射眩光之别。直接眩光是由灯具、阳光等高亮度光源直接引起的；反射眩光由高反射系数的表面（如镜面、光泽金属表面等）反射亮度造成。反射眩光到达人眼时掩蔽了作业体，减弱了作业体本身与周围物体的对比度，会产生视觉困难。眩光强弱与光源亮度及面积、环境背景、光线与视线角度有关。在对照明系统进行设计时，需要着重考虑眩光对人眼的影响，降低局部光源照度与亮度、减少高反射系数表面、改变光源角度等，都是可行的。

（4）立体感

照明光源所发出的能量一般都会形成一定的光线、光束或者光面，即点、线、面的各种组合。研究表明，垂直照度和半柱面照度之比在0.8至1.3之间，可给出关于造型立体感的很好参考，有利于工作区域作业。

（5）环境保护指标

在照明设备的生产、使用和回收过程中，都可能直接或间接地影响环境，尤其在发电过程中，除了会消耗大量的资源，还会带来许多的附加环境问题。所以减少电能的消耗，就是保护我们的环境。在照明设计中，应当优先选择效率较高的照明系统，这不仅要选择发光效率高的光源，还包括选择高效的电子镇流器和触发器等电器附属器件，以及采用照明控制系统和天然采光相结合的方式等。其次，光污染也是近年来比较活跃的一个课题。所谓光污染，主要有干扰光和眩光两类。前者较多的是对居民的影响，后者常对车辆、行人等造成影响。

三、常见电光源——以白炽灯为例

白炽灯的外形如图 9-2（a）所示。

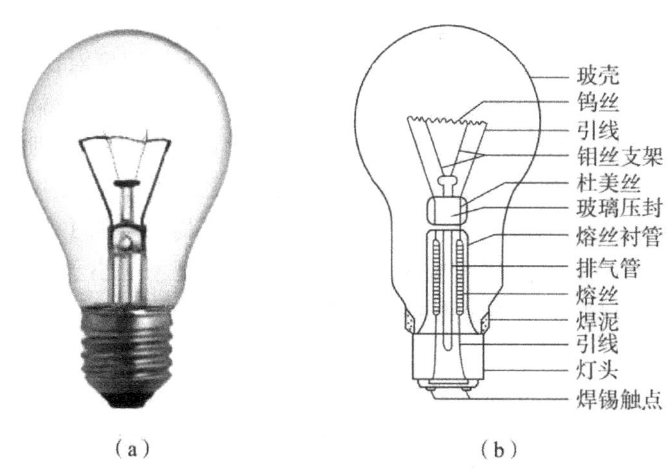

图 9-2　白炽灯的外形及结构

（a）白炽灯的外形；（b）白炽灯的结构

1. 白炽灯的内部结构

普通的白炽灯，主要由玻壳、钨丝、引线、灯头等组成，如图 9-2（b）所示。玻壳做成圆球形，制作材料是耐热玻璃，它把灯丝和空气隔离，既能透光，又起保护作用。白炽灯工作的时候，玻壳的温度最高可达 100 ℃左右。灯丝是用比头发丝还细得多的钨丝，做成螺旋形。同碳丝一样，白炽灯里的钨丝也害怕空气。如果玻壳里充满空气，那么通电以后，钨丝温度升高到 2 000 ℃以上，空气就会对它毫不留情地发动袭击，使它很快被烧断，同时生成一种黄白色的三氧化钨，附着在玻壳内壁和灯内部件上。两条引线由内引线、杜美丝和外引线三部分组成。内引线用来导电和固定灯丝，用铜丝或镀镍铁丝制作；中间一段很短的红色金属丝叫杜美丝，要求它同玻璃密切结合而不漏气；外引线是铜丝，任务就是通电。排气管用来把玻壳里的空气抽走，再将下端烧焊密封，灯就不漏气了。灯头是连接灯座和接通电源的金属件，用焊泥把它同玻壳黏结在一起。

2. 白炽灯的特点

白炽灯显色性好、亮度可调、成本低廉、使用安全、无污染，现今仍被大量采用，如在室内装修或施工时的临时用灯，还在大量采用白炽灯。之所以临时使用，是因为白炽灯利用热辐射发出可见光，大部分白炽灯会把消耗能量中的90%转化成无用的热能，只少于10%的能量会成为光，因此它的发光效率低，能耗大，且寿命较短。

3. 白炽灯的使用

白炽灯适用于需要调光、要求显色性高、迅速点燃、频繁开关及需要避免对测试设备产生高频干扰的地方和屏蔽室等。生活中，白炽灯需220 V的单相交流电供电，无须任何辅助器件，安装方便、灵活。在选购白炽灯时，主要查看其灯头规格和额定功率。常用灯头规格为E14和E27两类，都为旋转进入，E14灯头细长，E27灯头较为粗短；节能灯、LED灯等生活用灯也遵循这样的灯头规格。某些白炽灯灯头也制作成插脚型，但应用较少。额定功率常用的有15 W、25 W、40 W、60 W、100 W、150 W、200 W、300 W、500 W。

4. 白炽灯的发展

因其功耗较大，随着澳大利亚作为世界上第一个计划全面禁止使用白炽灯的国家，其他各国纷纷推出了禁用白炽灯的计划，加拿大、日本、美国、中国、欧盟各国均计划在未来逐步淘汰白炽灯的使用。

思考题

1. 简述电气事故的特点，结合实际谈谈电气事故的危害有哪些？
2. 简述各种触电方式。
3. 简述触电事故产生的原因。
4. 简述保护接地与保护接零的不同。
5. 常用低压电器有哪些？

参考文献

[1] 赵宗友，高寒．电工电子技术及应用 [M]. 北京：北京理工大学出版社，2016.

[2] 王晓华，房晔．电工电子技术及应用 [M]. 西安：西安电子科技大学出版社，2016.

[3] 戴崇．电工技术与应用 [M]. 北京：希望电子出版社，2016.

[4] 刘海燕．电工与电子技术及应用 [M]. 北京：电子工业出版社，2016.

[5] 章喜才，赵丹．电工电子技术及应用·第 2 版 [M]. 北京：机械工业出版社，2016.

[6] 申凤琴．电工电子技术及应用·第 3 版 [M]. 北京：机械工业出版社，2016.

[7] 李晓宁，王铁楠，于杰．电工电子技术应用实例 [M]. 北京：中国铁道出版社，2016.

[8] 卢军锋．电工电子技术及应用 [M]. 西安：西安电子科技大学出版社，2017.

[9] 李春保，周吉生，岳成．汽车电工电子基础及应用 [M]. 天津市：天津科学技术出版社，2017.

[10] 赵卫国．电工技术基础实践与应用 [M]. 北京：北京理工大学出版社，2017.

[11] 李文军．电工基本技能应用与实践 [M]. 北京：北京理工大学出版社，2017.

[12] 罗刘敏，赤娜．电工电子学的理论与应用研究 [M]. 成都：电子科技大学出版社，2017.

[13] 王兰君，黄海平，邢军．全彩电工应用与操作技能 [M]. 北京：电子工业出版社，2017.

[14] 肖义军，李朝晖．电工技术应用 [M]. 长沙：中南大学出版社，2017.

[15] 喻建华．建筑应用电工·第 3 版 [M]. 武汉：武汉理工大学出版社，2017.

[16] 黄冬梅，郑翘．电工技术与应用 [M]. 北京：中国铁道出版社，2017.

[17] 文和先，易明．应用电工技术及技能实训 [M]. 哈尔滨：哈尔滨工业大学出版社，2018.

[18] 黄淑琴．电工电子技术应用 [M]. 北京：机械工业出版社，2018.

[19] 时会美，戴华，武银龙．电工电子技术应用 [M]. 郑州：黄河水利出版社，2018.

[20] 柳振宇，贺俊红．电工基础知识与应用 [M]. 北京：中国建材工业出版社，2018.

[21] 于永遂．电工电子技术与应用 [M]. 郑州：大象出版社，2018.

[22] 姬帅．高硅电工钢薄板的制备·层状复合技术的应用 [M]. 北京：中国石化出版社，2018.

[23] 牛海霞，李满亮．电工电子技术应用 [M]. 北京：机械工业出版社，2019.

[24] 宋涛．电工技术基础与应用 [M]. 长春：吉林大学出版社，2019.

[25] 梅春燕，杨琳琳．建筑应用电工 [M]. 成都：西南交通大学出版社，2019.

[26] 汪丹．电工电子技术理论及实践应用研究 [M]. 哈尔滨：哈尔滨地图出版社，2019.

[27] 董寒冰．电工技术及应用 [M]. 重庆：重庆大学出版社，2020.

[28] 张志雄．电工技术及应用 [M]. 北京：机械工业出版社，2020.

[29] 李广明，卢永强．电工电子基础 [M]. 哈尔滨：哈尔滨工程大学出版社，2020.

[30] 韩雪涛．电工自学成才手册 [M]. 北京：机械工业出版社，2020.

[31] 董瑞，吴祖国．电工原理与实训 [M]. 武汉：武汉大学出版社，2020.

[32] 李建军．电工与电子技术实验教程 [M]. 北京：北京邮电大学出版社，2020.

[33] 于颜儒．电工电子技术实训教程 [M]. 西安：西安电子科技大学出版社，2020.

ISBN 978-7-5578-9391-0

9 787557 893910 >

定价：58.00元